"十四五"职业教育国家规划教材

本教材第4版曾获首届全国教材建设奖全国优秀教材二等奖

电子产品制作工艺与实训

（第5版）

廖 芳 熊增举 主 编

朱薇娜 吴弋旻 副主编

梁 超 主 审

电子工业出版社

Publishing House of Electronics Industry

北京·BEIJING

内 容 简 介

本教材以培养电子行业的高级技能型人才为宗旨，注重理论与实践相结合，生产技能和管理方法相结合，阐述了电子产品制作工艺和生产管理等方面的知识、技能。

本教材采用项目式教学方式组织内容，主要知识点分解为：常用电子元器件及其检测，电子产品制作的准备工艺，焊接工艺与技术，电子整机产品的装配与拆卸，调试技术，电子产品的检验、防护与生产管理标准，技能操作实训。项目前有"项目任务""知识要点""技能要点"，后有"项目小结""自我测试"。本书设有 2 个附录，介绍常用模拟和数字集成电路芯片，提供常用集成电路芯片的引脚排列，便于进行元器件的功能学习和电路设计。

本教材是"十三五""十四五"职业教育国家规划教材，本教材第 4 版曾获首届全国教材建设奖全国优秀教材二等奖。本教材配有电子教学课件、微视频、电子教案，可供教师在教学中使用，也可供学生复习或自学使用。

本教材可作为应用型本科和高职高专院校电类相关专业的教材，也可作为电子大赛的基础培训教材，还可作为电子行业的工程技术人员的参考用书。

图书在版编目（CIP）数据

电子产品制作工艺与实训/廖芳，熊增举主编 . —5 版 . —北京：电子工业出版社，2022.1
ISBN 978-7-121-37932-1

Ⅰ．①电… Ⅱ．①廖… ②熊… Ⅲ．①电子产品-生产工艺-高等学校-教材 Ⅳ．①TN05

中国版本图书馆 CIP 数据核字（2019）第 253157 号

责任编辑：王艳萍
印　　刷：三河市鑫金马印装有限公司
装　　订：三河市鑫金马印装有限公司
出版发行：电子工业出版社
　　　　　北京市海淀区万寿路 173 信箱　邮编：100036
开　　本：787×1092　1/16　印张：18.5　字数：473.6 千字
版　　次：2003 年 8 月第 1 版
　　　　　2022 年 1 月第 5 版
印　　次：2024 年 7 月第 9 次印刷
定　　价：59.00 元

凡所购买电子工业出版社图书有缺损问题，请向购买书店调换。若书店售缺，请与本社发行部联系，联系及邮购电话：（010）88254888，88258888。

质量投诉请发邮件至 zlts@ phei. com. cn，盗版侵权举报请发邮件至 dbqq@ phei. com. cn。

本书咨询联系方式：（010）88254574，wangyp@ phei. com. cn。

前　言

党的二十大报告指出，教育、科技、人才是全面建设社会主义现代化国家的基础性、战略性支撑。必须坚持科技是第一生产力、人才是第一资源、创新是第一动力，深入实施科教兴国战略、人才强国战略、创新驱动发展战略，开辟发展新领域新赛道，不断塑造发展新动能新优势。

本书编者坚持以全面贯彻党的教育方针，落实立德树人根本任务，培养德智体美劳全面发展的社会主义建设者和接班人为指导思想，在内容编写、案例选取、教学编排等方面全面落实"立德树人"的根本任务，在潜移默化中坚定学生理想信念，厚植爱国主义情怀，培养学生敢为人先的创新精神，精益求精的工匠精神。

"电子产品制作工艺与实训"是一门实践性、应用性很强的课程。本教材以培养电子行业的高级技能型人才为宗旨，结合真实生产项目、典型工作任务、案例等，强化实践技能的培养，注意吸纳电子制造业新技术、新技能和新工艺，融入电子产品制作的实际工作过程、电子大赛的要求和案例、电子行业相关职业技能考核的知识技能等要素，秉着传承、创新我国电子制造业优势的理念来编写。

本教材的主要特点如下：

1. 本教材顺应高职高专教学改革的需要，以"项目导向、任务驱动、教学做三位一体"的教学理念来构建教材结构。以电子整机产品制作工艺作为"项目导向"，以电子产品的设计、装配、调试、测试、维护、管理主要岗位工作任务驱动，分解教学任务，确定教学单元，进行化整为零、由浅入深的教材结构的设计。本教材内容丰富、贴近实际、梯度明晰、图文并茂、职教特色分明、简洁适用。

2. 本教材是校企合成的成果，由专业教师和电子行业、企业技术专家共同编写完成。电子企业（华为机器有限公司、南昌欧赛牡光电有限公司、惠州市福莱思电子工程有限公司等）的技术专家提供了当前电子制造业中的相关资料，专业教师执笔完成编写。本教材内容充分体现了目前电子行业的新技术、新工艺、新的管理知识和理念，书中的内容来源于实践又高于实践。

3. 本教材强调实践技能的培养，精选了 24 个相关的电子技能训练项目用于实练操作。技能训练的内容结合了电子产品制作的实际工作过程、电子大赛的要求和案例及职业技能考核的相关知识，选择了一些典型、适用的单元电路或整机电路，从基础技能训练到综合技能训练，循序渐进，能及时、有效地将理论知识转化为实际操作技能，强化学生动手能力。

4. 本教材注重多门课程知识的综合。相关课程（如"电工基础""模拟电子技术""数字电子技术""电子测量""Altium Designer""Multisim"等）的知识技能在本书上得以有机综合并转化为实际应用，有助于提高学生的专业综合素质。

5. 本教材配备了丰富的教学资源，包括电子教学课件、课后答案、微视频、电子教案，可充分满足线上、线下教学的需求，方便教师的教和学生的学，请有需要的教师登录华信教育资源网（www.hxedu.com.cn）免费注册后下载。

教学参考：

1. 课时分配。理论课时：实践课时＝1：2。实践教学可采用课堂实训、集中实训、第二课堂相结合的形式进行。

2. 实训项目的选用。24个技能训练项目中，基础技能训练为必选训练项目，综合技能训练项目各院校可根据学生学习的实际情况自行选择或增减。

参与编写本教材的教师有：江西信息应用职业技术学院廖芳、梁超、熊增举、朱薇娜、张晓文，杭州职业技术学院吴弋旻。其中，廖芳、熊增举为主编，朱薇娜、吴弋旻为副主编，张晓文为参编，梁超为主审。项目2、4、7和附录及统稿工作由廖芳完成，项目1、3及微视频由熊增举、朱薇娜完成，项目5、6由吴弋旻、张晓文完成。在本书的编写过程中，得到了贾梦达、莫钊、骆丙漂等专业技术人员的大力支持和帮助，在此表示衷心感谢。

由于编者水平和经验有限，书中难免有不足之处，敬请读者批评指正。

编　者

目　　录

项目 1　常用电子元器件及其检测

项目任务

学会识别常用电子元器件，了解常用电子元器件的性能、特点和用途，熟练掌握用万用表检测电子元器件的方法。

知识要点

常用电子元器件的类别、特点；电阻、电容、电感的主要技术参数和标注方法；半导体器件的主要特性；开关件、接插件、熔断器、电声器件的作用及主要参数。

技能要点

（1）使用万用表检测常用电子元器件。
（2）电阻、电容、电感的外观识别与检测。
（3）半导体器件的引脚识别与检测。
（4）开关件、接插件、熔断器及电声器件的外观识别与检测。

1.1　电子元器件的类别与特点

在科学技术迅猛发展的今天，电子产品已渗透到社会的各个领域，从家用电器、办公自动化设备、教学仪器到高科技产品，处处可见电子产品的应用，电子产品的工艺和质量成为人们极其关心的问题，电子产品的制作人员也成为市场急需的人才。

电子元器件是电子产品的基本组成单元，电子产品的发展水平主要取决于电子元器件的发展和换代。因而，学习电子元器件的主要性能、特点，正确识别、选用、检测电子元器件，是设计、制作、调试和维修电子产品必不可少的过程，是提高电子产品质量的基本要素。

电子元器件的种类很多，其分类方式也有多种。

（1）按组装工艺可分为：传统的通孔插装元器件（THC）和表面安装元器件（SMC、SMD）。

（2）按能量转换特点可分为：有源元器件和无源元器件。

（3）按元器件的内部结构特点可分为：分立元器件和集成电路。

（4）按元器件的用途可分为：电阻、电容、电感、变压器、二极管、三极管、集成电路、开关件、接插件、熔断器及电声器件等。

1.1.1 通孔插装元器件与贴片元器件

1. 通孔插装元器件

通孔插装元器件是指具有引脚的电子元器件,如图 1.1 所示。通孔插装元器件的引脚大多采用铜或铜合金材料制成。通孔插装元器件的体积相对较大,印制电路板必须钻孔才能安置通孔插装元器件。

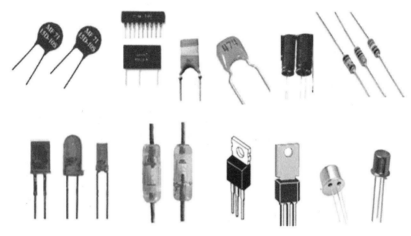

图 1.1 通孔插装元器件的外形结构

用于安装通孔插装元器件的 PCB(印制电路板)的两面,叫作元件面和焊接面。元件面用于放置元器件,焊接面上有印制导线和焊盘。PCB 上开有多个小孔,用于插装元器件。安装时,元器件穿过 PCB 放置在 PCB 的元件面上,焊接点在 PCB 的焊接面上完成,如图 1.2 所示。

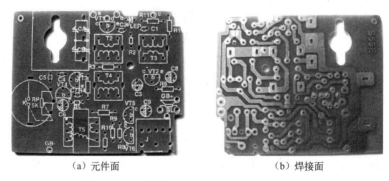

(a)元件面　　　　　　　　　　　(b)焊接面

图 1.2 通孔安装的 PCB(印制电路板)

2. 贴片元器件

贴片元器件又称为表面安装元器件(SMT 元器件),或称片状元器件,是一种无引线或有极短引线的小型标准化的元器件。它包括表面安装元件(SMC,Surface Mount Component)和表面安装器件(SMD,Surface Mount Device)。

（1）表面安装元器件的种类

表面安装元器件的种类很多，其主要分类方式如下：

① 按元器件的形状可分为圆柱形、薄片矩形和扁平异形等。

② 按元器件的品种可分为片状电阻器、片状电容器、片状电感器、片状敏感元件、小型封装半导体器件和基片封装的集成电路等。

③ 按元器件的性质可分为表面安装元件 SMC（也称为无源元件，包括电阻、电容、电感、滤波器、谐振器等）、表面安装器件 SMD（也称为有源器件，包括半导体分立器件、晶体振荡器和集成电路等）、机电元器件（包括开关、继电器、连接器和微电机等）等。

④ 按使用环境可分为非气密性封装元器件和气密性封装元器件。非气密性封装元器件对工作温度的要求一般为 0℃～70℃。气密性封装元器件的工作温度范围可达到-55℃～+125℃。气密性元器件价格很高，一般使用在高可靠性产品中。

如图 1.3 所示为部分常用表面安装元器件（贴片元器件）的外形结构。

（a）贴片电阻　　　　　（b）电阻体

（c）贴片电容　　　　　（d）贴片电解电容

（e）贴片电感　　　（f）贴片晶振　　　（g）贴片二极管

（h）贴片开关二极管　　（i）贴片发光二极管　　（j）贴片稳压二极管

（k）贴片三极管　　　　（l）贴片集成电路

图 1.3　部分常用表面安装元器件（贴片元器件）的外形结构

（2）表面安装元器件的特点

与传统元器件相比，表面安装元器件具有的特点主要有：

① 体积小（表面安装元器件是传统通孔插装元器件 THC 体积的 20%～30%）、重量轻（比 THC 重量轻 60%～80%）、集成度高、装配密度大。

② 成本低、价格低。其成本仅为传统元器件的 30%～50%。

③ 无引线或引线短，减少了分布电容和分布电感的影响，不但高频特性好，而且有利于提高使用频率，贴装后几乎不需要调整。

④ 表面安装元器件的尺寸小、形状简单、结构牢固、紧贴印制电路板安装，因而其抗振性能很好、工作可靠性高。

⑤ 表面安装元器件的尺寸和形状标准化，易于实现自动化和大批量生产，生产成本低。

（3）表面安装元器件的封装及存放

表面安装元器件一般有塑料封装、金属封装、陶瓷封装等形式。金属封装、陶瓷封装的表面安装元器件的密封性好，常态下能保存较长的时间。塑料封装的表面安装元器件密封性较差，容易吸湿使元器件失效。因而表面安装元器件的存放主要是针对塑料封装的表面安装元器件而言的。

塑料封装的表面安装元器件的存放条件：温度低于 40℃、湿度小于 60%，注意进行防静电处理。不使用时，包装袋不拆封；开封时先观察湿度指示卡，当湿度标记为黑蓝色时，为干燥状态，湿度上升，黑蓝色逐渐变为粉红色。如果拆封后不能用完，应存放在相对湿度低于 20% 的干燥箱内，已受潮的表面安装元器件要按规定进行去潮烘干处理后才能使用。

（4）表面安装元器件安装与焊接特点

用于安装贴片器件的 PCB 不需要开孔，元器件直接放置在印制电路板表面上进行安装焊接，如图 1.4 所示。其焊接通常采用回流焊技术，少量的贴片元器件亦可采用手工焊接。

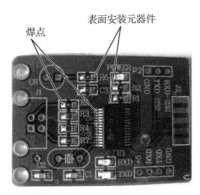

图 1.4 表面安装元器件在 PCB 上的放置与焊接

1.1.2 无源元器件与有源元器件

无源元器件是指具有各自独立、不变的性能特性，与外加的电源信号无关，对电压、电流无控制和变换作用的元器件。无源元器件主要是电阻类、电感类和电容类元器件。通常，把无源元器件称为元件。

有源元器件是指必须有电源支持才能正常工作的电子元器件，且输出取决于输入信号的变化。有源元器件对电压、电流有控制、变换作用，一般用来进行信号的放大、变换等，如三极管、场效应管、集成电路等均为有源元器件。通常，把有源元器件称为器件。

1.1.3 分立元器件和集成电路

分立元器件是指只具有本身的物理特性，不能完成一个电路功能的独立元器件，如电阻、电容、电感、二极管、三极管等。

集成电路（Integrated Circuit，IC），是指将半导体分立器件（二极管、三极管及场效应管等）、电阻、小电容及电路的连接导线都集成在一块半导体硅片上，封装成一个整体的电子器件，形成了一个集材料、元器件、电路"三体一位"、具有一定功能的半导体器件。

与分立元器件相比，集成电路具有体积小、重量轻、性能好、可靠性高、损耗小、成本低、使用寿命长等优点，由于集成电路构成的电子产品外围线路简单、外接元器件数目少、整体性能好、便于安装调试，得到了广泛的应用。如图 1.5 与图 1.6 所示为分立元器件构成的直流稳压电路与集成电路芯片构成的直流稳压电路。

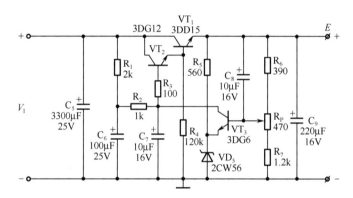

图 1.5 分立元器件构成的直流稳压电路

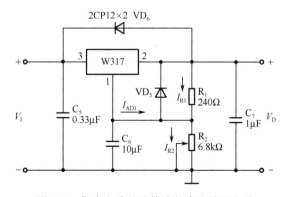

图 1.6 集成电路芯片构成的直流稳压电路

1.1.4 电子元器件选用的基本原则

电子产品的制作需要各种各样的电子元器件，为了保证产品质量、降低成本，必须合理选用电子元器件，选择不当会影响产品的性能。

1. 元器件选用的依据

一般是依据电路原理图上标明的各元器件的规格、型号、参数进行选用的。当有些元器件的标志参数不全，或使用的条件与技术资料不符时，可适当调整元器件的部分参数，但要尽量接近原来的设计要求，保持电子产品的性能。

2. 元器件选用的原则

（1）精简元器件的数量和品种。在满足产品功能和技术指标的前提下，应尽量减少元器件的数量和品种，使电路尽可能简单，以利于装接调试。

（2）确保产品质量。所选用的元器件必须经过高温存储及通电老化筛选合格后才能使用，不使用淘汰和禁用的元器件。

（3）经济适用。从降低成本、经济合理的角度出发，选用的元器件在满足电路性能要求和工作环境的条件下，精密度无须要求最高，可以有一定的允许偏差。

1.2 电阻及其检测

当有电流通过导体时，导体对电流呈现出的阻碍作用称为电阻。在电路中，起电阻作用的元件称为电阻器（简称电阻）。

1.2.1 电阻的基本知识

1. 电阻及其作用

电阻由主体及其引线构成，在电路中用字母"R"表示，其基本单位是欧姆（Ω），常用单位有 $k\Omega$、$M\Omega$、$G\Omega$ 等。

$$1k\Omega = 10^3\Omega, \quad 1M\Omega = 10^6\Omega, \quad 1G\Omega = 10^9\Omega$$

电阻是电子产品中不可缺少且用量较大的元件，常用电阻的外形结构及电路符号如图 1.7 所示。

在电路中，电阻主要起分压、分流、负载（能量转换）等作用，用于稳定、调节、控制电路中电压或电流的大小。

2. 电阻的分类

按电阻的制作材料和工艺可分为：金属膜电阻、碳膜电阻、线绕电阻等。

按电阻的数值能否变化可分为：固定电阻、微调电阻、电位器等。

按电阻的用途可分为：热敏电阻、光敏电阻、分压电阻、分流电阻等。

按电阻的安装方式可分为：通孔插装电阻、表面贴装电阻等。

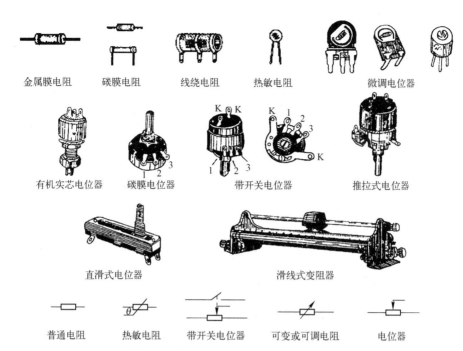

图 1.7　常用电阻的外形结构及电路符号

常用电阻的性能、特点如表 1.1 所示。

表 1.1　常用电阻的性能、特点

电 阻 名 称	电阻的性能、特点
碳膜电阻	稳定性高，噪声小，应用广泛，阻值范围：1Ω～10MΩ
金属膜电阻	体积小，稳定性高，噪声小，温度系数小，耐高温，精度高，但脉冲负载稳定性差。阻值范围：1Ω～620MΩ
线绕电阻	稳定性高，噪声小，温度系数小，耐高温，精度很高，功率大（可达 500W），但高频性能差，体积大，成本高。阻值范围：0.1Ω～5MΩ
金属氧化膜电阻	除具有金属膜电阻的特点外，比金属膜电阻的抗氧化性和热稳定性高，功率大（可达 50kW），但阻值范围小，主要用来补充金属膜电阻的低值部分。阻值范围：1Ω～200kΩ
合成实芯电阻	机械强度高，过负载能力较强，可靠性较高，体积小，但噪声较大，分布参数（L、C）大，对电压和温度的稳定性差。阻值范围：4.7Ω～22MΩ
合成碳膜电阻	电阻阻值变化范围宽，价廉，但噪声大，频率特性差，对电压稳定性差，抗湿性差，主要用来做高压高阻电阻器。阻值范围：$(10～10^6)$ MΩ
线绕电位器	稳定性高，噪声小，温度系数小，耐高温，精度很高，功率较大（达 25W），但高频性能差，阻值范围小，耐磨性差，分辨力低，适用于高温大功率电路及需要进行精密调节的场合。阻值范围：4.7Ω～100kΩ
合成碳膜电位器	稳定性高，噪声小，分辨力高，阻值范围宽，寿命长，体积小，但抗湿性差，滑动噪声大，功率小，该电位器为通用电位器，广泛用于一般电路中。阻值范围：100Ω～4.7MΩ
金属膜电位器	分辨力高，耐高温，温度系数小，滑动噪声小，平滑性好，该电位器适合在高功率场合使用。阻值范围：100Ω～1MΩ

3. 电阻的命名方法

国产电阻型号由主称、材料、分类和序号4个部分组成，如图1.8所示。

图1.8　国产电阻型号的组成

第一部分——主称：用字母表示，表示产品的名称。

第二部分——材料：用字母表示，表示电阻体的组成材料。

第三部分——分类：用数字或字母表示，表示产品的特点、用途。

第四部分——序号：用数字表示，表示同类电阻中的不同品种，以区分电阻的外形尺寸和性能指标的微弱变化等。

电阻型号中前三部分的含义如表1.2所示。

表1.2　电阻型号中前三部分的含义

第 一 部 分		第 二 部 分		第 三 部 分		
主 称		材 料		分类（用途、特点）		
符号	意义	符号	意义	符号	意 义	
					电阻	电位器
R	电阻	T	碳膜	1	普通	普通
W	电位器	H	合成膜	2	普通	普通
M	敏感电阻	S	有机实芯	3	超高频	—
		N	无机实芯	4	高阻	—
		J	金属膜	5	高温	—
		Y	氧化膜	6	精密	—
		C	沉积膜	7	精密	精密
		I	玻璃釉膜	8	高压	
		X	线绕	9	—	特殊
		R	热敏	G	高功率	—
		G	光敏	T	可调	—
		Y	压敏	X	—	小型
				W	—	微调
				D	—	多圈
				L		测量用

敏感电阻型号的含义如表 1.3 所示。

表 1.3　敏感电阻型号的含义

材　料		分　类				
符号	意　义	符号	意　义			
			负温度系数	正温度系数	光敏电阻	压敏电阻
F	负温度系数热敏材料	1	普通	普通		碳化硅
Z	正温度系数热敏材料	2	稳压	稳压		氧化锌
C	磁敏材料	3	微波			氧化锌
G	光敏材料	4	旁热		可见光	
L	力敏材料	5	测温	测温	可见光	
Q	气敏材料	6	微波		可见光	
S	湿敏材料	7	测量			
Y	压敏材料					

例 1.1　指出电阻型号 RJ21 及 WX52 的含义。

解：RJ21 为普通金属膜电阻，WX52 为高温线绕电位器。

固定电阻的主要性能参数

1.2.2　固定电阻的主要性能参数

电阻是电子产品中不可缺少的电路元件，使用时应根据其性能参数来选用；检测时，也是以电阻的性能参数为标准来判断电阻元件好坏的。

电阻的主要性能参数包括：标称阻值、允许偏差、额定功率和温度系数等。

1. 标称阻值

电阻的标称阻值是指电阻上所标注的阻值。国标 GB/T 2471—1995《电阻器和电容器优先数系》中规定了一系列阻值作为电阻值取用的标准，如表 1.4 所示即为通用电阻的标称阻值系列。

电阻取用的标称阻值应为表 1.4 所列数值的 10^n（n 取整数）倍。以 E_{12} 系列中的标称阻值 1.5 为例，它所对应的电阻的标称阻值可为：1.5Ω、15Ω、150Ω、$1.5k\Omega$、$15k\Omega$、$150k\Omega$ 和 $1.5M\Omega$ 等，其他系列依次类推。

表 1.4　通用电阻的标称阻值系列

标称系列名称	偏　差	电阻的标称阻值
E_{48}	±1%	1.00，1.05，1.10，1.15，1.21，1.27，1.33，1.40，1.47，1.54，1.62，
		1.69，1.78，1.87，1.96，2.05，2.15，2.26，2.37，2.49，2.61，2.74，
		2.87，3.01，3.16，3.32，3.48，3.65，3.83，4.02，4.22，4.42，4.64，
		4.87，5.11，5.36，5.62，5.90，6.19，6.49，6.81，7.15，7.50，7.87，
		8.25，8.66，9.09，9.53
E_{24}	Ⅰ级±5%	1.0，1.1，1.2，1.3，1.5，1.6，1.8，2.0，2.2，2.4，2.7，3.0，
		3.3，3.6，3.9，4.3，4.7，5.1，5.6，6.2，6.8，7.5，8.2，9.1

标称系列名称	偏 差	电阻的标称阻值
E$_{12}$	II级±10%	1.0, 1.2, 1.5, 1.8, 2.2, 2.7, 3.3, 3.9, 4.7, 5.6, 6.8, 8.2
E$_6$	III级±20%	1.0, 1.5, 2.2, 3.3, 4.7, 6.8

当 E 取不同数值系列时，其标称阻值各不相同。如 E$_6$ 系列的标称值只有 6 项，1.0、1.5、2.2、3.3、4.7、6.8；而 E$_{12}$ 系列的标称值有 12 项，1.0、1.2、1.5、1.8、2.2、2.7、3.3、3.9、4.7、5.6、6.8、8.2。

为了简便起见，在电路图上常用的电阻值标注方法是：阻值在 1000Ω 以下的，可不标符号"Ω"；阻值在 1kΩ 以上、1MΩ 以下的，其阻值后只需加符号"k"；阻值在 1MΩ 以上的，其阻值后只需加符号"M"。例如，150Ω 的电阻值可简写为 150；3 600Ω 的电阻值可简写为 3.6k 或 3k6；2 200 000Ω 的电阻值可简写为 2.2M 或 2M2。

2. 允许偏差

在电阻的生产过程中，由于所用材料、设备和工艺等诸方面的影响，厂家生产出的电阻的实际阻值与标称阻值之间存在一定的偏差，把标称阻值与实际阻值之间允许的最大偏差范围称为电阻的允许偏差，又称电阻的允许误差。

$$允许偏差 = \frac{标称阻值 - 实际阻值}{标称阻值} \times 100\%$$

允许偏差通常用百分比来表示，有时也可用文字符号表示，如表 1.5 所示。允许偏差可以是对称的，也可以是不对称的。

表 1.5　允许偏差的文字符号表示

对 称 偏 差		不对称偏差											
文字符号	H	U	W	B	C	D	F	G	J	K	M	R	S	Z
允许偏差/%	±0.01	±0.02	±0.05	±0.1	±0.2	±0.5	±1	±2	±5	±10	±20	+100 −10	+50 −20	+80 −20

通用电阻的允许偏差与精度等级存在一定的对应关系，如：±0.5% 为 005、±1% 为 01（或 00）、±2% 为 02（或 0）、±5% 为 I 级、±10% 为 II 级、±20% 为 III 级，如表 1.6 所示。允许偏差小于 ±1% 的电阻称为精密电阻。电阻的精度越高，价格越高。

表 1.6　允许偏差与精度等级的对应关系

	允许偏差与精度等级的对应关系					
允许偏差	±0.5%	±1%	±2%	±5%	±10%	±20%
精度等级	005	01	02	I 级	II 级	III 级

3. 额定功率

电阻的额定功率也称为电阻的标称功率，它是指在产品标准规定的大气压（90～106.6kPa）和额定温度（-55℃～+70℃）下，电阻长期工作所允许承受的最大功率，其单位为瓦（W）。

常用的电阻标称（额定）功率有：1/16W（0.0625W）、1/8W（0.125W）、1/4W（0.25W）、1/2W（0.5W）、1W、2W、3W、5W、10W、20W等。电阻标称（额定）功率在电路图中的表示方法如图1.9所示。

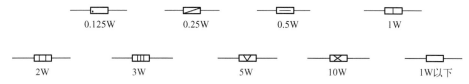

图1.9　电阻标称（额定）功率在电路图中的表示方法

不同类型的电阻，其额定功率的范围不同。线绕电阻额定功率系列为：1/20W、1/8W、1/4W、1/2W、1W、2W、4W、8W、10W、16W、25W、40W、50W、75W、100W、150W、250W、500W；非线绕电阻额定功率系列为：1/20W、1/8W、1/4W、1/2W、1W、2W、5W、10W、25W、50W、100W。

对于同一类型的电阻来说，体积越大，其额定功率越大。功率越大，价格越高。在使用过程中，若电阻的实际功率超过额定功率，会造成电阻过热而烧坏。因而实际使用时，选取的额定功率值一般为实际计算值的1.5~3倍。

4. 温度系数

温度每变化1℃，引起电阻值的相对变化量称为电阻的温度系数，用 α 表示。

$$\alpha = \frac{R_2 - R_1}{R_1(t_2 - t_1)}$$

式中，R_1、R_2分别为温度为t_1、t_2时电阻的阻值。

温度系数 α 可正、可负。温度升高，电阻值增大，称该电阻具有正温度系数；温度升高，电阻值减小，称该电阻具有负温度系数。温度系数越小，电阻的温度稳定性越高。

1.2.3　可变电阻的主要性能指标

微调电阻和电位器统称为可变电阻，其中，微调电阻的阻值变化范围小，电位器的阻值变化范围大。

1. 微调电阻和电位器的异同

（1）相同点。从结构上来看，微调电阻和电位器都具有三个引脚，其中两个引脚是固定端，另一个引脚是滑动端。

（2）不同点。从外形结构看，微调电阻的体积小，调节阻值需要使用工具（螺丝刀）；电位器的体积相对来说更大些，滑动端带有手柄，使用时可根据需要直接用手调节。

在作用功能上，微调电阻一般用在电路的调试阶段进行电路参数的调整，一旦电子产品调整定形后，微调电阻就无须再调整了；电位器主要用于电子产品的使用调节，是为方便用户使用设置的，如收音机的音量电位器等。

2. 可变电阻的主要性能指标

（1）标称阻值。可变电阻的标称阻值是指标注在可变电阻外表面上的阻值，是可变电阻两个固定引脚之间的阻值，是可变电阻的最大值。调节可变电阻的滑动端，可以使可变电阻滑动端与固定端之间的阻值在 0Ω 和标称阻值之间连续变化，并由此可以判断出其实际偏差。

（2）额定功率。可变电阻的额定功率是指两个固定端之间允许消耗的最大功率。滑动端与固定端之间所承受的功率小于电位器的额定功率。

（3）滑动噪声。滑动噪声是指调节滑动端时，可变电阻的滑动端触点与电阻体的滑动接触而产生的噪声。它是电阻材料的分布不均匀及滑动端滑动时接触电阻体的无规律变化引起的。

敏感电阻的性能与用途

1.2.4 敏感电阻的性能与用途

敏感电阻是指对温度、光通量、电压、湿度、气体、压力、磁通量等物理量敏感的特殊电阻。常用的敏感电阻有：热敏电阻、光敏电阻、压敏电阻、湿敏电阻、气敏电阻和磁敏电阻等。敏感电阻常用于自动化控制系统、遥测遥感系统、智能化系统中。

敏感电阻的符号通常是在普通电阻的符号中加一斜线，并在旁边标注表示敏感电阻类型的字母，如 θ、U 等。

1. 热敏电阻

热敏电阻是一种对温度特别敏感的电阻，当温度变化时其电阻值会发生显著的变化。热敏电阻上的标称阻值一般是指温度在 25℃ 时其实际电阻值。热敏电阻的外形结构及电路符号如图 1.10 所示。

（a）外形结构　　　　　　　　　　　（b）电路符号

图 1.10　热敏电阻的外形结构及电路符号

按温度系数分，热敏电阻可分为负温度系数（电阻值与温度变化成反比）热敏电阻和正温度系数（电阻值与温度变化成正比）热敏电阻。负温度系数热敏电阻常用于稳定电路的工作点，正温度系数热敏电阻在家电产品中应用较广泛，如用于冰箱或电饭煲的温控器中。

2. 压敏电阻

压敏电阻是一种对电压敏感的电阻元件，主要有碳化硅和氧化锌压敏电阻。当加在该元件上的电压低于标称电压时，其阻值趋于无穷大；当加在该元件上的电压高于标称电压时，其阻值急剧减小。压敏电阻的外形结构及电路符号如图 1.11 所示。

压敏电阻常常和保险丝配合并接在电路中使用，当电路出现过压故障时，压敏电阻值急剧减小（出现短路现象），电路中的电流急剧增加，电路中的保险丝自动熔断，起到保护电路的作用。

压敏电阻在电路中常用于电源过压保护和稳压。

3. 光敏电阻

光敏电阻是一种利用光电效应制成，且对光通量敏感的电阻元件。在无光照时，光敏电阻的阻值较高；光照加强时，光敏电阻的阻值明显下降。光敏电阻的外形结构及电路符号如图 1.12 所示。

| （a）外形结构 | （b）电路符号 | （a）外形结构 | （b）电路符号 |

图 1.11　压敏电阻的外形结构及电路符号　　　　图 1.12　光敏电阻的外形结构及电路符号

光敏电阻常用于光电自动控制系统中，如大型宾馆、商场的自动门，自动报警系统等。

4. 湿敏电阻

湿敏电阻是一种对环境湿度敏感的元件，它的电阻值能随着环境的相对湿度变化而变化。湿敏电阻一般由基体、电极、电极引线和感湿层等组成，如图 1.13（a）所示；湿敏电阻的外形结构及电路符号如图 1.13（b）、（c）所示。

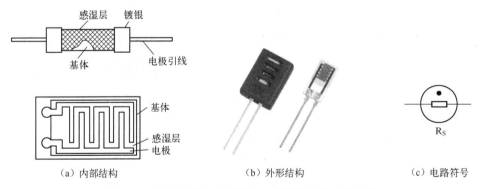

（a）内部结构　　　　　　　（b）外形结构　　　　　　（c）电路符号

图 1.13　湿敏电阻的内部结构、外形结构及电路符号

湿敏电阻广泛应用于洗衣机、空调、录像机、微波炉等家用电器及工业、农业等方面的湿度检测、湿度控制中。工业上常用的湿敏电阻主要有氯化锂湿敏电阻、有机高分子膜湿敏电阻。

1.2.5　电阻的标注方法

将电阻的主要参数（标称阻值与允许偏差）标注在电阻外表面上的方法称为电阻的标

注方法。电阻常用的标注方法有：直标法、文字符号法、数码表示法和色标法。

1. 直标法

用阿拉伯数字和文字符号在电阻上直接标出其主要参数的标注方法称为直标法。如图 1.14 所示，电阻值为 2.7kΩ，允许偏差为±10%。若电阻上未标注允许偏差，则默认为±20%。一般功率较大的电阻还会标出其额定功率的大小。这种标注方法主要用于体积较大的元器件。

2. 文字符号法

将阿拉伯数字和文字符号两者有规律地组合，在电阻上标出主要参数的方法称为文字符号法。

用文字符号法标注的具体规定为：用文字符号表示电阻的单位，如 R 或 Ω 表示欧姆、k 表示千欧（$10^3\Omega$）、M 表示兆欧（$10^6\Omega$）、G 表示吉欧（$10^9\Omega$）等，电阻值（用阿拉伯数字表示）的整数部分写在阻值单位的前面，电阻值的小数部分写在阻值单位的后面。如图 1.15 所示，其电阻值为 3.9Ω。用特定的字母表示电阻的允许偏差，可参照表 1.5。

图 1.14 直标法　　　　　　　　　　　　　图 1.15 文字符号法

例 1.2　用文字符号法表示电阻值 0.12Ω、1.2Ω、1.2kΩ、1.2MΩ、$1.2\times10^9\Omega$。

解：0.12Ω 用文字符号法表示为 R12；
　　　1.2Ω 用文字符号法表示为 1R2 或 1Ω2；
　　　1.2kΩ 用文字符号法表示为 1k2；
　　　1.2MΩ 用文字符号法表示为 1M2；
　　　$1.2\times10^9\Omega$ 用文字符号法表示为 1G2。

3. 数码表示法

用三位数码表示电阻值、用相应字母表示电阻允许偏差的方法称为数码表示法。数码按从左到右的顺序排列，第一、第二位表示电阻的有效数字，第三位为乘数（即 10 的几次方），电阻的单位是 Ω。允许偏差用文字符号表示，见表 1.5。

例 1.3　解释下列用数码表示法标注的电阻的含义：102J、756K。

解：102J 的标称阻值为 $10\times10^2=1k\Omega$，J 表示该电阻的允许偏差为±5%；
　　　756K 的标称阻值为 $75\times10^6=75M\Omega$，K 表示该电阻的允许偏差为±10%。

4. 色标法

用不同颜色的色环表示电阻的标称阻值与允许偏差的标注方法称为色码标注法，简称色标法，亦称色环法。这种标注方法常用在小型电阻上，这类电阻亦称色环电阻。通常用不同的背景颜色来区别电阻的不同种类，即浅色（浅棕、浅蓝或浅绿色）背景的为碳膜电阻，红色背景的为金属膜或金属氧化膜电阻，深绿色背景的为线绕电阻。

各种色环颜色的规定如表1.7所示。

表1.7 各种色环颜色的规定

颜　色	有 效 数 字	乘　数	允许偏差/%
银色	—	10^{-2}	±10
金色	—	10^{-1}	±5
黑色	0	10^{0}	—
棕色	1	10^{1}	±1
红色	2	10^{2}	±2
橙色	3	10^{3}	—
黄色	4	10^{4}	—
绿色	5	10^{5}	±0.5
蓝色	6	10^{6}	±0.25
紫色	7	10^{7}	±0.1
灰色	8	10^{8}	—
白色	9	10^{9}	+50, −20
无色	—	—	±20

色标法常用的为四色标法和五色标法两种，如图1.16所示。

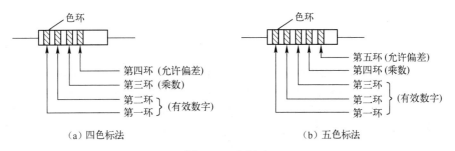

（a）四色标法　　　　　　　　　（b）五色标法

图1.16　色标法

其具体含义如下：

四色标法规定：第一、二环是有效数字，第三环是乘数，第四环是允许偏差。

五色标法规定：第一、二、三环是有效数字，第四环是乘数，第五环是允许偏差。

注意：读色码的顺序为，靠近电阻引线的色环为第一环，离电阻引线远一些的色环为最后的环（即偏差环）；偏差环与其他环的间距较大（通常为前几环间距的1.5倍）。若两端色环离电阻两端引线等距离，可借助电阻的标称阻值系列（见表1.4）及对色环颜色的规定（见表1.7）中有效数字与允许偏差的特点来判断。

四环电阻通常为普通电阻，其阻值允许偏差较大，一般为±5%、±10%、±20%。五环电阻通常为精密电阻，其阻值允许偏差相对较小，一般为±0.1%、±0.25%、±0.1%、±1%、±2%。还有一些三环电阻，允许偏差≥±20%。

例1.4 如图1.17所示，读出图中色环电阻标识的参数。

解：图1.17中，由于两端色环离电阻两端的引线等距离，由表1.7可知，图1.17（a）

中银色只代表允许偏差，不能表示有效数字，因而棕色为第一环，银色是最后一环，由此得出该色环电阻的有效色环是棕（1）、黑（0），乘数环是红环（10^2），允许偏差环是银环（±10%），即该色环电阻为 $10×10^2=1kΩ$，允许偏差为±10%。

图 1.17 (b) 中，由于两端的色环（红、绿环），既可作为有效数字环，又可作为允许偏差环，可参考表 1.4 和表 1.7，得出该色环电阻的第一环为绿环，而非红环，其阻值大小为 $51×10^3=51kΩ$，允许偏差为±2%。

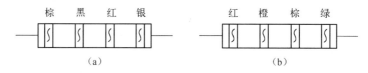

棕 黑 红 银　　　　　红 橙 棕 绿

（a）　　　　　　　　（b）

图 1.17　例 1.4 图

例 1.5　用色标法表示标称阻值为 1400Ω，允许偏差为±0.25% 的电阻。

解：允许偏差为±0.25% 的电阻属于精密电阻，用五色标法表示，根据表 1.7，1400Ω 的电阻用"棕黄黑棕"色表示阻值大小，用"蓝"色表示允许偏差。所以，1400Ω±0.25% 的电阻色环是"棕黄黑棕蓝"。

1.2.6　固定电阻的检测

电阻的检测方法　固定电阻的检测

元器件的检测是电子产品制作中的一项基本操作，检测的目的：测试元器件的相关参数，判断元器件能否正常工作。

1. 固定电阻的检测方法

可使用万用表测量固定电阻的实际阻值，将测量值和标称阻值进行比较，计算出电阻的实际偏差，并与允许偏差进行比较，从而判断电阻是否出现短路、断路、老化（实际阻值与标称阻值相差较大的情况）等故障，是否能够正常工作。

色环电阻的阻值虽然能以色标法来确定，但在使用时最好还是用万用表测试一下其实际阻值。

2. 固定电阻的检测步骤

（1）外观检查。轻轻摇动电阻的引脚，观察电阻引脚有无脱落或松动的现象；眼观、鼻闻，检查电阻有无烧焦、异味，从外表排除电阻的断路故障。

（2）在路检测。外观检查没有问题后，就可进行在路检测。

对电阻进行在路（即电阻仍然焊在电路中）检测时，首先要断开电路中的电源，将万用表的电阻挡并在被测电阻的两端进行测量。若测量值远远大于该电阻的标称阻值，则可判断该电阻出现断路或严重老化现象，即电阻已损坏。

（3）断路检测。在路检测有疑问时，可采用断路检测进一步确认。

进行断路检测时，将被测电阻从电路中断开（至少焊开一个头），将万用表的电阻挡并在被测电阻的两端进行测量。若测量的电阻值基本等于标称阻值，说明该电阻正常；若测量的电阻值接近于零，说明电阻短路；若测量的电阻值远大于标称阻值，说明该电阻已老化或损坏；若测量的电阻值趋于无穷大，说明该电阻已断路。

3. 检测注意事项

（1）测量时，应避免用两只手同时接触被测电阻的两个引脚，或用两只手同时触及万用表表棒的金属部分，以免人体电阻并接入被测电阻而影响测量的准确性。

（2）为了提高测量精度，应根据被测电阻标称阻值的大小来选择量程。测量时，指针式万用表的指针指示值尽可能落到刻度的中间或略偏右边的位置。

1.2.7 可变电阻的检测

1. 可变电阻的主要故障

可变电阻包括电位器与微调电阻，其故障的发生率比普通固定电阻高得多。可变电阻的故障主要表现为：

（1）接触不良。表现为可变电阻与电路的连接时断时续。

（2）磨损严重（老化）。使可变电阻的实际值远大于标称阻值。

（3）元件断路。分为引脚断开和过流烧断两种情况，表现为可变电阻的测量值趋于无穷大。

（4）调节障碍。表现为调节不顺畅，调节测量时万用表指针指示的电阻值出现跳变。

2. 可变电阻的检测方法

可变电阻的检测

电位器与微调电阻的检测方法与普通电阻类似，不同之处在于：

（1）电位器与微调电阻两固定引脚之间的电阻值，应等于标称阻值，若测量值远大于或远小于标称阻值，说明元件出现故障。

（2）缓慢调节电位器或微调电阻，测量元件定片和动片之间的阻值，观察其电阻值的变化情况；正常时，电阻值应从零变化到标称阻值；若电阻值连续平稳变化，没有出现表针跳动的情况，说明元件是正常的，否则表明元件出现接触不良故障；若定片和动片之间的阻值远大于标称阻值，或趋于无穷大，说明元件内部出现断路故障。

3. 可变电阻的检测步骤

（1）检测可变电阻的电阻值。测量时，将万用表调到电阻挡，将表棒接到可变电阻两固定引脚1、3端，如图1.18所示，可变电阻的电阻值即为可变电阻两固定引脚1、3之间的电阻值，应等于标称阻值；若测量值远大于或远小于标称阻值，说明可变电阻已经损坏。

（2）如图1.19所示，检测可变电阻可调范围及调节功能。测量时，将万用表调到电阻挡，将表棒接到可变电阻固定引脚1（或3）端和滑动端2，缓慢调节可变电阻的滑动端（转动旋柄），看旋柄转动是否平滑、灵活，测量滑动端2和某一固定引脚端1之间的阻值，观察其电阻值的变化情况。正常时，万用表指针所指示电阻值应该连续平稳地从零渐变到标称阻值；若出现万用表的表针跳动或数值突变的情况，说明可变电阻出现接触不良故障；若滑动端和固定引脚端之间的阻值远大于标称阻值，或趋于无穷大，说明元件内部有断路故障。

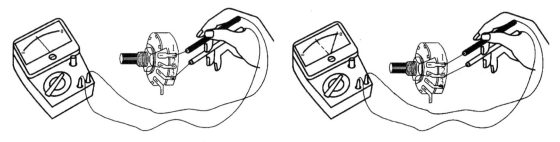

图 1.18　检测可变电阻的电阻值示意图　　　　图 1.19　检测可变电阻可调范围及调节功能

（3）检查带开关的电位器。带开关的电位器有 5 个引脚，其中 1、2、3 端为电位器端，4、5 端为开关端，带开关电位器的检测示意图如图 1.20 所示。检测带开关的电位器时，不仅要检测电位器的电阻值、可调范围及调节功能，还要检测电位器的开关是否灵活，开关通、断时"咔哒"声是否清脆，并听一听电位器内部的接触点和电阻体摩擦的声音，如有"沙沙"声，说明质量不好。

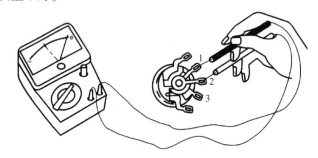

（a）带开关电位器电阻值、可调范围及调节功能的检测

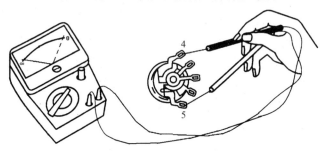

（b）带开关电位器开关部分的检测

图 1.20　带开关电位器的检测示意图

1.2.8　敏感电阻的检测方法

当敏感源（气敏源、光敏源、热敏源等）发生变化时，用万用表的欧姆挡检测敏感电阻的阻值。若敏感源发生变化，敏感电阻值也发生明显变化，说明该敏感电阻性能良好；若敏感电阻值变化很小，或几乎不变，则说明敏感电阻出现故障。

1. 热敏电阻的检测

（1）25℃室温检测。在 25℃室温条件下，用万用表测量热敏电阻的实际阻值，若实际阻值与标称阻值相差在±2Ω 之内，说明电阻正常；若阻值相差较大，说明敏感电阻性能变差或已损坏。

（2）加温检测。即用万用表连接热敏电阻两端，然后将热源（如加热后的电烙铁）靠近（但不能直接接触）热敏电阻，观测热敏电阻的阻值变化。若其电阻值随温度的升高发生明显变化，说明热敏电阻性能良好；否则，说明热敏电阻性能变差、不能使用。

2. 压敏电阻的检测

进行在路检测：将被测压敏电阻与限流电阻串联后接到一个可变电压源两端，可变电压源的电压调到 0V，同时将万用表并接在压敏电阻的两端；然后将可变电压源的电压从 0V 慢慢调高，若压敏电阻值减小，说明该电阻性能良好，否则说明该电阻性能变差。

3. 光敏电阻的检测

用万用表的 $R \times 1k$ 挡测量光敏电阻的阻值。将万用表的表棒接触光敏电阻的两个引脚，观察光敏电阻的阻值变化情况。

（1）用一张黑纸片将光敏电阻的透光窗口遮住，读出万用表指示的阻值。光敏电阻的阻值越大（接近无穷大），说明光敏电阻性能越好；若此值很小或接近于零，说明光敏电阻已烧穿损坏，不能再继续使用。

（2）将一个光源对准光敏电阻的透光窗口，此时万用表的指针应有较大幅度的摆动，阻值明显减小，此值越小说明光敏电阻性能越好；若此值很大甚至趋于无穷大，表明光敏电阻内部开路损坏，也不能再继续使用。

（3）将光源对准光敏电阻的透光窗口时，用小黑纸片在光敏电阻的透光窗口上部晃动，使光敏电阻间断受光。光敏电阻正常时，万用表指针应随黑纸片的晃动而左右摆动；若万用表指针始终停在某一位置上不随纸片晃动而摆动，说明光敏电阻已经损坏。

1.3 电容及其检测

1.3.1 电容的基本知识

1. 电容的作用

广义地说，由绝缘材料（介质）隔开的两个导体即构成一个电容器（简称电容）。电容是一种能储存电场能量的元件，在电路中主要起耦合、旁路、隔直、调谐回路、滤波、移相、延时等作用，其在电路中的使用频率仅次于电阻。常用电容的外形结构如图 1.21 所示。

在电路中，电容用字母"C"表示，其基本单位是法拉（F），常用单位有：μF、nF、pF 等。

$$1\mu F = 10^{-6}F, \ 1nF = 10^{-9}F, \ 1pF = 10^{-12}F$$

2. 电容的分类

按构成电容的介质材料，电容可分为：陶瓷电容、涤纶电容、纸介电容、电解电容等。

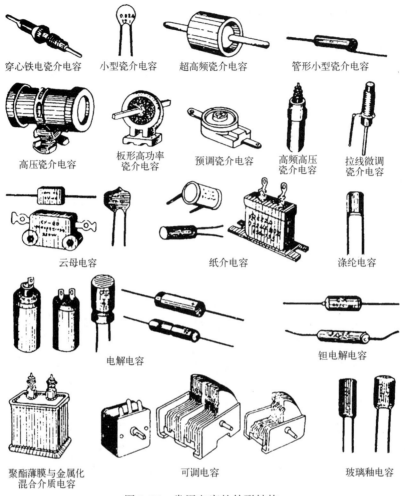

穿心铁电瓷介电容　　小型瓷介电容　　超高频瓷介电容　　管形小型瓷介电容

高压瓷介电容　　板形高功率瓷介电容　　预调瓷介电容　　高频高压瓷介电容　　拉线微调瓷介电容

云母电容　　纸介电容　　涤纶电容

电解电容　　钽电解电容

聚酯薄膜与金属化混合介质电容　　可调电容　　玻璃釉电容

图 1.21　常用电容的外形结构

按容量能否变化，电容可分为：固定电容、微调电容、可调电容（也称可变电容）等。微调电容的容量变化范围较小，常用于电路调试阶段进行电路参数的调整。可调电容的电容值变化范围较大，常用于电子产品的使用调节，如收音机的电台变换等。

按有无极性，电容可分为：电解电容（有极性电容）和无极性电容。电解电容的电容量较大，但绝缘电阻相对较小；工作时，其"+"极要接在电路的高电位端，"−"极要接在电路的低电位端。无极性电容的绝缘电阻相对较大，其耐压高，但电容量较小。

按用途，电容可分为：耦合电容、滤波电容、旁路电容、调谐电容等。

常用电容的电路符号如图 1.22 所示。

一般符号　　极性电容　　可调电容　　微调电容　　双联同轴可变电容

图 1.22　常用电容的电路符号

几种常用电容的性能、特点及用途如表1.8所示。

表 1.8　几种常用电容的性能、特点及用途

电容名称	容量范围	额定工作电压	主要性能特点
聚酯涤纶电容	40pF~4μF	63~630V	容量范围小，漏电小，体积小，重量轻，耐热耐湿，稳定性差；通常使用在对稳定性和损耗要求不高的低频电路中
玻璃釉电容	10pF~0.1μF	63~400V	稳定性较好，损耗小，耐高温（2000℃）；主要在脉冲、耦合、旁路等电路中使用
金属膜电容	0.01~100μF	400V	体积小，电容量较大，击穿后有自愈能力；广泛用于仪器、仪表、电视机及家用电器线路中，起直流脉动、脉冲和交流降压作用，特别适用于各种类型的节能灯和电子整流器
纸介电容	1 000pF~0.1μF	160~400V	损耗大，体积大，容量范围小，成本低，一般用在低频频率低于3~4MHz电路中
陶瓷电容	2pF~0.047μF	160~500V	漏电小，损耗低，耐高温，性能稳定，容量小，体积小；广泛应用于各种小型电子设备中
云母电容	4.7~30 000pF	250~7 000V	耐压高，耐高温，损耗小，电气性能稳定，容量小，体积小，具有自愈性能和防爆功能；适用于高频振荡、脉冲等要求较高的电路
独石电容	0.5pF~1μF	耐压高	体积小，性能稳定，可靠性高，耐高温，耐压高，耐湿性好；广泛应用于电子精密仪器和各种小型电子设备中做谐振、耦合、滤波、旁路之用
聚苯乙烯电容	100pF~0.01μF	63~250V	漏电小，损耗小，性能稳定，精密度较高，容量范围大（100pF~0.01μF），具有负温度系数，绝缘电阻高达100GΩ、极低泄漏电流等特点；应用于各类精密测量仪表、汽车收音机、工业用接近开关、高精度的数/模转换电路中
聚苯乙烯薄膜电容	10pF~2μF	100V~30kV	绝缘电阻高，稳定性好，损耗低，工作温度范围宽（-40℃~+55℃），可以制成精密高压电容；通常使用在对稳定性和损耗要求较高的电路中，或用于高频电路中
铝电解电容	0.47~10000μF	6.3~450V	体积小，容量大，损耗大，漏电大；主要用于电源滤波、低频耦合、去耦、旁路等场合
钽电解电容	0.1~20 000μF	3~450V	有极性电容，电容量大，容量误差小，寿命长，体积小，损耗、漏电小于铝电解电容；在要求高的电路中代替铝电解电容

3. 电容的命名方法

电容的命名方法与电阻的命名方法类似，可参见图1.8中电阻型号的命名方法。电容在电路中用"C"表示，电容的材料、分类代号及其意义如表1.9所示。

表 1.9　电容的材料、分类代号及其意义

材料		分类				
符号	意义	符号	意义			
			瓷介电容	云母电容	电解电容	有机电容
C	高频陶瓷	1	圆片	非密封	箔式	非密封
Y	云母	2	管形	非密封	箔式	非密封

材　　料			分　　类			
符号	意　　义	符号	意　　义			
			瓷介电容	云母电容	电解电容	有机电容
I	玻璃釉	3	叠片	密封	烧结粉液体	密封
O	玻璃膜	4	独石	密封	烧结粉固体	密封
J	金属化纸	5	穿心	—	—	穿心
Z	纸介	6	支柱	—	—	—
B	聚苯乙烯等非极性有机薄膜	7	—	—	无极性	—
BF	聚四氟乙烯非极性有机薄膜	8	高压	高压	—	高压
L	聚脂涤纶有机薄膜	9	—	—	特殊	特殊
Q	漆膜	10	—	—	卧式	卧式
H	纸膜复合	11	—	—	立式	立式
D	铝电解质	12	—	—	—	无感式
A	钽电解质	G	高功率			
N	铌电解质	W	微调			
T	低频陶瓷					

例如，CJ1-63-0.022-K：非密封金属化纸介电容，耐压 63V，容量 0.022μF±10%。

CT1-100-0.01-J：圆片形低频瓷介电容，耐压 100V，容量 0.01μF±5%。

1.3.2　电容的主要性能参数

电容的主要参数

1. 标称容量

电容的标称容量是指在电容上所标注的容量。通常，电容的容量为几个皮法（pF）到几千个微法（μF）。

2. 允许偏差

电容的允许偏差是指实际容量和标称容量之间所允许的最大偏差范围。

$$允许偏差 = \frac{标称容量 - 实际容量}{标称容量} \times 100\%$$

允许偏差一般分为 3 级：I 级 ±5%，II 级 ±10%，III 级 ±20%。通常精密电容的允许偏差较小，而电解电容的允许偏差较大。用文字符号（字母）表示允许偏差时，其字母符号含义可参照表 1.5。

常用电容的精度等级和电阻的表示方法类似。其对应关系为：D-005 级为 ±0.5%，F-01 级为 ±1%、G-02 级为 ±2%、J-I 级为 ±5%、K-II 级为 ±10%、M-III 级为 ±20%、IV 级为（+20%/-10%）、V 级为（+50%/-20%）、VI 级为（+50%/-30%）。

3. 电容的额定电压与击穿电压

电容的额定电压又称电容的耐压，它是指电容长期安全工作所允许施加的最大直流电压，有时电容的耐压会标注在其外表面上。

电容常用的耐压系列值为：1.6V、6.3V、10V、16V、25V、32V＊、40V、50V、63V、100V、125V＊、160V、250V、300V＊、400V、450V＊、500V、1000V 等，其中带＊号的电压仅为电解电容的耐压值。对于结构、介质、容量相同的元件，耐压越高，体积越大。

当电容两极板之间所加的电压达到某一数值时，电容就会被击穿，该电压叫作电容的击穿电压。

电容的耐压通常为击穿电压的一半。在实际使用中，加在电容两端的电压应小于额定电压；在交流电路中，加在电容上的交流电压的最大值不得超过额定电压，否则，电容会被击穿。

通常电解电容的容量较大（μF 量级），但其耐压相对较低，极性接反后耐压更低，很容易烧坏，所以在使用中一定要注意电解电容的极性连接和耐压要求。

4. 绝缘电阻

电容的绝缘电阻是指电容两极板之间的电阻，也称为电容的漏电阻。绝缘电阻越大，漏电流越小，电容的性能越好。若绝缘电阻变小，则漏电流增大，损耗也增大，严重时会影响电路的正常工作。

理想情况下，电容的绝缘电阻应为无穷大。在实际应用中，无极性电容的绝缘电阻一般为 $10^8 \sim 10^{10}\Omega$。通常，电解电容的绝缘电阻小于无极性电容，一般为 $200 \sim 500k\Omega$，若小于 $200k\Omega$，说明漏电严重，不能使用。

1.3.3　电容的标注方法

电容的标注方法主要有直标法、文字符号法、数码表示法和色标法等。

1. 直标法

用阿拉伯数字和文字符号在电容上直接标出主要参数（标称容量、额定电压、允许偏差等）的方法称为直标法。若电容上未标注允许偏差，则默认为±20%。当电容的体积很小时，有时仅标注标称容量一项，如 10μF/50V 就是直标法的表示形式。

用直标法标注电容的标称容量时，有时电容上不标注单位。对于标称容量大于 1 的无极性电容，其容量单位为 pF；对于标称容量小于 1 的电容，其容量单位为 μF。如某电容上标注为 4700，则表示其标称容量为 4700pF；若某电容上标注为 0.1，则表示其标称容量为 0.1μF。

2. 文字符号法

用阿拉伯数字和文字符号或两者有规律的组合，在电容上标出其主要参数的方法称为文字符号法。用该方法标注的具体规定为：用文字符号表示标称容量的单位（n 表示 nF、p 表示 pF、μ 表示 μF，或用 R 表示 μF 等），标称容量（用阿拉伯数字表示）的整数部分写在单位的前面，小数部分写在单位的后面；凡为整数（一般为4位）又未标注单位的，其单位默认为pF，凡为小数又未标注单位的，其单位默认为μF。

例 1.6 用文字符号法表示 3.3μF、0.33pF、0.56μF、2200pF。

解： 3.3μF 用文字符号法表示为 3μ3 或 3R3；

0.33pF 用文字符号法表示为 P33；

0.56μF 用文字符号法表示为 R56 或 μ56；

2200pF 用文字符号法表示为 2n2 或 2200。

3. 数码表示法

用3位数码表示标称容量、用文字符号表示允许偏差的方法称为数码表示法。数码按从左到右的顺序排列，第一、第二位表示有效数字，第三位表示乘数（即10的几次方），标称容量的单位是pF。允许偏差用文字符号表示，如表1.5所示。

注意： 用数码表示法来表示电容的标称容量时，若第三位数码是"9"，则表示 10^{-1}，而不是 10^9。

例如，标注为332的电容，其标称容量为 $33×10^2 = 3300pF$；标注为479的电容，其容量为 $47×10^{-1} = 4.7pF$。

4. 色标法

用不同颜色的色环或色点表示电容主要参数的标注方法称为色标法。在小型电容（如贴片电容）上用得比较多。色标法中的颜色代表的数字的具体含义与电阻类似，可参照表1.7所示的规定。

对于立式电容（其两根引脚线方向相同），色环电容的识别顺序是沿电容的顶部向引脚方向读数，即顶部为第一环，靠引脚的是最后一环。

对于卧式电容（如贴片电容），其色环顺序的标识方法与色环电阻类似。对色环颜色的规定与电阻的色标法相同，见表1.7。

1.3.4 电容容量的检测

电容容量的检测

可选用指针式万用表或数字万用表来完成电容容量的检测。

注意： 由于电容的绝缘电阻很高，测量电容时，不能同时用手接触被测电容的两个引脚或万用表两个表棒的金属部分，以免人体电阻并接在电容的两端，引起测量误差。

1. 用指针式万用表检测电容容量的大小

对于标称容量≥5000pF的电容，可以用指针式万用表的最高电阻挡来测量电容两个引脚之间的电阻值，从而定性地判别电容容量的大小。

具体操作是：将指针式万用表的两个表棒分别接在电容的两个引脚上，这时可见万用表指针有一个先快速右摆、后慢慢左摆的过程，这表明电容在充、放电。电容的容量越大，充、放电现象越明显，指针摆动范围越大，指针复原的速度也越慢。

在检测较小容量的电容时，要反复调换被测电容的两个引脚，才能明显地看到万用表指针的摆动。

对于标称容量在 5000pF 以下的电容，由于其容量小，充电电流小，充电时间也极短，因此在指针万用表上无法看出电容的充、放电过程（即看不到指针的摆动），这时可借助于晶体管（要求 $\beta \geq 100$）帮助测量，其测量电路如图 1.23 所示。这时电容接在 A、B 两端，由于晶体管的放大作用，电容的充电电流被放大，则万用表上可以看出表针的摆动，从而完成对小容量电容的测量。

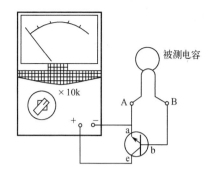

图 1.23 电容测量电路

2. 用数字万用表检测电容容量的大小

对于标称容量在 5000pF 以下的电容，选用具有测量电容功能的数字万用表进行测量更为直接、方便。

电容故障的判别

1.3.5 电容故障检测、判断

电容较电阻出现故障的概率大，检测也较复杂。

1. 电容的常见故障

（1）开路故障。这是指电容的引脚在内部断开的故障，表现为电容两电极之间的电阻趋于无穷大，且无充、放电现象。

（2）击穿故障。这是指电容两极板之间的介质绝缘性被破坏，介质变为导体的故障，表现为电容两电极之间的电阻为零。

（3）漏电故障。这是指电容内部的介质绝缘性能变差，导致电容的绝缘电阻变小、漏电流过大的故障。当电容使用时间过长、电容受潮或介质的质量不良时，易产生该故障。

2. 电容故障的检测方法与步骤

（1）固定电容故障的检测与判断。可采用指针式万用表进行电容故障的检测。检测时，用万用表的 $R \times 10k$ 挡，将两表棒分别任意接电容的两个引脚。测量时，不能同时用手接触被测电容的两个引脚或万用表两个表棒的金属部分，以免引起测量误差。

使用指针式万用表测量标称容量 $\geq 5000pF$ 的电容时，若万用表的指针不摆动（电阻值趋于无穷大），说明电容已开路；若万用表指针向右摆动至零后，指针不再复原，说明电容被击穿；若万用表指针向右摆动后，指针有少量复原（电阻值较小），说明电容有漏电现象，指针稳定后的读数即为电容的漏电电阻值。电容正常时，其绝缘电阻应为 $10^8 \sim 10^{10}\Omega$。

（2）微调电容和可调电容的故障检测。

调节性能好坏的检测方法：缓慢旋转可调电容的动片（转轴），正常时，旋转应十分平滑，不存在时松时紧甚至卡滞的现象。

各引脚绝缘电阻的测量方法：将指针万用表调到最高电阻挡，将两个表棒接在电容的定片和动片之间，测试其电阻值。性能良好的微调电容和可调电容，其定片和动片之间的电阻应为 $10^8 \sim 10^{10}\Omega$ 或以上；若测得的电阻值较小，说明定片和动片之间有短路故障；缓慢旋转可调电容的动片（转轴），观察万用表的指针变化情况和读数，若出现指针跳动的现象，说明该可调电容在指针跳动的位置有碰片故障。

1.3.6 电解电容的极性识别与检测

1. 电解电容的极性识别

电解电容是一种有极性的电容。电解电容的极性识别方法通常有外表观察法和万用表检测法两种。

（1）外表观察法。外表观察法是指从电解电容的外表面进行观察，判断电解电容的正、负极性。

通常在电解电容的外壳上会标注"+"或"−"符号，对应"+"（"−"）符号的是电容的正（负）极端；还可根据电解电容引脚的长短来判断，长引脚为正极引脚，短引脚为负极引脚，如图1.24所示。

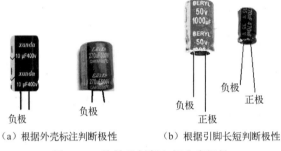

（a）根据外壳标注判断极性　　　　（b）根据引脚长短判断极性

图1.24　从外观判断电解电容极性

（2）万用表检测法。万用表检测法是指用指针式万用表测量电容的绝缘电阻，根据绝缘电阻的大小及指针偏转情况来判断电解电容的正、负极性的方法。

测量时，把指针式万用表调到最高电阻挡 $R\times10k$ 或 $R\times100k$，将黑表棒接电解电容的假设的"+"极端，将红表棒接电解电容的假设的"−"极端，测出电阻值；将表棒反接，再测一次；测得电阻值大的一次黑表棒接的是电解电容的正极端，由此判断电解电容的"+""−"极性。一般来说，电解电容的绝缘电阻相对较小，为 $200\sim500k\Omega$，若小于 $200k\Omega$，说明漏电较严重。

2. 电解电容的检测

使用指针式万用表检测电解电容的方法与检测无极性电容的方法相似，即使用指针式万用表测量电解电容的电阻，根据电阻值的大小及指针偏转情况来判断电解电容的性能好坏。不同之处在于，电解电容的漏电阻稍小一些。

检测判断方法：把万用表调到最高电阻挡，将黑表棒接电解电容的"+"极端，将红表棒接电解电容的"−"极端，测试电解电容的电阻，万用表指针稳定后的读数即为电解电容的漏电阻大小。

检测过程中，若万用表指针有一个先快速右摆，然后慢慢左摆的过程，且万用表指针的电阻值读数很大（几百千欧以上），说明电解电容性能良好；若万用表的指针不摆动（电阻值趋于无穷大），说明电解电容已开路；若万用表指针向右摆动至零后，指针不再复原，说明电解电容被击穿；若万用表指针向右摆动后，指针有少量复原（电阻值较小），说明电容有漏电现象，电解电容性能欠佳。电解电容出现击穿、断路或性能欠佳时，即失去了电容效应，不能再使用。

1.4 电感和变压器及其检测

1.4.1 电感的基本知识

1. 电感及其作用

电感是一种利用自感作用进行能量传输的元件。电感通常是由线圈构成的，故又称为电感线圈、线圈，用字母"L"表示，其基本单位是亨利（H），常用单位有（mH、μH）等。

$$1mH = 10^{-3}H, \quad 1\mu H = 10^{-6}H$$

电感是一种能储存磁场能量的元件，在电路中电感具有耦合、滤波、阻流、补偿、调谐等作用。

2. 电感的分类

电感的种类很多，常见的分类形式有：

按电感量是否变化可分为：固定电感、微调电感、可变电感等。

按导磁性质可分为：空心电感、磁芯电感、铜芯电感等。

按用途可分为：天线线圈、扼流线圈、振荡线圈等。

按绕线结构可分为：单层线圈、多层线圈、蜂房式线圈等。

不同类型的电感，其用途不同，如表1.10所示为部分电感的性能及用途。

表1.10 部分电感的性能及用途

名 称	性能及用途
固定电感线圈	体积小，品质因数值高、性能稳定，常用于滤波、扼流、延时、陷波等
磁芯电感线圈	体积小，通过调节磁芯改变电感量的大小，用于滤波、振荡、频率补偿等
交流扼流线圈	电感量较大，损耗较小，用于作为交流阻抗

常用电感的外形结构及电路符号如图1.25所示。

空心电感　　　　环形电感　　　　可调电感

图1.25 常用电感的外形结构及电路符号

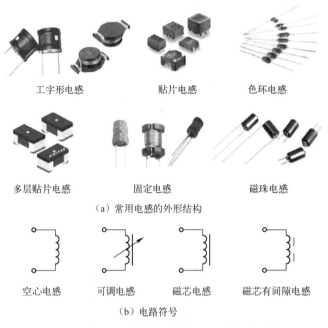

（a）常用电感的外形结构

空心电感　　可调电感　　磁芯电感　　磁芯有间隙电感

（b）电路符号

图 1.25　常用电感的外形结构及电路符号（续）

1.4.2　电感的主要性能参数和标注方法

1. 电感的主要性能参数

（1）标称电感。标称电感是反映电感线圈自感应能力的物理量。其大小与线圈的形状、结构和材料有关。实际的电感量常用 mH、μH 作为单位。

（2）品质因数 Q。在电感中，储存能量与消耗能量的比值称为品质因数，也称 Q 值，具体表现为线圈的感抗（ωL）与线圈的直流损耗电阻（R）的比值。Q 值反映电感线圈损耗的大小，Q 值越高，损耗功率越小，电路效率越高。Q 值的大小通常为 50～300，一般谐振电路要求电感的 Q 值高一些，以便获得更好的选择性。Q 值的提高受线圈的直流损耗电阻、线圈的介质损耗等因素的限制；频率增加，会使 Q 值下降，严重时会破坏电路的正常工作。

$$Q = \frac{\omega L}{R}$$

（3）分布电容。分布电容是指线圈的匝数之间形成的电容效应。这些电容可以看成一个与线圈并联的等效电容，工作于低频时，分布电容对电感的工作没有影响；工作于高频时，会改变电感的性能，分布电容使线圈的 Q 值减小，稳定性变差。

（4）直流电阻。即电感线圈的直流损耗电阻 R，其值通常在几欧至几百欧之间，可以用万用表的欧姆挡直接测量出来。

2. 电感的标注方法

电感的标注方法与电阻、电容相似，也有直标法、文字符号法和色标法。

（1）直标法。将标称电感和允许偏差用数字直接标注在电感线圈外壳上的方法称为直标注。如电感线圈外壳上标有 5mH±10%，表明电感线圈的电感量为 $5×10^{-3}$H，允许偏差为 ±10%。

（2）文字符号法。用阿拉伯数字标出电感量的大小、用字母表示允许偏差的标注方法称为文字符号法。

具体表示方法：用 H 表示亨利（H）、用 m 表示毫亨（mH）、用 μ 表示微亨（μH）等，电感量的整数部分写在电感单位的前面，电感量的小数部分写在电感单位的后面；用字母表示允许偏差，放在电感量的后面。允许偏差的文字符号所代表含义如表 1.5 所示。

例如，电感线圈外壳上标有 5μ1J，表示该电感线圈的电感量为 5.1μH，其允许偏差为 ±5%。

（3）色标法。在电感线圈的外壳上，使用色环或色点表示其主要参数的方法称为色标法。

各色环所表示的数字与色环电阻的标识方法相同，可参阅前述电阻的色标法。采用这种方法标注的电感亦称为色码电感。色码电感多为小型固定高频电感线圈。

1.4.3 电感的检测

电感的性能检测

1. 电感直流电阻的检测

使用万用表 $R×1$ 或 $R×10$ 挡测量电感线圈的电阻，电感线圈的直流损耗电阻通常在几欧至几百欧之间。

2. 电感的检测方法

电感的主要故障有短路、断线等。

电感的检测一般采用外观检查结合万用表测试的方法。先检查外观，查看线圈有无断线、生锈、发霉、线圈松散或烧焦的情况（这些故障较常见），若无上述现象，再用万用表检测电感线圈的直流损耗电阻。若测得线圈的电阻值远大于标称阻值或趋于无穷大，说明电感断路；若测得线圈的电阻值远小于标称阻值，说明线圈内部有短路故障。

1.4.4 变压器的基本知识

1. 变压器及其作用

变压器是一种利用互感原理来传输能量的元器件，它具有变压、变流、变阻抗、耦合、匹配等作用，其基本结构如图 1.26 所示。

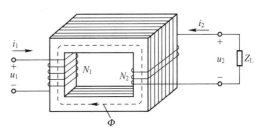

图 1.26　变压器的基本结构

2. 变压器的分类

（1）按工作频率可分为：高频变压器、中频变压器、低频（音频）变压器、脉冲变压器等。

低频变压器主要用来传输信号电压和信号功率，实现电路之间的阻抗变换，对直流电具有隔离作用。常见的有级间耦合变压器、输入变压器和输出变压器等。

中频变压器在电路中起信号耦合和选频等作用，是半导体收音机和黑白电视机中的主要选频元器件。

常用的高频变压器有黑白电视机中的天线阻抗变换器和收音机中的天线线圈等。

（2）按铁芯和绕组的组合方式，变压器可分为心式变压器和壳式变压器两种，如图1.27所示。

图1.27　心式变压器和壳式变压器

心式变压器的铁芯被绕组包围着，多用于大容量的变压器，如电力系统中使用的变压器；壳式变压器的铁芯包围着绕组，常用于小容量的变压器，如各种电子仪器设备中使用的变压器。

（3）按导磁性质可分为：空心变压器、磁芯变压器、铁芯变压器等。

（4）按用途可分为：电源变压器、配电变压器、仪用变压器、脉冲变压器、电焊变压器、耦合变压器、输入/输出变压器等。

（5）按绕组形式可分为：双绕组变压器、三绕组变压器、自耦变电器等。

双绕组变压器用于连接电力系统中的两个电压等级；三绕组变压器用于电力系统区域变电站中，连接三个电压等级；自耦变电器用于连接不同电压的电力系统，也可作为普通的升压或降压变压器使用。

常用变压器的外形结构及电路符号如图1.28所示。

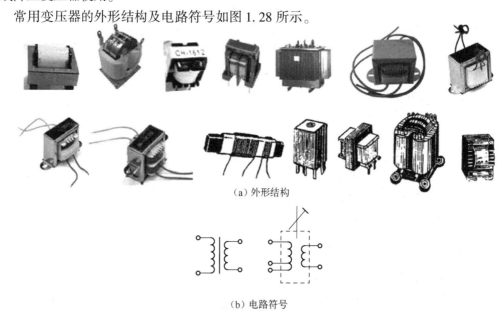

（a）外形结构

（b）电路符号

图1.28　常用变压器的外形结构及电路符号

部分变压器的性能及用途如表 1.11 所示。

表 1.11　部分变压器的性能及用途

名　　称	性能及用途
电源变压器	用于变换正弦波电压或电流
低频（音频）变压器	用于变换电压、阻抗匹配等
中频变压器	用于选频、耦合等
脉冲变压器	用于变换脉冲电压、阻抗匹配、产生脉冲等

1.4.5　变压器的主要性能参数

1. 变压比 n

变压比 n 是指变压器的初级电压 U_1 与次级电压 U_2 的比值，或初级线圈匝数 N_1 与次级线圈匝数 N_2 的比值。

$$n = \frac{U_1}{U_2} = \frac{N_1}{N_2}$$

2. 额定功率 P

额定功率是指在规定的频率和电压下，变压器能长期工作而不超过规定温升的输出功率。变压器额定功率 P 的单位为 V·A，而不用 W 表示，这是因为变压器额定功率中含有部分无功功率。

3. 效率 η

效率是指变压器的输出功率（P_o）与输入功率（P_i）的比值。一般来说，变压器的容量（额定功率）越大，其效率越高；容量（额定功率）越小，效率越低。例如，变压器的额定功率为 100V·A 以上时，其效率可达 90% 以上；变压器的额定功率为 10V·A 以下时，其效率只有 60%～70%。

$$\eta = \frac{P_o}{P_i}$$

4. 绝缘电阻

变压器的绝缘电阻是指变压器各绕组之间及各绕组对铁芯（或机壳）之间的绝缘电阻。由于绝缘电阻很大，一般使用兆欧表进行测量。

若绝缘电阻过低，会使仪器和设备外壳带电，造成其工作不稳定，严重时可将变压器绕组击穿烧毁，给人身带来伤害。

1.4.6　变压器的检测

1. 变压器的电气连接情况检测

检测变压器之前，先了解该变压器的连线结构。变压器的检测方法与电感大致相同，使用万用表 $R×1$ 或 $R×10$ 挡测量变压器各引脚之间的电阻，在没有电气连接的地方，其电阻值应趋于无穷大；有电气连接之处，有其规定的直流电阻值。

2. 绝缘电阻的测量

对变压器绝缘电阻的测量，主要是测量各绕组之间及绕组和铁芯之间的绝缘电阻。通常使用 500V 或 1000V 的兆欧表（摇表）进行测量。

对于电路中的输入变压器和输出变压器，使用 500V 的摇表进行测量，其绝缘电阻应不小于 100MΩ；对于电源变压器，使用 1000V 的摇表测量，其绝缘电阻应不小于 1000MΩ。

1.5　半导体器件及其检测

1.5.1　半导体器件的基本知识

半导体是一种导电能力介于导体和绝缘体之间的物质，常用的半导体有硅、锗、硒及大多数金属氧化物。由半导体材料制成的半导体器件是组成各种电子电路不可缺少的、重要的有源器件。

常用的半导体器件包括二极管、桥堆、晶体三极管（双极性三极管）、晶闸管和场效应管（单极性三极管）、集成电路等。

半导体器件有多种，国产的、进口的、分立的、集成的，其命名方式亦各不相同。国产半导体二极管及三极管的型号，主要由如图 1.29 所示的五部分组成，表 1.12 为型号命名的意义。

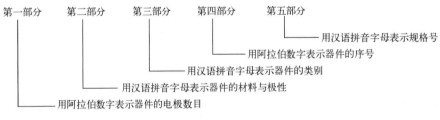

图 1.29　国产半导体二极管及三极管的型号

注意：

（1）可控整流管（晶闸管）、体效应器件、雪崩管、场效应器件、半导体特殊器件、复合管、PIN 型管、激光器件、阶跃恢复管等器件的型号只有第三、四、五部分。

（2）国外进口的半导体器件的命名方法与国产器件的命名方法不同。因而，在选用进口器件时，应查阅相关的技术资料。

表 1.12　国产半导体分立器件型号命名的意义

第一部分		第二部分		第三部分		第四部分	第五部分
用阿拉伯数字表示器件的电极数目		用汉语拼音字母表示器件的材料与极性		用汉语拼音字母表示器件的类别		用阿拉伯数字表示器件的序号	用汉语拼音字母表示规格号
符号	意义	符号	意义	符号	意　义	意　义	意　义
2	二极管	A B C D	N 型锗材料 P 型锗材料 N 型硅材料 P 型硅材料	P V W C Z L S N U K	普通管 微波管 稳压管 变容管 整流管 整流堆 隧道管 阻尼管 光电器件 开关管		
3	三极管	A B C D E	PNP 型锗材料 NPN 型锗材料 PNP 型硅材料 NPN 型硅材料 化合物材料	X G D A U K	低频小功率管（$f_a<3\text{MHz}$，$P_c<1\text{W}$） 高频小功率管（$f_a\geq3\text{MHz}$，$P_c<1\text{W}$） 低频大功率管（$f_a<3\text{MHz}$，$P_c\geq1\text{W}$） 高频大功率管（$f_a\geq3\text{MHz}$，$P_c\geq1\text{W}$） 光电器件 开关管		
				T Y B J	可控整流管（晶闸管） 体效应器件 雪崩管 阶跃恢复管		
				CS BT FH PIN JG	场效应器件 半导体特殊器件 复合管 PIN 型管 激光器件		

例 1.7　某些电路器件外壳上标有符号 2AP9、2CZ10、3DG6，它们各表示什么含义？

解：由表 1.12 可知，2AP9 表示 N 型锗材料普通二极管；2CZ10 表示 N 型硅材料整流二极管；3DG6 表示 NPN 型硅材料高频小功率三极管。

1.5.2　二极管的概念

1. 二极管及其特点

二极管由 PN 结、电极引线及外壳封装构成。二极管的最大特点是单向导电性，即正向连接导通，正向电阻小，正向电流较大；反向连接截止，反向电阻很大，反向电流很小。常用二极管的外形结构和电路符号如图 1.30 所示。

二极管的主要作用有：开关、稳压、整流、检波、光/电转换等。

2. 二极管的分类

按材料可分为：硅二极管、锗二极管。

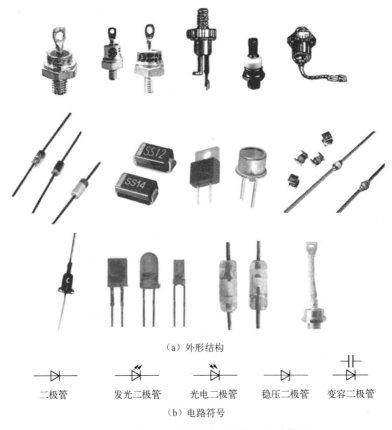

（a）外形结构

二极管　　　发光二极管　　　光电二极管　　　稳压二极管　　　变容二极管

（b）电路符号

图1.30　常用二极管的外形结构和电路符号

按结构可分为：点接触型二极管、面接触型二极管。

按用途可分为：开关二极管、检波二极管、稳压二极管、整流二极管、变容二极管、发光二极管等。

1.5.3　二极管的极性判别

二极管有阴极（负极"－"）和阳极（正极"+"）两个极性，其常用的判别方法有两种：外观判别法、万用表检测判别法。

1. 通过外观判别二极管的极性

二极管的正、负极性一般标注在其外壳上。如图1.31（a）所示，二极管的图形符号直接画在其外壳上，由此可直接看出二极管的正、负极；如图1.31（b）所示的二极管，其外壳上用色点（白色或红色）做了标注（属于点接触型二极管），除少数二极管（如2AP9、2AP10等）外，一般标记色点的这端为正极；如图1.31（c）所示的二极管，其外壳上用色环做了标注的是二极管的负极；若二极管引线是同向引出的，如图1.31（d）所示的圆柱形金属壳形二极管，则靠近外壳凸出标记的引脚为正极引脚；如图1.31（e）所示的塑封二极管，面对其正面，则左边引脚为正极引脚。

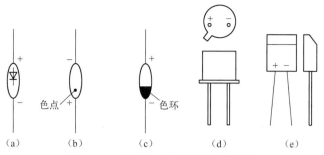

图 1.31　通过外观判别二极管的极性

2. 用万用表判断普通二极管的极性

用万用表判断二极管极性时，选用指针式万用表的 $R\times100$ 或 $R\times1k$ 挡对二极管进行测量，而不用 $R\times1$ 或 $R\times10k$ 挡。因为 $R\times1$ 挡的电流太大，容易烧坏二极管；$R\times10k$ 挡的内电源电压太大，易击穿二极管。

具体操作方法：将万用表的两表棒分别接在二极管的两个电极上，读出测量的阻值；将表棒对换，再测量一次，记下第二次测量的阻值。根据测得电阻值小的接法（称之为正向连接），判断出与黑表棒连接的是二极管的正极，与红表棒连接的是二极管的负极。因为万用表内电源的正极与万用表的"−"插孔连通，内电源的负极与万用表的"+"插孔连通。

1.5.4　二极管的性能检测

二极管的性能可分为性能良好、击穿、断路、性能欠佳四种情况，只有在性能良好的状态下，二极管才可以正常使用；其他三种状况，二极管都不能使用。

具体检测方法：使用万用表测量时，若二极管的正、反向电阻值相差很大（数百倍以上），说明该二极管性能良好；若两次测得的阻值都很小，说明二极管已经被击穿；若两次测得的阻值都很大（∞），说明二极管内部已经断路；若两次测得的阻值相差不大，说明二极管性能欠佳。二极管击穿、断路或性能欠佳时就不能使用了。

注意：由于二极管的伏安特性是非线性的，因此使用万用表的不同电阻挡测量二极管的直流电阻会得出不同的阻值；电阻的挡位越高，测出的二极管的阻值越大，流过二极管的电流会较大，因而二极管呈现出的阻值会小一些。

1.5.5　特殊类型的二极管及其检测

1. 稳压二极管

稳压二极管又称硅稳压二极管，简称稳压管。稳压二极管工作在反向击穿区，具有稳定电压的作用，即通过稳压二极管的电流变化很大时（$I_{Zmin} \sim I_{Zmax}$），其两端的电压变化很小（ΔU_Z）。它常用于电源电路中起稳压作用或在其他电路中做基准电压。稳压二极管的电路符号及伏安特性曲线如图 1.32 所示。

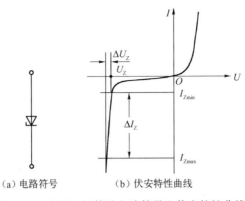

特殊类型
的二极管
检测

（a）电路符号　　（b）伏安特性曲线

图 1.32　稳压二极管的电路符号和伏安特性曲线

对稳压二极管的检测主要包括：稳压二极管的判定及稳压二极管性能的测量。

稳压二极管的判定：先使用指针式万用表的 $R×1k$ 挡测量稳压二极管的正、反向电阻，若测得其反向电阻值很大则将万用表转换到 $R×10k$ 挡，如果出现反向电阻值减小很多的情况，则该二极管为稳压二极管；如果反向电阻值基本不变，说明该二极管是普通二极管，而不是稳压二极管。

稳压二极管性能的测量：其判定方法与普通二极管相同。

注意：稳压二极管在电路中应用时，必须串联限流电阻，避免稳压二极管进入击穿区后，电流超过其最大稳定电流 I_{Zmax} 而被烧毁。

2. 发光二极管

发光二极管简称 LED，通常采用砷化镓、磷化镓等半导体化合物制成，是一种将电能转换成光能的特殊二极管、一种新型的冷光源，常用于电子设备的电平指示、模拟显示等场合。发光二极管的发光颜色主要取决于所用半导体的材料，可以发出红、橙、黄、绿 4 种可

图 1.33　发光二极管
电路符号

见光。发光二极管的外壳是透明的，外壳的颜色标识了它的发光颜色。发光二极管电路符号如图 1.33 所示。

发光二极管工作在正向区域，其正向导通（开启）工作电压高于普通二极管。不同颜色的发光二极管其导通电压不同，如：红色发光二极管的导通电压约为 1.6～1.8V，黄色发光二极管的导通电压约为 2.0～2.2V，绿色发光二极管的导通电压约为 2.2～2.4V。外加正向电压越大，LED 发光越亮，但使用中应注意：外加正向电压不能使发光二极管中流过的电流超过其最大工作电流（用串联限流电阻来保证），以免烧坏管子。

发光二极管的检测方法：发光二极管也具有单向导电性，其正、反向电阻均比普通二极管大得多，因而测量时要使用万用表的 $R×10k$ 挡检测。在测量发光二极管的正向电阻时，可以看到该二极管有微微发光的现象。若将一个 1.5V 的电池串在万用表和发光二极管之间，则采用正向连接时，发光二极管就会发出较强的亮光。

3. 光电二极管

光电二极管又称为光敏二极管，它是一种将光能转换为电能的特殊二极管，可用于光的测量，或作为一种能源（光电池）。目前光电二极管广泛应用于光电检测、遥控盒报警电路等光电控制系统中。

光电二极管的外壳上有一个嵌着玻璃的窗口，以便于接收光线。根据制作材料的不同，光电二极管可接收可见光、红外光和紫外光等。光电二极管电路符号如图 1.34 所示。

图 1.34　光电二极管电路符号

光电二极管工作在反向工作区。无光照时，光电二极管与普通二极管一样，反向电流很小（一般小于 $0.1\mu A$），反向电阻很大（几十兆欧以上）；有光照时，反向电流明显增加，反向电阻明显下降（几千欧至几十千欧）；即反向电流（称为光电流）与光照成正比。

光电二极管的检测方法与普通二极管基本相同。不同之处：有光照和无光照两种情况下，其反向电阻相差很大；若测量结果相差不大，说明该光电二极管已损坏或该二极管不是光电二极管。

1.5.6　桥堆的概念

1. 桥堆的结构特点

桥堆是由 4 个二极管构成的桥式电路，其外形结构和电路符号如图 1.35 所示。通常整流电流越大，桥堆的体积越大。

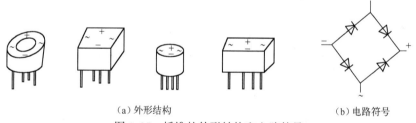

（a）外形结构　　　　　　　　　　（b）电路符号

图 1.35　桥堆的外形结构和电路符号

桥堆在电源电路中主要起整流作用。它有 4 个引脚，标有"～"符号的 2 个引脚接在交流输入电压端，这 2 个引脚可以互换使用；另 2 个引脚标有"＋""－"符号，用于接输出负载，其中"＋"极端接在输出直流电压的高电位端，"－"极端接在输出直流电压的低电位端，这 2 个引脚是不能互换使用的。

2. 半桥堆

半桥堆由 2 个二极管串联构成，对外有 3 个引脚，其内部连接方式有两种，如图 1.36 所示。2 个半桥堆可连接成 1 个桥堆。

（a）二极管的负极相连　　　　　　　（b）二极管的正极相连

图 1.36　半桥堆的连接图

1.5.7 桥堆的检测

桥堆的检测

1. 桥堆及半桥堆的故障现象

（1）开路故障。当桥堆或半桥堆的内部有 1 个或 2 个二极管开路时，整流输出的直流电压会明显降低。

（2）击穿故障。若桥堆或半桥堆中有 1 个二极管被击穿，则会造成交流回路中的保险管烧坏，电源发烫甚至烧坏。

2. 桥堆及半桥堆的检测方法

桥堆及半桥堆的检测方法：根据二极管的单向导电性这一特点，检测桥堆或半桥堆中每个二极管的正、反向电阻。桥堆有 4 对相邻的引脚，要测量 4 次正、反向电阻；半桥堆有 2 对相邻的引脚，要测量 2 次正、反向电阻。在上述测量中，若有一次或一次以上出现开路（阻值趋于无穷大）或短路（阻值为零）的情况，则认为该桥堆已损坏。测量时，选用万用表的 $R×100$ 或 $R×1k$ 欧姆挡。

1.5.8 三极管的概念

晶体三极管（简称三极管）由两个 PN 结（发射结和集电结）、3 根电极引线（基极、发射极和集电极）及外壳封装构成。三极管除具有放大作用外，还能起电子开关、控制等作用，是电子电路与电子设备中广泛使用的基本器件。

三极管的品种很多，各有不同的用途，其分类形式主要有：

（1）按材料可分为：硅三极管、锗三极管。

（2）按结构可分为：NPN 型三极管、PNP 型三极管。

（3）按功率可分为：大功率三极管、中功率三极管和小功率三极管。通常装有散热片的三极管或两个引脚金属外壳的三极管是中功率或大功率三极管。

（4）按工作频率可分为：高频管和低频管。有的高频三极管有 4 个引脚，第 4 个引脚与三极管的金属外壳相连，接电路的公共接地端，主要起屏蔽作用。

（5）按用途可分为：放大管、光电管、检波管、开关管等。

常用三极管的外形结构和电路符号如图 1.37 所示。

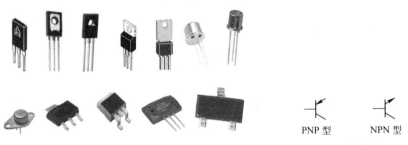

（a）外形结构	PNP 型　　NPN 型
	（b）电路符号

图 1.37　常用三极管的外形结构和电路符号

1.5.9 三极管的极性判别

1. 通过外观判别三极管的极性

三极管的封装形式不同，其引脚的排列也各有不同。

（1）金属外壳封装的三极管的引脚判断，如图 1.38 所示。如图 1.38（a）所示的三极管，其 3 个引脚呈等腰三角形排列，三角形的顶脚为基极 B，管边沿凸出的部分为发射极 E，另一引脚为集电极 C。

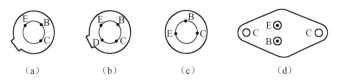

图 1.38　金属外壳封装的三极管的引脚判断

如图 1.38（b）所示的三极管，4 个引脚分别为基极 B、发射极 E、集电极 C 和接地脚 D（接三极管外壳）。其引脚排列规律为：将引脚对着观察者，从管边沿凸出的部分开始，按顺时针方向依次为发射极 E、基极 B、集电极 C 和接地脚 D。

如图 1.38（c）所示的三极管与图 1.38（a）所示的三极管不同的是：管边沿没有凸出的标识部分，其引脚排列规则与图 1.38（a）所示相同。

如图 1.38（d）所示大功率三极管，只有 2 个引脚（B、E）。判断其引脚的方法为：将引脚对着观察者，使 2 个引脚位于左侧，则上引脚为发射极 E、下引脚为基极 B，管壳为集电极 C。

（2）塑料封装的三极管的引脚判断。塑料封装的三极管简称塑封管，其外形有两种形式：无散热片（小功率管）和有金属散热片（中功率或大功率管），如图 1.39 所示。

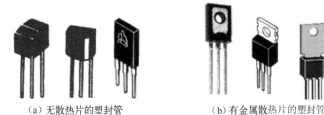

（a）无散热片的塑封管　　　　（b）有金属散热片的塑封管

图 1.39　塑料封装的三极管

无散热片的塑封管，如图 1.40（a）所示，判断其引脚的方法为：将其引脚朝下，顶部切角对着观察者，则从左至右排列依次为发射极 E、基极 B 和集电极 C。

有金属散热片的塑封管，如图 1.40（b）所示，判断其引脚的方法为：将引脚朝下，印有型号的一面对着观察者，有散热片的一面为背面，则从左至右排列依次为基极 B、集电极 C、发射极 E。

（3）其他封装三极管的引脚判断。如图 1.41（a）所示的微型三极管，在判断其引脚时，将球面对着观察者，引脚放置于中、下部，则从左到右依次为基极 B、集电极 C、发射极 E。

如图 1.41（b）所示的三极管，在判断其引脚时，将球面对着观察者，引脚朝下，则从左到右依次为基极 B、集电极 C、发射极 E。

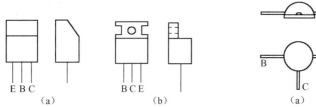 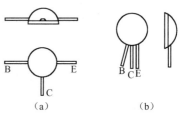

图 1.40　塑料封装三极管的引脚判断　　　图 1.41　其他封装三极管的引脚判断

三极管极
性检测

2. 用万用表检测三极管的引脚极性与管型

用指针式万用表检测三极管的引脚极性与管型时，选用万用表的 $R \times 100$ 或 $R \times 1k$ 欧姆挡。

检测步骤：先找出三极管的基极 B 并判断三极管的管型，然后区分集电极 C 和发射极 E。

（1）基极 B 及三极管管型的判断。测量时，先假定一个基极引脚，将红表棒接在假定的基极上，黑表棒依次接到其余两个电极上，测出的电阻值都很大（或都很小）；然后将表棒对换，将黑表棒接在假定的基极上，红表棒依次接到其余两个电极上，测出的电阻值都很小（或都很大）。若满足这个条件，说明假定的基极是正确的，而且该三极管为 NPN 型管（或 PNP 型管）。如果得不到上述结果，那假定就是错误的，必须换一个电极重新测试，直到满足条件为止。

（2）集电极 C 和发射极 E 的区分。在确定了三极管的基极和管型后，可根据图 1.42 区分集电极 C 和发射极 E。若三极管为 NPN 型管，测试电路如图 1.42（a）所示，对另两个电极，一个假设为集电极 C，另一个假设为发射极 E；在 C、B 之间接上人体电阻（即用手捏紧 C、B 两电极，但不能将 C、B 两电极短接）代替电阻 R_B，并将黑表棒（对应万用表内电源的正极）接 C 极，红表棒（对应万用表内电源的负极）接 E 极，测量出 C、E 之间的等效电阻，记录下来。按相反的假设，再测量一次。比较两次测量结果，电阻小的那一次假设为正确的（因为 C、E 之间的电阻小，说明三极管的放大倍数大，假设就正确）。

若三极管为 PNP 型管，测试电路如图 1.42（b）所示。测量时，只需将红表棒接 C 极，黑表棒接 E 极，方法同 NPN 型管。

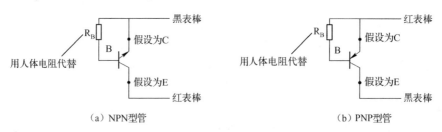

（a）NPN 型管　　　　　　　　　　　（b）PNP 型管

图 1.42　区分三极管集电极 C 和发射极 E 的测试电路

1.5.10 三极管性能的检测

三极管性能的检测主要是指对三极管穿透电流 I_{CEO} 的测试及三极管性能的检测。

1. 对三极管穿透电流 I_{CEO} 的测试

穿透电流 I_{CEO} 是一个反映三极管温度特性的重要参数，I_{CEO} 值比较大或 I_{CEO} 随温度的改变而变化明显，说明三极管的热稳定性差。

I_{CEO} 的检测方法：对于 NPN 型管来说，将黑表棒接 C 极、红表棒接 E 极，测量 C、E 之间的电阻。一般来说，锗管 C、E 之间的电阻值为几千欧至几十千欧，硅管为几十千欧至几百千欧。如果 C、E 之间的电阻值太小，说明 I_{CEO} 太大；如果电阻值接近零，表明三极管已经被击穿；如果电阻值趋于无穷大，表明三极管内部开路。用手捏紧管壳，利用体温给三极管加热，若电阻值明显减小，即 I_{CEO} 明显增加，说明管子的热稳定性差，受温度影响大，该三极管不能使用。

对于 PNP 型管来说，将红表棒接 C 极、黑表棒接 E 极进行测量即可，方法同 NPN 型管。

2. 三极管性能的检测

检测方法：用万用表的 $R\times100$ 或 $R\times1k$ 电阻挡测量三极管两个 PN 结的正、反向电阻，根据测量结果，判断三极管的好坏。

（1）若测得三极管 PN 结的正、反向电阻值都趋于无穷大，说明三极管内部出现断路故障。

（2）若测得三极管的任意一个 PN 结的正、反向电阻值都很小，说明三极管被击穿，该三极管不能使用。

（3）若测得三极管任意一个 PN 结的正、反向电阻值相差不大，说明该三极管的性能变差，不能使用。

1.5.11 晶闸管及其作用

晶闸管又称硅可控整流器件，简称可控硅 SCR，是一种实现无触点弱电控制强电的首选器件。该器件具有可承受高电压、大电流的优点，常用于大电流场合下的开关控制，在可控整流、可控逆变、可控开关、变频、电机调速等方面有广泛应用。

晶闸管主要有单向晶闸管和双向晶闸管两种，如图 1.43 所示是常见晶闸管的外形结构。

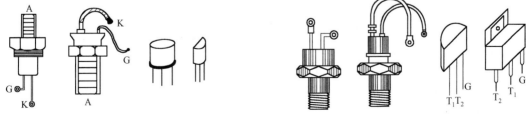

（a）单向晶闸管　　　　　　　　　　　　　　（b）双向晶闸管

图 1.43　常见晶闸管的外形结构

1. 单向晶闸管

单向晶闸管是一种由 PNPN 四层杂质半导体构成的三端器件,其间形成 J_1、J_2、J_3 三个 PN 结,引出阳极 A、阴极 K 和控制极 G 三个电极,其内部结构示意图如图 1.44(a)所示。按照 PN 结的分布和连接关系,单向晶闸管可以看作由一个 PNP 型三极管和一个 NPN 型三极管按照图 1.44(b)所示组合而成的结构,其等效电路如图 1.44(c)所示,电路符号如图 1.44(d)所示。

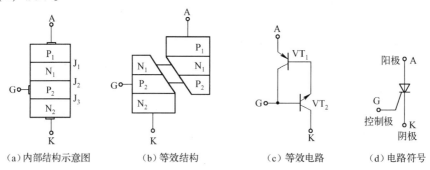

(a)内部结构示意图　　(b)等效结构　　(c)等效电路　　(d)电路符号

图 1.44　单向晶闸管的内部结构示意图、等效结构、等效电路、电路符号

当在阳极 A 和阴极 K 之间加上正极性电压,在控制极 G 上再加上一个正向触发信号时,单向晶闸管导通;一旦单向晶闸管导通,即使撤除控制极电压也不影响单向晶闸管的导通。只有阳极 A 和阴极 K 之间的电压小于导通电压或加反向电压时,单向晶闸管才会从导通状态变为截止状态。因此单向晶闸管是一种导通时间可以控制、具有单向导电性能的直流控制器件(可控整流器件),常用于整流、开关、变频等自动控制电路中。

2. 双向晶闸管

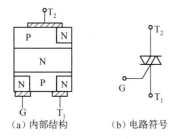

(a)内部结构　　(b)电路符号

图 1.45　双向晶闸管的内部
结构及电路符号

双向晶闸管是在单向晶闸管的基础上发展起来的新型半导体器件。它是由 NPNPN 五层杂质半导体构成的三端器件,同样具有三个电极,即两个主电极 T_1、T_2 和一个控制极 G。双向晶闸管相当于两个单向晶闸管的反向并联,共用一个控制极,当 G 极和 T_2 极相对于 T_1 极的电压均为正时,T_2 极是阳极,T_1 极是阴极。反之,当 G 极和 T_2 极相对于 T_1 极的电压均为负时,T_1 极变为阳极,T_2 极变为阴极。其内部结构及电路符号如图 1.45 所示。

当 T_2 极电压高于 T_1 极电压时,若控制极加正极性触发信号($U_G > U_{T1}$),则晶闸管被触发导通,电流从 T_2 流向 T_1;当 T_1 极电压高于 T_2 极电压时,若控制极加负极性触发信号($U_G < U_{T1}$),则晶闸管被触发反向导通,电流从 T_1 流向 T_2。由此可见,双向晶闸管只用一个控制极,不管它的控制极电压极性如何,都可以控制晶闸管的正向导通或反向导通,这个特点是普通晶闸管所没有的。

双向晶闸管的突出特点是可以双向导通,即无论两个主电极 T_1、T_2 之间接入何种极性的电压，只要在控制极 G 上加一个任意极性的触发脉冲，就可以使双向晶闸管导通。因而，双向晶闸管是一种理想的交流开关控制器件，可广泛用于交流电动机、交流开关、交流调速、交流调压等电路中。

1.5.12 场效应管

场效应管（FET 管）是一种利用电场效应来控制多数载流子运动的半导体器件。场效应管具有输入电阻高（$10^6 \sim 10^{15} \Omega$）、热稳定性好、噪声低、抗辐射能力强、成本低和易于集成等特点，因此被广泛应用于数字电路、通信设备及大规模集成电路中。

1. 场效应管的分类

根据结构的不同，场效应管可分为：结型场效应管（J-FET 管）和绝缘栅场效应管（又称 MOSFET 管，简称 MOS 管）。

根据导电沟道的不同，J-FET 管与 MOS 管可分为：N 沟道和 P 沟道。

根据栅极控制方式的不同，场效应管可分为：增强型和耗尽型。

场效应管的电路符号如图 1.46 所示。

（a）N沟道结型场效应管　　（b）P沟道结型场效应管　　（c）NMOS管　　（d）PMOS管

图 1.46　场效应管的电路符号

2. 场效应管与晶体三极管性能的比较

晶体三极管是一种电流控制器件（基极电流 i_b 控制集电极电流 i_c 的变化），它是自由电子和空穴两种载流子同时参与导电的半导体管，因而晶体三极管又称为双极性三极管（简称 BJT）。场效应管与晶体三极管不同，它是一种电压控制器件（栅源电压 U_{GS} 控制漏极 i_D 的变化），且只有一种载流子（多数载流子）参与导电，因而场效应管又称为单极性三极管。

3. 场效应管的保存方法

由于绝缘栅场效应管（MOS 管）的输入电阻很大，一般为 $10^9 \sim 10^{15} \Omega$，其栅、源极之间的感应电荷不易泄放，少量感应电荷就会产生很高的感应电压，极易造成 MOS 管被击穿。因而在保存、取用和焊接、测试 MOS 管时，要特别注意以下几点：

（1）在保存 MOS 管时，应把它的三个电极短接在一起。

（2）取用 MOS 管时，不要直接用手拿它的引脚，而要拿它的外壳。

（3）在焊接、测试场效应管时，应该做好防静电措施。焊接前，将场效应管的三个电极短接，焊接工具（如电烙铁）做好接地，测试仪器的外壳必须接地，也可将电烙铁烧热后断开电源用余热进行焊接。

（4）在设计、使用 MOS 管时，要在它的栅、源极之间接入一个电阻或一个稳压二极管，以减小感应电压。

1.5.13　场效应管的检测

（1）对于结型场效应管，可通过使用万用表的欧姆挡测试其电阻值来判断其好坏。结型场效应管的电阻值通常为$10^6 \sim 10^9 \Omega$，若所测电阻值太大（趋于∞），说明其已断路；所测电阻值太小，说明其已被击穿。

（2）对于绝缘栅场效应管，由于其电阻值太大（一般为$10^9 \sim 10^{15} \Omega$），极易被感应电荷击穿，因而不能用万用表进行检测，而要用专用测试仪进行测试。

1.5.14　集成电路及其分类

集成电路，简称 IC（Integrated Circuit），是 20 世纪 60 年代发展起来的一种新型半导体器件。常见的集成电路的外形结构如图 1.47 所示。

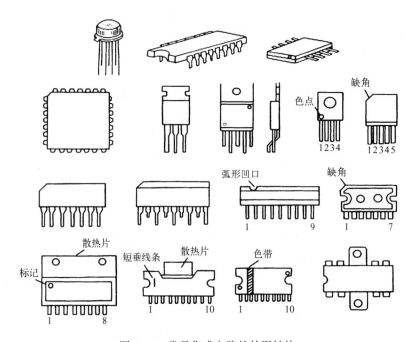

图 1.47　常见集成电路的外形结构

集成电路的品种繁多，其主要分类如下：

（1）按传送信号的特点可分为：模拟集成电路、数字集成电路。

（2）按有源器件类型可分为：双极性集成电路、MOS 型集成电路、双极性-MOS 型集成电路。

（3）按集成度可分为：小规模集成电路 SSI（集成度在 100 个元件以内或 10 个门电路以内）、中规模集成电路 MSI（集成度为 100～1000 个元件或 10～100 个门电路）、大规模集成电路 LSI（集成度为 1000～100000 个元件或 100～10000 个门电路）、超大规模集成电路 VLSI（集成度在 10 万个元件以上或 1 万个门电路以上）。

（4）按集成电路的功能可分为：集成运算放大电路、集成稳压器、集成模/数和集成数/模转换器、编码器、译码器、计数器等。

（5）按封装形式可分为：圆形金属封装集成电路、扁平陶瓷封装集成电路、双列直插式封装集成电路、单列直插式封装集成电路、四方扁平式封装集成电路等，如图 1.48 所示为部分集成电路封装形式。常用的模拟集成电路和数字集成电路芯片介绍可参考本教材的附录 A。

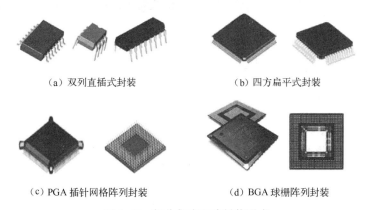

（a）双列直插式封装　　　　　　　（b）四方扁平式封装

（c）PGA 插针网格阵列封装　　　　　（d）BGA 球栅阵列封装

图 1.48　部分集成电路封装形式

1.5.15　集成电路引脚的分布规律及识别方法

集成电路引脚的判别

集成电路的引脚较多，少则有 3 个引脚，多的可有 100 多个引脚，且每个引脚的功能各不相同。因而集成电路的引脚识别尤为重要。

每个集成电路的引脚排列都有一定的规律，通常其第一引脚上会有一个标记，识别时，首先找出集成电路的定位标记，定位标记一般为管键、色点、凹坑、缺口和孔等，然后识别引脚的排列。

1. 圆形金属封装集成电路的引脚排列及识别

圆形金属封装集成电路的引脚排列如图 1.49（a）所示，其外壳上有一个突出的标记。识别引脚时，将该集成电路的引脚朝上，从标记开始，按顺时针方向依次读出引脚序号（即 1、2、3…）。

2. 双列扁平陶瓷封装或双列直插式封装集成电路的引脚排列及识别

双列扁平陶瓷封装或双列直插式封装集成电路的引脚排列如图 1.49（b）所示。识别时，找出该集成电路的标记，将有标记的一面对着观察者，最靠近标记的引脚为 1 号引脚，按逆时针方向依次读出引脚序号。

3. 单列直插式封装集成电路的引脚排列及识别

单列直插式封装集成电路的引脚排列如图 1.49（c）所示。找出该集成电路的标记，将集成电路的引脚朝下、标记朝左，则从标记开始，从左到右依次为引脚 1、2、3…

4. 四方带引脚的扁平式封装集成电路的引脚排列及识别

四方带引脚的扁平式封装集成电路的引脚排列如图 1.49（d）所示。找出该集成电路的标记，将集成电路的引脚朝下，最靠近标记的引脚为 1 号引脚，按逆时针方向依次读出引脚序号。

常用集成电路引脚排列可参考本教材的附录 B。

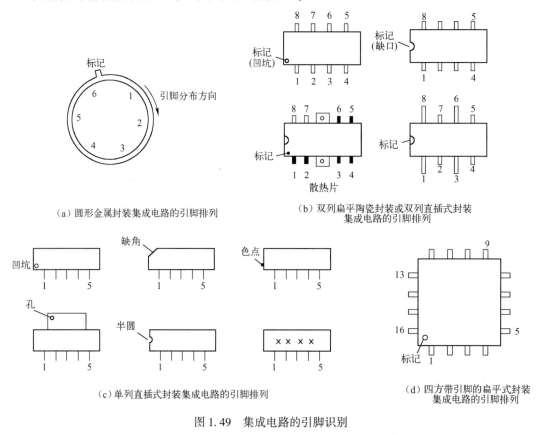

（a）圆形金属封装集成电路的引脚排列

（b）双列扁平陶瓷封装或双列直插式封装集成电路的引脚排列

（c）单列直插式封装集成电路的引脚排列

（d）四方带引脚的扁平式封装集成电路的引脚排列

图 1.49　集成电路的引脚识别

1.5.16　集成电路的检测

1. 电阻检测法

用万用表测量集成电路芯片各引脚对接地引脚的正、反向电阻值，并与参考资料或与另一块同类型、没有问题的集成电路芯片进行比较，从而判断该集成电路的性能好坏。这是集成电路芯片未接入外围电路时常用的检测方法。

2. 电压检测法

当集成电路芯片已接入外围电路并通电时，可采用电压检测法测试集成电路芯片的性能。具体操作方法是：使用万用表的直流电压挡，测量集成电路芯片各引脚的对地电压，将测出的结果与该集成电路芯片参考资料所提供的标准电压值进行比较，从而判断是该集成电路芯片有问题，还是集成电路芯片的外围电路有问题。电压检测法是检测集成电路芯片的常用方法。

3. 波形检测法

用示波器测量集成电路芯片各引脚的波形，并与标准波形进行比较。具体操作为：将集成电路芯片通电后，从集成电路的输入端输入一个标准信号，再用示波器检测集成电路输出端的输出信号是否正常，若有输入而无输出，一般可判断该集成电路芯片已损坏。

4. 替代法

替代法是指用一块同类型、没有问题的集成电路芯片替代可能出现问题的集成电路芯片，然后通电测试的方法。该方法的特点是：直接、见效快；但拆焊麻烦，且易损坏集成电路和电路板。

若集成电路芯片采用先安装集成电路插座，再插入集成电路的安装方式，替代法就成为最简便而快速的检测方法了。

在实际检测中，可以将各种方法结合起来灵活运用。

1.5.17 集成电路的拆卸方法

安装集成电路时，常采用直接焊接在电路板上，或先安装集成电路插座，再插入集成电路的方式。在检修电路时，后一种安装方式可使用集成电路起拔器拆卸集成电路芯片；而直接焊接在电路板上的集成电路芯片拆卸起来很困难，拆卸不好时还会损坏集成电路及印制电路板。

1. 拆卸焊接在电路板上集成电路的方法

 集成电路的拆卸

（1）吸锡电烙铁拆卸法

使用吸锡电烙铁拆卸集成电路是一种常用的专业方法。拆卸集成电路时，只要将已加热的吸锡电烙铁头放在被拆卸集成电路引脚的焊点上，待焊点熔化后锡便会被吸入吸锡电烙铁内，待全部引脚上的焊锡吸完后，集成电路便可方便地从印制电路板上取下来了。

（2）医用空心针头拆卸法

使用医用 8~12 号空心针头，以针头的内径正好能套住集成电路引脚为宜。操作时，一边用电烙铁熔化集成电路引脚上的焊点，一边用空心针头套住引脚旋转，等焊锡凝固后拔出针头，这样引脚便会和印制电路板完全分开。待各引脚按上述办法均与印制电路板脱开后，集成电路便可轻易拆下来了。

（3）多股铜线吸锡拆卸法

取一段多股芯线，用钳子拉去塑料外皮，将裸露的多股铜丝截成长为 70~100mm 的线段备用，并将导线的两端头稍稍拧几转，均匀地平摊，使其不会松散且平整；用酒精松香溶液均匀地浸透裸露的多股铜丝并晾干，线上的松香不要过多，以免污染印制电路板。

拆卸集成电路时，将上述处理过的裸线压在集成电路的引脚上，并压上加热后的电烙铁（其功率以 45~75W 为宜），此时，引脚处焊锡迅速熔化，并被裸线吸附，待集成电路引脚上的焊锡被裸线吸收干净，引脚即与印制电路板分离，集成电路就可拆卸下来了。

由于集成电路的引脚多且排列密集，在更换集成电路时，一定要注意焊接质量和焊接时间，避免电烙铁烫坏集成电路。

2. 集成电路起拔器

集成电路（IC）起拔器是一种从印制电路板的集成电路插座上拔取（拆卸）IC 的工具。使用集成电路起拔器拆卸集成电路，不易损坏集成电路，且简单、快捷，如图 1.50 所示。

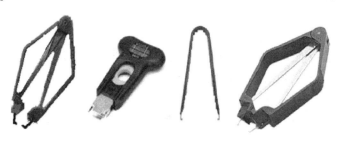

（a）外形　　　　　　　　　　　　　　（b）起拔集成电路

图 1.50　集成电路起拔器

1.5.18　集成电路的使用注意事项

（1）使用集成电路时，其各项电性能指标（电源电压、静态工作电流、功率损耗、环境温度等）应符合规定的要求。

（2）在设计安装电路时，应使集成电路远离热源；对输出功率较大的集成电路应采取有效的散热措施。

（3）进行整机装配焊接时，一般最后对集成电路进行焊接；采用手工焊接时，一般使用功率为 20~30W 的电烙铁，且焊接时间应尽量短（少于 10s）；避免由于焊接过程中的高温而损坏集成电路。

（4）不能带电焊接或插拔集成电路。

（5）正确处理好集成电路的空脚，不能擅自将空脚接地、接电源或悬空，悬空易造成误动作，破坏电路的逻辑关系，也可能感应静电造成集成电路被击穿，因而应根据各集成电路的实际情况对集成电路的空脚进行处理（接地或接电源）。

（6）使用 MOS 集成电路时，应特别注意防止因静电感应被击穿。对 MOS 电路所用的测试仪器、工具及连接 MOS 块的电路，都应进行良好的接地；存储时，必须将 MOS 电路装在金属盒内或用金属箔纸包装好，以防止外界电场对 MOS 电路产生静电感应将其击穿。

1.6　LED 数码管及其检测

LED 数码管又称为数码显示器，是一种将电能转化为可见光和辐射能的发光器件，是用于显示数字、字符的器件，可以发出红、黄、蓝、绿、白、七彩等不同的颜色，广泛用于数字仪器仪表、数控装置、计算机的数显器件中，大功率 LED 数码管可用于路灯照明、汽车灯中。

LED 数码管的主要特点如下：

（1）工作电压低，功耗小，耐冲击，但工作电流稍大（几毫安 ~几十毫安），能与

CMOS、ITL 电路兼容。

（2）发光响应时间极短（<0.1μs），高频特性好，单色性好，亮度高，工作可靠。

（3）体积小，重量轻，耐振动，抗冲击，性能稳定可靠。

（4）成本低，使用寿命长（使用寿命在 10 万小时以上，甚至可达 100 万小时）。

1.6.1　LED 数码管的结构特点及连接方式

1. LED 数码管的结构特点

LED 数码管是由 8 个发光二极管封装在一起，组成"8"字形的半导体器件，对外有 8 个引脚，包括 7 个数码引脚和 1 个小数点引脚。这些数码发光段分别用 a、b、c、d、e、f、g 来表示，小数点用 dp 表示。当给数码管特定的段加上电压后，这些特定的段就会发光，可以显示 0~9 共 10 个不同的数码。

LED 数码管的外形结构和数码发光段的表示、引脚排列如图 1.51 所示，其中，1、2、4、6、7、9、10 此 7 个引脚为数码管的 7 个不同的发光段，5 脚为小数点 dp 脚，3 脚和 8 脚连通使用。

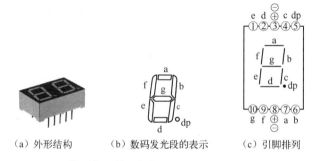

（a）外形结构　　（b）数码发光段的表示　　（c）引脚排列

图 1.51　LED 数码管的外形结构和数码发光段的表示、引脚排列

2. LED 数码管的连接方式

LED 数码管有共阴极和共阳极两种连接方式。

将数码管的发光段（a、b、c、d、e、f、g、dp）的阳极连接在一起（公共阳极"⊕"），且通过限流电阻 R 连接到电路的高电位端（+V_{CC}），而其阴极作为输入信号端的连接方式，称为共阳极连接，如图 1.52（a）所示。当 a~dp 中某个阴极接低电位时，相应的发光段就会发光。

将数码管的发光段（a、b、c、d、e、f、g、dp）的阴极连接在一起（公共阴极"⊖"），且通过限流电阻 R 连接到电路的低电位端（地端"⊥"），而其阳极作为输入信号端的连接方式，称为共阴极连接，如图 1.52（b）所示。当 a~dp 中某个阳极接高电位时，相应的发光段就会发光。

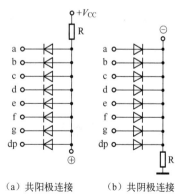

（a）共阳极连接　　（b）共阴极连接

图 1.52　LED 数码管的连接方式

1.6.2　LED 数码管的检测

1. LED 数码管的检测方法

首先观察外观，LED 数码管外观必须颜色均匀、无局部变色及无气泡；再用数字式万用表做进一步检测。

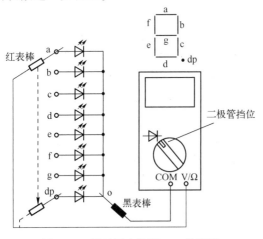

图 1.53　用万用表检测 LED 数码管

检测原理：LED 数码管是由 8 个发光二极管组合而成的，测试这 8 个发光二极管的好坏和发光程度，就可判断该数码管的好坏。

检测方法：以共阴极数码管为例，将数字式万用表置于二极管挡位，二极管的黑表棒与 LED 数码管的共阴极 o 点相接，然后用红表棒依次去触碰数码管的其他各阳极引脚，如图 1.53 所示。正常工作时，红表棒触动哪个阳极引脚，则该引脚对应的发光段就会发光；若红表棒触动某个阳极引脚后，所对应的发光段不亮，则说明该发光段已经损坏，即该 LED 数码管已损坏。

2. LED 数码管的故障判断

（1）进行检测时，若数码管的发光段发光暗淡，说明器件已老化，发光效率太低。

（2）进行检测时，若数码管的发光段残缺不全，说明数码管已局部损坏，数码管不能再使用了。

1.7　其他常用电子元器件的检测

常用的电子元器件包括：开关、接插件、熔断器、电声器件等。

1.7.1　开关的作用、分类及性能参数

在电子设备中，开关件（简称开关）起接通、断开或转换电路的作用，它是组成电路的不可缺少的一部分。如图 1.54 所示为部分常用开关的外形结构。

（a）轻触按键开关　　　　　　　　（b）船形按键开关

图 1.54　部分常用开关的外形结构

（c）钮子开关

（d）编码拨动开关　　　　　　　（e）拨动开关

（f）继电器

图 1.54　部分常用开关的外形结构（续）

1. 开关的分类

开关的种类很多，常见的分类方式有以下几种：

（1）按控制方式可分为：机械开关（如按键开关、拉线开关等）、电磁开关（如继电器等）、电子开关（如二极管、三极管构成的开关管等）。

机械开关是靠人工手动来控制的，其特点是：直接、方便、使用范围广，但开关速度慢，使用寿命短。电磁开关是靠电流来控制的，其特点是：用小电流可以控制大电流或高电压的自动转换，常用在自动化控制设备和仪器中，起自动调节、自动操作、安全保护等作用。电子开关是靠电信号来控制的，其特点是：体积小、开关转换速度快、易于控制、使用寿命长。

（2）按开关的控制方式可分为：拨动开关、按键开关、旋转开关、键盘开关、光控开关、声控开关、触摸开关等。

（3）按开关触点接触方式可分为：有触点开关（如机械开关、电磁开关等）和无触点开关（如电子开关等）。

（4）按结构可分为：单刀单掷开关、多刀单掷开关、单刀数掷开关、多刀数掷开关等，如图 1.55 所示。机械开关的活动触点称为"极"，俗称"刀"；机械开关的静触点称为"位"，俗称"掷"。

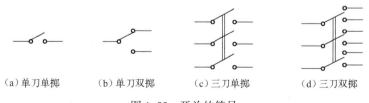

　（a）单刀单掷　　　（b）单刀双掷　　　（c）三刀单掷　　　（d）三刀双掷

图 1.55　开关的符号

2. 开关的主要性能参数

（1）额定电压。额定电压是指开关断开时，其两端所承受的最大安全电压。若实际工作电压大于额定电压值，则开关会被击穿而损坏。

（2）额定电流。额定电流是指开关接通时，允许通过开关的最大工作电流。若实际工作电流大于额定电流值，则开关会因电流过大而被烧坏。

（3）接触电阻。接触电阻是指开关闭合时，其两端的电阻值。从理论上来说，开关的接触电阻应该为零。实际应用中，性能良好的开关，该接触电阻应小于 0.02Ω。

（4）绝缘电阻。绝缘电阻是指开关断开时，其两端的电阻值。从理论上来说，开关的绝缘电阻应该趋于无穷大。实际应用中，具有 $100M\Omega$ 以上绝缘电阻的开关，就是性能良好的开关。

（5）开关的使用寿命。开关的使用寿命是指开关可以正常使用的工作次数。开关每闭合、断开一次，称为开关的一个工作次数。一般机械开关的使用寿命为 $5000\sim10000$ 次，高质量的机械开关可达到 $5\times10^{4}\sim5\times10^{5}$ 次。

通常电子开关的使用寿命最长，电磁开关次之，机械开关的使用寿命最短。

1.7.2 开关的检测

开关件的检测

1. 机械开关的检测

使用万用表测量开关闭合时的接触电阻和开关断开时的绝缘电阻。若测得接触电阻值大于 0.5Ω，说明该开关存在接触不良故障；若测得绝缘电阻值小于几百千欧，说明此开关存在漏电故障。开关出现接触不良故障时，开关连接点会出现"火烧红"现象；开关出现漏电故障时，开关会出现"打火"现象。开关出现漏电或接触不良故障时，要及时更换开关，避免引起烧毁开关、导致火灾等严重后果。

2. 继电器的检测

继电器是一种用较小的电流去控制较大电流的电子控制器件，是一种电磁开关，它由铁芯、线圈、衔铁、触点及底座等构成，在电路中起自动调节、转换电路、安全保护等作用。

（1）继电器的分类。继电器有多种类型，其分类方式主要有：

① 按照继电器的初始状态分为：常开继电器、常闭继电器、转换继电器等，如表 1.13 所示。

表 1.13　继电器按初始状态分类

继电器符号	触点符号	备注
KR	○—／—○	常开继电器（动合触点）
	○—／—○	常闭继电器（动开触点）
	○—／—○	转换继电器（切换触点）

② 按照继电器的动作速度分为：快速继电器（动作时间 $\leqslant50ms$）、延时继电器（动作时间 $\geqslant1s$）、标准继电器（$1s>$ 动作时间 $>50ms$）等。

③ 按照用途分为：启动继电器、步进继电器、过载继电器等。

（2）继电器的检测。

① 触点电阻。用万用表的欧姆挡测量继电器的触点电阻。常闭继电器的触点电阻应该为零，常开继电器的触点电阻应该趋于无穷大。

② 线圈电阻。用万用表的欧姆挡测量继电器的线圈电阻。继电器的线圈电阻在几欧姆至几百欧姆之间为正常值。若阻值为零，说明线圈短路；若阻值趋于无穷大，说明继电器的线圈内部断开。

3. 电子开关的检测

电子开关是利用二极管的单向导电性或三极管在截止区及饱和区的工作特性来完成开关功能的。进行检测时，使用万用表检测二极管的单向导电性和三极管的性能来判断电子开关的性能。

1.7.3 接插件的作用及特点

接插件又称连接器，是用来在机器与机器之间、电路板与电路板之间、器件与电路板之间进行电气连接的器件，是用于电气连接的常用器件。接插件通常由插头（又称公插头）和插口（又称母插头）组成。

理想的接插件应该接触可靠，具有良好的导电性、足够的机械强度、适当的插拔力和很好的绝缘性，接插点的工作电压和额定电流应当符合标准，满足要求。

按使用频率分类，有低频接插件（适合在频率100MHz以下使用）、高频接插件（适合在频率100MHz以上使用）。高频接插件常采用同轴电缆结构，以避免信号的辐射和相互干扰。

按用途分类，有电源接插件（或称电源插头、插座）、耳机接插件（或称耳机插头、插座）、电视天线接插件、电话接插件、电路板接插件、光纤光缆接插件等。

按结构形状分类，有圆柱形接插件、矩形接插件、条状接插件、印制板接插件、IC接插件、带状电缆接插件（排插）等。

部分接插件的外形结构如图1.56所示。

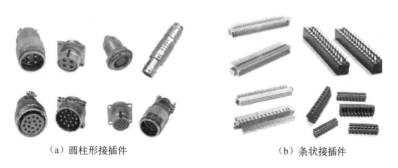

（a）圆柱形接插件　　　　　　　　　　（b）条状接插件

图1.56　部分接插件外形结构

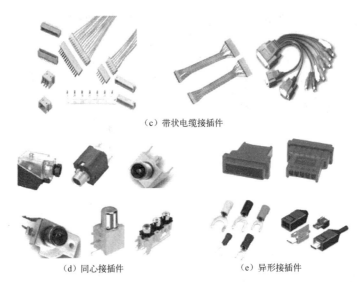

（c）带状电缆接插件

（d）同心接插件　　　　　　　　（e）异形接插件

图 1.56　部分接插件外形结构（续）

1.7.4　接插件的检测

接插件
的检测

对接插件的检测，一般采用通过外表进行直观检查和使用万用表进行检测两种方法。通常的做法是先通过外表进行直观检查，再使用万用表进行检测。

1. 通过外表进行直观检查

从外观查看接插件是否有引脚相碰、引线断裂的现象。若通过外表检查无上述现象又需进一步检查时，使用万用表进行检测。

2. 使用万用表进行检测

使用万用表的欧姆挡对接插件的有关电阻值进行测量。

测量接插件的连通点时，其连通电阻值应小于 0.5Ω，否则认为接插件接触不良。

测量接插件的断开点时，其断开电阻值应趋于无穷大，若断开电阻值接近零，说明断开点之间有接触故障。

若不符合对连通电阻值和断开电阻值的要求，则说明接插件已损坏。

1.7.5　熔断器及其作用

图 1.57　玻璃管封装的熔断器

熔断器是一种用在交、直流线路和设备中，出现短路和过载时，起保护线路和设备作用的器件。其工作原理是：正常工作时，熔断器相当于开关处于接通状态，此时的电阻值接近零；当电路或设备出现短路或过载时，熔断器自动熔断，即切断电源和电路、设备之间的电气联系，保护线路和设备；熔断器熔断后，其两端电阻值趋于无穷大。

玻璃管封装的熔断器如图 1.57 所示。

1.7.6 熔断器的检测

（1）用万用表的欧姆挡测量。熔断器没有接入电路时，用万用表的 $R×1Ω$ 挡测量熔断器两端的电阻值。正常时，熔断器两端的电阻值应为零；若电阻值趋于无穷大，则说明熔断器已损坏，不能使用。

（2）熔断器的在路检测。当熔断器接入电路并通电时，可用万用表的电压挡进行测量。若测得熔断器两端的电压为零，或两端的对地电位相等，说明熔断器处于正常工作状态；若熔断器两端的电压不为零，或两端的对地电位不等，说明熔断器已损坏。

1.7.7 电声器件的分类与作用

电声器件是指能够在电信号和声音信号之间相互转化的器件。常用的电声器件有：扬声器、耳机、传声器等。

1. 扬声器

扬声器的作用是将模拟电信号转化为声音信号。扬声器的品种繁多，按工作频率可分为：低频扬声器、中频扬声器和高频扬声器等；按结构可分为：电动式（动圈式）扬声器、电磁式（舌簧式）扬声器、压电式（晶体或陶瓷）扬声器等；按形状可分为：圆形扬声器、椭圆形扬声器、圆筒形扬声器等。

部分扬声器的外形结构与电路符号如图 1.58 所示。

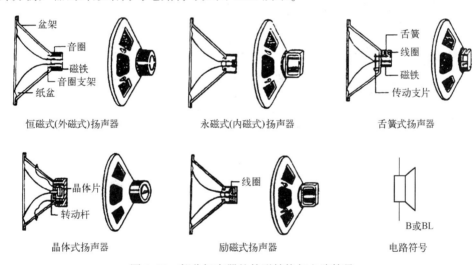

图 1.58　部分扬声器的外形结构与电路符号

扬声器的主要参数有标称阻抗、额定功率、频率特性等。

（1）标称阻抗。扬声器是一个感性器件，其标称阻抗有 16Ω、8Ω、4Ω 等几种。注意：扬声器的直流电阻与其标称阻抗不同，扬声器的直流电阻总小于其标称阻抗，直流电阻约为标称阻抗的 80%～90%。

（2）额定功率。额定功率是指在最大允许失真的条件下，允许输入扬声器的最大电功率。常用扬声器的额定功率有：0.1W、0.25W、1W、2W、3W、5W、8W、10W、60W、

120W 等。

（3）频率特性。扬声器对不同频率信号的稳定输出特性称为扬声器的频率响应特性，简称频率特性，通常用频率范围来表征其频率特性。在工作频率范围内，扬声器可以输出适合人耳收听的声音；当超过扬声器的使用频率范围时，声音会减弱很多，甚至会产生失真。

对低频扬声器来说，其频率范围为：30Hz～3kHz。

对中频扬声器来说，其频率范围为：500Hz～5kHz。

对高频扬声器来说，其频率范围为：2～15kHz。

2. 耳机

与扬声器一样，耳机也是一种将模拟电信号转换为声音信号的小型电子器件。与扬声器不同的地方在于：

（1）耳机最大限度地减少了左、右声道的相互干扰，因而耳机的电声性能指标明显优于扬声器。

（2）耳机所需输入电信号很小，因此输出声音信号的失真很小。

（3）耳机的使用不受场所、环境的限制，因此更受广大用户的青睐。

（4）耳机的使用缺陷是：长时间使用耳机，会造成耳鸣、耳痛，并且耳机只限于单个人使用。

常见耳机外形如图 1.59 所示。

图 1.59　常见耳机外形

3. 传声器

传声器俗称话筒或麦克风（MIC）。传声器的作用是将声音信号转化为与之对应的电信号，与扬声器的功能相反。

常见的传声器外形如图 1.60 所示。现在应用最多的是驻极体电容式传声器和动圈式传声器。

图 1.60　常见的传声器外形

传声器的主要参数有：灵敏度、频率特性、输出阻抗等。

（1）灵敏度。传声器的灵敏度是指其将声音信号转化为电压信号的能力，用 mV/Pa（帕斯卡）或分贝（dB）表示。灵敏度越高，其传声效果越好。

（2）频率特性。传声器能输出声音信号的频率响应范围称为传声器的频率特性。常用的动圈式传声器的频率响应范围为 100Hz～10kHz，质量优良的扬声器的频率响应范围为 20Hz～20kHz。显然，扬声器的频率响应范围越宽越好。

（3）输出阻抗。传声器的输出阻抗有高阻和低阻两种。高阻阻抗为 10～20kΩ，低阻阻抗为 200～600Ω，常用的动圈式传声器的输出阻抗为 600Ω。

电声器件
的检测

1.7.8　电声器件的检测

电声器件是音响设备（如收音机、电视机、组合音响等）和音频通信产品（如电话、手机等）中的重要器件，其性能的好坏直接影响音质和音响效果。

电声器件主要采用先检查外观，后用万用表检测的方法进行检测。

1. 扬声器的检测

外观检查主要是指查看扬声器的外表是否完整，有无破损、变形，若外观正常，则进一步使用万用表测量扬声器的直流电阻。

用万用表的 R×1Ω 挡测量扬声器的直流电阻。若测得的直流电阻值略小于标称电阻值，说明扬声器处于正常工作状态；若测得的直流电阻值远大于标称电阻值，说明扬声器内部线圈已经断开，不能再使用了。

性能良好的扬声器，在使用万用表测量其直流电阻时，会发出"喀嘞"的声音；若无声音，说明扬声器的音圈被卡死了，扬声器不能再使用了。

2. 耳机的检测

外观检查主要是指查看耳机的外表是否完整，有无断线、接头断裂等，若外观正常，则进一步使用万用表测量耳机线圈的直流电阻。

用万用表的 R×1Ω 挡测量耳机线圈的直流电阻。若测得的直流电阻值略小于标称电阻值，说明耳机是正常的；若测得的直流电阻值极小（远小于标称电阻值），说明耳机内部有短路故障；若测得的直流电阻值远大于标称电阻值，说明耳机内部线圈出现断开故障。后两种情况，耳机不能再使用了。

正常工作的耳机，在使用万用表测量其直流电阻时，会发出"咯咯"的声音；或者用一节电池在耳机的两根线上一搭一放，会听到较响的"咯咯"声；若无声音，说明耳机已损坏。

项 目 小 结

1. 电子元器件是电子产品的基本组成单元，有多种类别。按能量转换特点分为：有源元器件和无源元器件；按器件的内部结构特点分为：分立元器件和集成电路。根据各种元器件的不同特点，可以组合成不同功能的电路。

2. 电阻是一种耗能元件，其主要作用是：分压、分流、负载（能量转换）等。电阻的主要性能参数包括：标称阻值、允许偏差、额定功率、温度系数等；电阻的标注方法有直标法、文字符号法、数码表示法及色标法等。

3. 电容是一种能储存电场能量的元件，其主要作用是：耦合、旁路、隔直、滤波、移相、延时等。电容的主要性能参数包括：标称容量、允许偏差、额定电压（也称耐压）、击穿电压、绝缘电阻等；电容的标注方法与电阻一样，有直标法、文字符号法、数码表示法及色标法等。

4. 电感是一种能储存磁场能量的元件。它在电路中具有耦合、滤波、阻流、补偿、调谐等作用。电感的主要性能参数包括：标称电感、品质因数、分布电容和直流电阻等。

变压器具有变压、变流、变阻抗、耦合、匹配等作用。变压器的主要性能参数包括：变压比、额定功率、效率、绝缘电阻等。

5. 桥堆是由 4 个二极管构成的桥式电路，在电源电路中主要起整流作用。检测桥堆的方法是：使用万用表检测桥堆中每个二极管的正、反向电阻。

6. 三极管具有放大、电子开关、控制等作用。

7. 晶闸管是一种大功率器件，简称可控硅 SCR，主要工作在开关状态，常用于大电流场合下的开关控制，是实现无触点弱电控制强电的首选器件，在可控整流、可控逆变、可控开关、变频、电机调速等方面有广泛应用。常用的晶闸管有单向晶闸管和双向晶闸管两种。

8. 场效应管是一种电压控制器件（U_{GS} 控制 i_D 的变化），它具有输入电阻高（$10^6 \sim 10^{15}\,\Omega$）、热稳定性好、噪声低、成本低和易于集成等特点。由于其输入电阻值太大，极易被感应电荷击穿，因而一般不用万用表进行检测，而要用专用测试仪进行测试。

9. 集成电路是将半导体器件、电阻、小电容及电路的连接导线集成在一块半导体硅片上，具有一定电路功能的电子器件。它具有体积小、重量轻、性能好、可靠性高、损耗小、成本低等优点。对集成电路进行检测的目的是：判别集成电路的引脚排列及好坏；检测方法有：电阻检测法、电压检测法、波形检测法和替代法。

10. LED 数码管又称为数码显示器，是用于显示数字、字符的器件。七段数码管有共阴极和共阳极两种连接方式。

11. 开关起接通、断开或转换电路的作用。开关的检测方式是：利用万用表检测开关的通、断时的阻值，来判断开关的好坏。

12. 接插件又称连接器，是用来在机器与机器之间、电路板与电路板之间、器件与电路板之间进行电气连接的器件，通常由插头（又称公插头）和插口（又称母插头）组成。

13. 熔断器是一种用在电路和电气设备中，出现短路和过载时，起保护线路和设备作用的器件。

14. 电声器件是指能够在电信号和声音信号之间相互转化的器件。常用的电声器件有：扬声器、耳机、传声器（俗称话筒或麦克风 MIC）等。其中，扬声器、耳机的作用是：将电信号转化为声音信号；传声器的作用是：将声音信号转化为与之对应的电信号。

自我测试 1

1.1 什么是通孔插装元器件？什么是贴片元器件？安装时，各有何特点？

1.2 分立元器件和集成电路有何区别？

1.3 在电子产品制作中，如何选择元器件？

1.4 电阻在电路中有何作用？电阻有哪些主要参数？

1.5 四环电阻和五环电阻，哪一种表示的精度高？

1.6 指出下列电阻的标称阻值、允许偏差及标注方法。

（1）2.2kW±10% （2）680W±20% （3）5K1±5% （4）3M6J （5）4R7M （6）125K

（7）829J （8）红紫黄棕 （9）蓝灰黑橙银

1.7 固定电阻有哪些常见故障？如何使用万用表检测固定电阻并判断其好坏？

1.8 电位器和微调电阻有何不同？

1.9 如何用万用表检测、判断电位器的好坏？

1.10 什么是电容？它有哪些主要参数？电容有何作用？

1.11 与普通电容相比，电解电容有什么不同？

1.12 如何使用万用表判断有较大容量的电容是否出现断路、击穿或漏电故障？

1.13 什么是电感？电感有哪些主要参数？

1.14 电感的主要故障有哪些？如何检测电感和变压器的好坏？

1.15 电阻、电容、电感的主要标注方法有哪几种？

1.16 指出下列电容的标称容量、允许偏差及标注方法。

（1）5n1 （2）103J （3）2P2 （4）339K （5）R56K

1.17 二极管有何特点？如何用万用表检测、判断二极管的引脚极性及好坏？

1.18 稳压二极管稳压时，工作在哪个区域？如何用万用表检测稳压二极管的极性？如何判断稳压二极管的好坏？

1.19 简述发光二极管的特点及用途，用万用表检测发光二极管应选择什么挡位？

1.20 光电二极管的检测方法与普通二极管有什么不同？

1.21 什么是桥堆？有何作用？

1.22 桥堆有哪些主要故障？如何检测、判断桥堆的好坏？

1.23 如何用万用表检测三极管的引脚？

1.24 如何鉴别三极管的性能好坏？

1.25 晶闸管为何又称可控硅SCR？单向晶闸管和双向晶闸管各有何用途？

1.26 什么是集成电路？它有何特点？

1.27 如何区分小规模、中规模、大规模、超大规模集成电路？

1.28 集成电路常用的检测方法有哪些？各有何特点？

1.29 LED数码管由哪几段发光二极管组成？这些发光段分别用什么字母表示？LED数码管有哪些连接方式？

1.30 按控制方式分类，开关分为哪几类？各有何特点？

1.31 开关有何作用？如何检测其好坏？

1.32 接插件有何作用？

1.33 熔断器有何作用？如何检测其好坏？

1.34 什么是电声器件？常见的电声器件有哪些？各有何作用？

项目 2　电子产品制作的准备工艺

项目任务

学会识读电子产品制作中的有关图纸，掌握电子产品中常用导线的加工方法，掌握元器件引线的成形技术与方法，了解印制电路板的特点和作用，学会手工制作印制电路板。

知识要点

电路图识读的基本知识；电子产品中常用导线的作用及加工要求；元器件成形的技术要求和方法；印制电路板的特点和作用；手工制作印制电路板及印制电路板的质量检测。

技能要点

(1) 常用电路图的识读技巧。

(2) 常用导线的加工。

(3) 元器件的成形。

(4) 手工制作印制电路板。

制作电子产品，不仅需要各种电子元器件，还需要连接导线、安装印制电路板等。在制作电子产品之前，应该做好与电子产品制作相关的各项准备工作，包括各种图纸及其识读方法，学会进行各种导线的加工处理，掌握各种元器件引线和零部件引脚的成形方法，了解印制电路板的特点和作用，掌握印制电路板的手工制作方法。

制作电子产品之前的准备工作，是顺利完成整机装配的重要保障。

2.1　电路图的识读

电路图是指用约定的图形符号和连线表示的电子工程中用到的图形。学会识读电路图，有利于了解电子产品的结构和工作原理，有利于正确地生产（制作）、检测、调试电子产品，能够快速地进行故障判断和维修。识图技能在电子产品的开发、研制、设计和制作中起着非常重要的指导作用。

2.1.1　识图的基本知识

识读电路图，必须先了解、掌握一些识图的基本知识，才能正确、快捷地完成电路图的识读，完成电子产品的安装、制作、调试、维护的任务。

(1) 熟悉常用电子元器件的图形符号，掌握这些元器件的性能、特点和用途。因为电子元器件是组成电路的基本单元。

（2）熟悉并掌握一些基本单元电路的构成、特点、工作原理。因为任何一个复杂的电子产品电路，都是由一个个简单的基本单元电路组合而成的。

（3）了解不同电路图的不同功能，掌握识图的基本规律。

常用电路图的识图技巧

2.1.2 常用电路图的识读技巧

电子产品装配过程中常用的电路图有：方框图、电路原理图、装配图、接线图及印制电路板组装图等。不同的电路图其作用不同、功能不同，因而识读方法也不同。

1. 方框图

方框图是一种用方框、少量图形符号和连线来表示电路构成概况的电路图样，有时在方框图中会有简单的文字说明，会用箭头表示信号的流程，会标注该处的基本特性参数（如信号的波形形状、电路的阻抗、频率、信号电平的数值大小）等。

方框图的主要功能是：展示电子产品的构成模块及各模块之间的连接关系，各模块在电路中所起的作用及信号的流程顺序。

如图 2.1 所示为超外差收音机的原理方框图，从图中可以看出，超外差收音机的基本组成部分包括：输入接收天线、输入电路、本振电路、混频电路、中放电路、检波电路、前置低放电路、功放电路和扬声器等，它们之间的连接关系、信号的变化及信号的流程关系，在方框图中也是一目了然的。

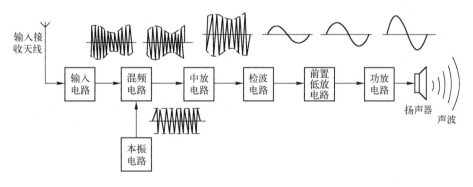

图 2.1　超外差收音机的原理方框图

原理方框图的识读方法：从左至右、自上而下地识读，或根据信号的流程方向进行识读，在识读的同时了解各部分的名称、符号、作用及各部分之间的关联，从而掌握电子产品的总体构成和功能。

2. 电路原理图

电路原理图（DL）是详细说明构成电子产品的电子元器件之间、电子元器件与单元电路之间、产品组件之间的连接关系，以及电路各部分电气工作原理的图形，是电子产品设计、安装、测试、维修的依据。在装接、检查、试验、调整和使用电子产品时，电路原理图通常与接线图、印制电路板组装图一起使用。

电路原理图主要由电路元器件符号、连线等组成，用文字符号及标注序号来表示具体的元器件，说明元器件的型号、名称等。如图 2.2 所示为中夏 S66D 型超外差收音机电路原理图。

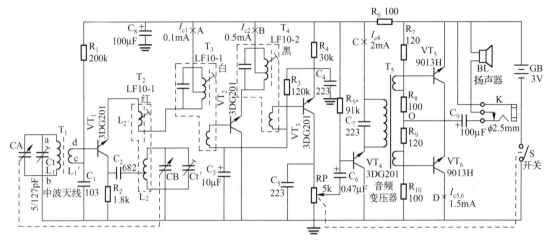

图 2.2　中夏 S66D 型超外差收音机电路原理图

图 2.2 中，三极管是用符号 VT_1、VT_2、VT_3、VT_4、VT_5、VT_6 来表示的。虽然电路中的元器件符号与实际元器件的外形不一定相同（似），但是它表示了元器件的主要特点，而且其引脚的数目和实际元器件保持一致。电路图中的连线代表导线，用来表示元器件之间的相互连接关系。

对于一些复杂电路，有时也用方框图表示某些单元；对于在原理图上采用方框图表示的单元，应单独给出其电路原理图。

电路原理图的识读方法：结合方框图，根据构成方框图中的模块单元电路，从信号的输入端按信号流程，一个单元、一个单元地熟悉，一直到信号的输出端，完成电路原理图的识读，由此了解电路的构成特点和技术指标，掌握电路的连接情况，从而分析出该电子产品的工作原理。

3. 装配图

装配图是表示组成电子产品各部分装配关系的图样。在装配图中，可清楚地看出电子产品的各组成部分、摆放关系及结构形状等。

装配图上的元器件一般以电路图形符号表示，有时也可用简化的元器件外形轮廓表示。装配图中一般不画印制导线，如果要求表示出元器件的位置与印制导线的连接关系，也可以画出印制导线。如图 2.3 所示为一个阻容单元电路的装配图，图中清楚地表示了印制电路板的大小、形状、安装位置，各元器件摆放位置，大型元器件需要紧固的位置等。

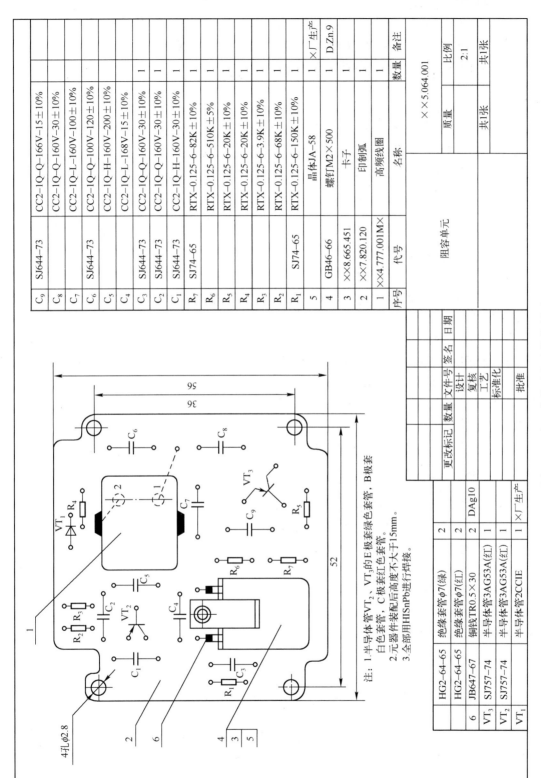

序号	代号	名称	数量	备注
C9	SJ644-73	CC2-1Q-Q-166V-15±10%		
C8		CC2-1Q-Q-160V-30±10%		
C7		CC2-1Q-L-160V-100±10%		
C6	SJ644-73	CC2-1Q-Q-100V-120±10%		
C5		CC2-1Q-H-160V-200±10%		
C4		CC2-1Q-L-168V-15±10%		
C3	SJ644-73	CC2-1Q-Q-160V-30±10%	1	
C2	SJ644-73	CC2-1Q-Q-160V-30±10%	1	
C1	SJ644-73	CC2-1Q-H-160V-30±10%	1	
R7	SJ74-65	RTX-0.125-6-82K±10%	1	
R6		RTX-0.125-6-510K±5%	1	
R5		RTX-0.125-6-20K±10%	1	
R4		RTX-0.125-6-20K±10%	1	
R3		RTX-0.125-6-3.9K±10%	1	
R2		RTX-0.125-6-68K±10%	1	
R1	SJ74-65	RTX-0.125-6-150K±10%	1	
5		晶体JA-58	1	×厂产
4	GB46-66	螺钉M2×500	1	DZn.9
3	××8.665.451	卡子	1	
2	××7.820.120	印制弧	1	
1	××4.777.001M×	高频线圈	1	

		××5.064.001		
	阻容单元		质量	比例 2:1
			共1张	共1张

6	HG2-64-65	绝缘套管φ7(绿)	2	
	HG2-64-65	绝缘套管φ7(红)	2	
	JB647-67	铜线TR0.5×30	2	DAg10
VT3	SJ757-74	半导体管3AG53A(红)	1	
VT2	SJ757-74	半导体管3AG53A(红)	1	
VT1		半导体管2CCIE	1	×厂产

注: 1.半导体管VT2, VT3的E极套绿色套管, B极套白色套管, C极套红色套管。
2.元器件装配后高度不大于15mm。
3.全部用HISnPb进行锡接。

图2.3 一个阻容单元电路的装配图

装配图的识读方法：首先看装配图右下方的标题栏，了解图的名称及其功能；然后查看标题栏上方（或左方）的明细栏，了解图样中各零部件的序号、名称、材料、性能及用途等，分析装配图上各个零部件之间的相互位置关系和装配连接关系等；最后根据工艺文件的要求，对照装配图进行电子产品的装配。

4. 接线图

接线图（JL）是表示产品装接面上各元器件之间的相互位置关系和实际接线位置的略图，是电路原理图具体实现形式。接线图可和电路原理图或逻辑图一起用于指导电子产品的接线、检查、装配和维修工作。接线图中还应包括进行装接的必要的资料，如接线表、明细表等。

接线图只表示元器件的安装位置、实际配线方式，而不能明确地表示电路的原理和元器件之间的连接关系，因而与接线无关的元器件一般省略不画，接线图中的每根导线两端共用一个编号，并分别注写在两接线端上。

对于复杂的产品，若一个接线面不能清楚地表达全部接线关系，可以将几个接线面分别绘出。绘制时，应以主接线面为基础，将其他接线面按一定方向展开，在展开面旁要标注出展开方向。

在某一个接线面上，如有个别组件的接线关系不能清楚表达时，可采用辅助视图（剖视图、局部视图、方向视图等）来说明，并在视图旁注明是何种辅助视图，直流放大器接线图（部分）如图 2.4 所示。复杂的设备或单元，用的导线较多，走线复杂，为了便于接线和整齐美观，可将导线按规定绘制成线扎装配图。

接线图的识读方法：先看标题栏、明细表，然后参照电路原理图，看懂接线图（编号相同的接线端子接的是同一根导线），最后按工艺文件的要求将导线接到规定的位置上。

5. 印制电路板组装图

印制电路板组装图（一般简称为印制电路板图或印制板图）是用来表示各种元器件在实际电路板上的具体方位、大小，以及各元器件之间相互连接关系、元器件与印制电路板之间连接关系的图样。如图 2.5 所示为直流稳压电源的印制电路板图。

印制电路板图的识读方法：由于电子产品的工艺和技术要求不同，印制电路板上的元器件排列与电路原理图完全不同，因而印制电路板图的识读应结合电路原理图，按以下要求进行：

（1）首先读懂与之对应的电路原理图，找出电路原理图中构成电路的大型元器件及关键元器件（如三极管、集成电路、开关、变压器、扬声器等）。

（2）在印制电路板上找出接地端（线）和主要电源端（线）。通常大面积铜箔或靠印制电路板四周边缘的长线铜箔为接地端（线）。

（3）读图时，先找出电路的输入端、输出端、电源端和接地端，以输入端为起点、输出端为终点，结合电路中的大型元器件和关键元器件在电路中的位置关系，以及它们与输入端、输出端、电源端和接地端的连接关系，逐步识读印制电路板图，了解印制电路板图的结构特点。

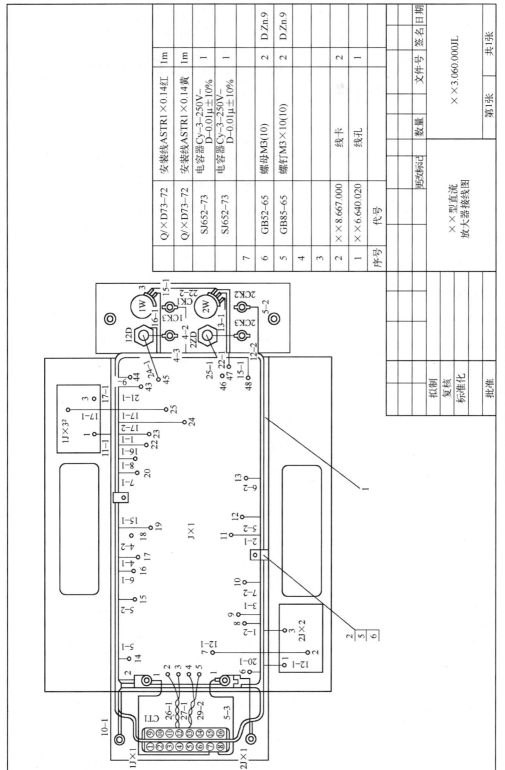

图2.4 直流放大器接线图(部分)

序号	代号	名称		数量	
7	Q/×D73-72	安装线ASTR1×0.14红		1m	
6	Q/×D73-72	安装线ASTR1×0.14黄		1m	
5	SJ652-73	电容器Cy-3-250V-D-0.01μ±10%		1	
4	SJ652-73	电容器Cy-3-250V-D-0.01μ±10%		1	
3					
2	××8.667.000	螺母M3(10)		2	DZn.9
1	××6.640.020	螺钉M3×10(10)		2	DZn.9
		线卡		2	
		线孔		1	

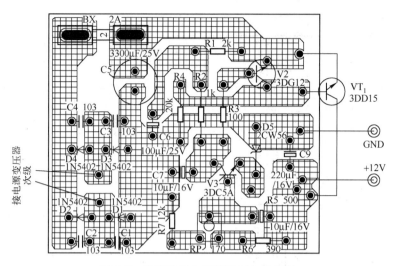

图 2.5 直流稳压电源的印制电路板图

2.2 导线的加工

在制作电子产品时，需要使用不同的导线将电子元器件连接起来，构成具有一定功能的电子产品。使用工具或专用设备对导线进行加工，是制作电子产品的必备技能之一。

2.2.1 电子产品中的常用线材

电子产品中的常用线材包括电线和电缆，它们是用于传输电能或电磁信号的传输导线。

根据导线的结构特点，常用线材可分为：安装导线、电磁线、屏蔽线、电缆、扁平电缆（平排线）、线束、电源软导线等。各种导线的特点、用途如下。

1. 安装导线（安装线）

（1）裸导线。裸导线是指没有绝缘层的光金属导线。它分为单股线、多股绞合线、镀锡绞合线、多股编织线、金属板、电阻合金线等几种。由于裸导线没有外绝缘层，容易造成短路，它的用途很有限。在电子产品装配中，只能用于单独连线、短连线及跨接线等。

常用裸导线的结构特点及使用场合如下：

① 单股线：多在电路板上作为跨接线使用，较粗的单股线多用于悬浮连线。

② 多股绞合线：将几根或几十根单股铜线绞合起来，制成较粗的导线。这样有利于大电流通过，同时又能克服单股粗线太硬、不便加工等缺点。它主要用于做较大元器件的引脚线、短路跳线、电路中的接地线等。

③ 镀锡绞合线。在多股绞合线的基础上，将其镀锡包裹起来构成镀锡绞合线。其特点是：柔软性好，抗折弯强度大，便于加工，既可绕接又可焊接。

④ 多股编织线。多股编织线是将多股软铜原线编织起来组成的一根粗导线，有扁平编织线和圆筒形编织线两种。它具有自感小、趋肤效应小、高频电阻小、柔软性好、便于操作等优点，主要用于高频电路的短距离连接、接地和做大电流连接线等。

⑤ 金属板。可直接用铜、镀锡铜、镀锡铁等金属板作为导线。金属板的最大优点是抗弯曲强度大，适合用作悬浮连线、高频接地、屏蔽和大电流的连接线等。

⑥ 电阻合金线。电阻合金线是一种特殊的金属合金，它虽然也能导电，但其导电的能力不如铜导线，又不像绝缘体那样很难导电，它对电流具有一定的阻碍作用。当电流流过它时，由于存在电阻，会在其上产生压降，消耗电功率，产生热量。电阻合金线可用于制造线绕电阻器、电位器，还可以用于制造发热元器件，如电炉丝、电烙铁芯等。

（2）塑胶绝缘电线。塑胶绝缘电线是在裸导线的基础上，外加塑胶绝缘护套的电线，俗称塑胶线。它一般由导电的线芯、绝缘层和保护层组成，如图 2.6 所示。塑胶绝缘电线的线芯有软芯和硬芯两种；按芯线数也可分为单芯、二芯、三芯、四芯及多芯等线材，并有各种不同的线径，广泛用于电子产品的各部分、各组件之间的连接。

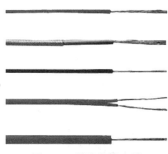

图 2.6　塑胶绝缘电线

2. 电磁线

电磁线是指将涂漆或包缠纤维作为绝缘层的圆形或扁形铜线，用于制造电工、电子产品中的线圈或绕组的绝缘电线。电磁线以漆包线为主，纤维可用纱包、丝包、玻璃丝和纸包等，主要用于绕制各类变压器、电感线圈等。由多股细漆包线外包缠纱丝的丝包线是绕制收音机天线或其他高频线圈的常用线材。

漆包线绕制线圈后，需要去除线材端头的漆皮与电路进行连接。去除漆包线漆皮的方法通常为热融法或燃烧法。

（1）热融法。将漆包线的线端浸入熔融的锡液中，漆皮随之脱落，同时线端被镀上一层薄薄的焊锡。

（2）燃烧法。将漆包线的线端放在明火上燃烧，使漆皮碳化，然后迅速浸入乙醇中冷却，再取出用棉布擦拭干净即可。

表 2.1 中列出了常用电磁线的型号、名称、主要特性及用途。

表 2.1　常用电磁线的型号、名称、主要特性及用途

型　号	名　称	主要特性及用途
QZ-1	聚酯漆包圆铜线	电气性能好，机械强度较高，抗溶剂性能好，耐温在 130℃ 以下，用于中小型电动机、电气仪表等的绕组
QST	单丝漆包圆铜线	用于电动机、电气仪表等的绕组
QZB	高强度漆包扁铜线	主要性能同 QZ-1，主要用于大型线圈的绕组
QJST	高频绕组线	高频性能好，用于绕制高频绕组

3. 扁平电缆

扁平电缆又称排线或带状电缆，是由相互绝缘的多根并排导线黏合在一起、整体对外呈现绝缘状态的一种扁平带状多路导线的软电缆。其特点是：走线结构整齐、清晰，连接、维修方便，韧性强、重量轻、造价低，主要用于插座间的连接、印制电路板之间的连接、各种

信息的输入/输出之间的柔性连接。

在一些数字电路、计算机电路中，往往其连接线成组、成批出现，且工作电压、信号流程、导线去向一致，因而排线成为这些产品的常用连接线。

目前常用的扁平电缆是导线芯为 $\phi7\times0.1mm^2$ 的多股软线，外皮为聚氯乙烯，导线间距为 1.27mm，导线根数为 20~60 不等，颜色多为灰色或灰白色，一侧最边缘的线为红色或其他颜色，作为接线顺序的标识，如图 2.7 所示。扁平电缆大多采用穿刺卡接方式与专用插头进行可靠连接，无须使用高温焊接，电缆的导线数目往往与安装插头、插座的尺寸相配套。

另有一种扁平电缆，导线间距为 2.54mm，芯线为单股或多股线绞合，一般作为产品中印制电路板之间的固定连接，采用单列排插或锡焊方式连接，如图 2.8 所示。

图 2.7　用穿刺卡插头连接的扁平电缆　　　　图 2.8　采用单列排插或锡焊方式连接的扁平电缆

4. 屏蔽线

屏蔽线是在塑胶绝缘电线的基础上，外加导电的金属网状编织的屏蔽层和外护套而制成的信号传输线。常用的屏蔽线有单芯、双芯、三芯等几种类型，最常见的屏蔽线是有聚氯乙烯护套的单芯、双芯屏蔽线，其结构图和实物图如图 2.9 所示。

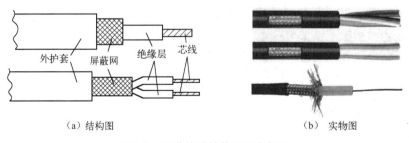

（a）结构图　　　　　　　　　　　　（b）实物图

图 2.9　屏蔽线的结构图及实物图

屏蔽线具有静电（或高电压）屏蔽、电磁屏蔽和磁屏蔽的作用。使用时，屏蔽线的屏蔽层需要接地，才能防止或减少屏蔽线外的信号与线内信号之间的相互干扰，同时降低传输信号的损耗。

屏蔽线主要用于 1MHz 以下频率的信号连接（高频信号必须选用专业电缆）。

5. 电缆

电缆由一根或多根相互绝缘的导体外包绝缘和保护层制成，其作用是将电力或信息信号从一处传输到另一处。如图 2.10 所示为电缆的实物图。

电缆的特点是：抗干扰能力强、衰减小、传输效率高、便于匹配。电缆线属于非对称型的连接传输导线，其阻抗一般有 75Ω、50Ω 两种。

电子产品装配中的电缆主要包括射频同轴电缆、馈线和高压电缆等。

（1）射频同轴电缆。射频同轴电缆也称为高频同轴电缆，其结构与单芯屏蔽线基本相同，如图 2.11（a）所示，不同之处在于两者使用的材料不同，性能也不同，射频同轴电缆主要用于传送高频电信号，如闭路电视线就是射频同轴电缆。

图 2.10　电缆的实物图　　　（a）射频同轴电缆　　　（b）300Ω 馈线

图 2.11　同轴电缆、馈线的结构

（2）馈线。馈线是由两根平行的导线和扁平状的绝缘介质组成的，如图 2.11（b）所示，用于将信号从天线传到接收机或由发射机传给天线，它属于射频电缆，特性阻抗为 300Ω，传送信号属平衡对称型，这与射频同轴电缆不同（射频同轴电缆属单端非对称型）。在连接时，不但要注意阻抗匹配，还应注意信号的平衡与不平衡的形式，由此确定是选用馈线还是射频同轴电缆进行信号的传输。

（3）高压电缆。高压电缆就是传输高压时使用的电缆，高压电缆的结构与普通的带外护套的塑胶绝缘软线相似，对高压电缆绝缘层的耐压和阻燃性能要求很高，要求绝缘层厚实、有韧性。目前一般采用铝合金做导线内芯，采用阻燃性能较好的聚乙烯作为高压电缆的绝缘材料。

表 2.2 列出了高压电缆的耐压与绝缘体厚度的对应关系。

表 2.2　高压电缆的耐压与绝缘体厚度的对应关系

耐压/DC：kV	6	10	20	30	40
绝缘体厚度/mm	约 0.7	约 1.2	约 1.7	约 2.1	约 2.5

6. 电源软导线

电源软导线是由铜或铝金属芯线外加绝缘护套（塑料或橡胶）构成的。在要求较高的场合，也会采用双重绝缘方式，即将两根或三根已带绝缘层的芯线放在一起，在它们的外面再加套一层绝缘性能和机械性能好的塑胶层。电源软导线的作用是连接电源插座与电气设备。

由于电源软导线用在设备外边，与用户直接接触，并带有可能危及人身安全的电压，所以其安全性就显得特别重要。选用电源线时，除导线的耐压要符合安全要求外，还应根据产品的功耗，选择不同线径的导线，以保证其工作电流在导线的额定工作允许电流范围内。

如表 2.3 所示为聚氯乙烯软导线的线径、允许电流等主要参数表。

表 2.3 聚氯乙烯软导线的线径、允许电流等主要参数表

导　　　体			成品外径/mm						导体电阻/Ω·km⁻¹	允许电流/A
横截面积/mm²	外径/mm	单芯	双根绞合	平形	圆形双芯	圆形3芯	长圆形		
0.5	1.0	2.6	5.2	2.6×5.2	7.2	7.6	7.2	36.7	6
0.75	1.2	2.8	5.6	2.8×5.6	7.6	8.0	7.6	24.6	10
1.25	1.5	3.1	6.2	3.1×6.2	8.2	8.7	8.2	14.7	14
2.0	1.8	3.4	6.8	3.4×6.8	8.8	9.3	8.8	9.50	20

7. 导线和绝缘套管颜色的选用

为了整机装配及维修方便，电子产品中使用的导线和绝缘套管往往使用不同的颜色来代表不同的连接部位。如表 2.4 所示为常用导线或元器件引脚及绝缘套管的颜色选用规定。

表 2.4 常用导线和或元器件引脚及绝缘套管的颜色选用规定

电　路　种　类		导线颜色
一般交流线路		①白　　②灰
三相 AC 电源线	A 相	黄
	B 相	绿
	C 相	红
	工作零线（中性线）	淡蓝
	保护零线（安全地线）	黄和绿双色线
直流（DC）线路	+	①红　　②棕
	0（GND）	①黑　　②紫
	−	①蓝　　②白底青纹
晶体管	E	①红　　②棕
	B	①黄　　②橙
	C	①青　　②绿
立体声电路	R（右声道）	①红　　②橙　　③无花纹
	L（左声道）	①白　　②灰　　③有花纹
指示灯		青

8. 常用电线电缆型号及主要用途（见表 2.5）

表 2.5 常用电线电缆型号及主要用途

型　　号	名　　称	主　要　用　途
AV	聚氯乙烯绝缘安装线	用于交流额定电压在 250V 以下或直流额定电压在 500V 以下的弱电流电气仪表和电信设备的连接，使用温度为 −60℃～+70℃
AV-1	聚氯乙烯绝缘屏蔽安装线	
AVR	聚氯乙烯绝缘安装软线	
AVRP	聚氯乙烯绝缘屏蔽安装软线	

型　号	名　称	主要用途
ASTV	纤维聚氯乙烯绝缘安装线	可作为电气设备、仪器内部及仪表之间固定安装用线，使用温度为-40℃～+60℃
ASTVR	纤维聚氯乙烯绝缘安装软线	
ASTVRP	纤维聚氯乙烯绝缘屏蔽安装软线	
BV	聚氯乙烯绝缘电线	用于交流额定电压在500V以下的电气设备和照明装置，BVR型软线适用于要求柔软电线的场合
BVR	聚氯乙烯绝缘软线	
BLV	聚氯乙烯绝缘铝芯线	
RVB	聚氯乙烯绝缘平行连接软线	用于交流额定电压在250V以下的移动式日用电器连接
RVS	聚氯乙烯绝缘双绞连接软线	用于交流额定电压在500V以下的移动式日用电器连接
ASER	纤维绝缘安装软线	适用于电子产品和弱电设备的固定安装
ASEBR	纤维绝缘安装软线	
FVN	聚氯乙烯绝缘尼龙护套线	用于交流额定电压在250V以下或直流额定电压在500V以下的低压线路，使用温度为60℃～80℃
FVNP	聚氯乙烯绝缘尼龙护套屏蔽线	
SBVD	带状电视引线（扁馈线）	适合作为电视接收天线的引线（阻抗约为300W），使用温度为-40℃～+60℃
TXR	橡皮软天线	适合作为电信电线，使用温度为-50℃～+50℃
QGV	铜芯聚氯乙烯绝缘高压点火线	用于车辆发动机的高压点火
FVL	聚氯乙烯绝缘低压腊克线	适用于飞机上低压电路的安装，使用温度为-40℃～+60℃
FVLP	聚氯乙烯绝缘低压带屏蔽腊克线	

2.2.2 导线加工中的常用工具（设备）及使用

加工少量的导线时，采用手工工具配合完成加工任务；成批加工导线时，需要使用一些专用设备来完成。

常用的手工工具包括：斜口钳、剥线钳、镊子、压接钳、绕接器、电烙铁等；用于批量加工导线的专用设备有：剪线机、剥头机、导线切剥机、捻线机、打号机、套管剪切机等。

1. 斜口钳

斜口钳又叫偏口钳，其外形如图2.12所示。在加工导线时，斜口钳主要用于剪切导线，尤其适用于剪掉焊接点上网绕导线后多余的线头，剪切绝缘套管、尼龙扎线卡等。

操作斜口钳时，使钳口朝下，注意防止剪下的线头飞出，伤人眼部。剪线时，双目不能直视被剪物。当被剪物不易弯曲时，可用另一只手遮挡飞出的线头。

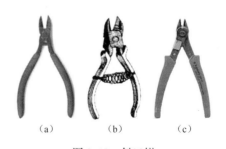

（a）　　　　（b）　　　　（c）

图2.12　斜口钳

2. 剥线钳

剥线钳用于剥掉直径3mm及以下的塑胶线、蜡克线等线材的端头表面绝缘层。剥线钳的外形结构及使用方法如图 2.13 所示。剥线钳的钳口有数个直径为 0.5～3mm 的剥头口，使用时，剥头口应与待剥导线的线径相匹配（剥头口过大难以剥离绝缘层，剥头口过小易剪断芯线），以达到既能剥掉绝缘层又不损坏芯线的目的；同时可根据导线去掉端头绝缘层的长度，来调整钳口上的止挡。

剥线钳的特点是：使用效率高，剥线尺寸准确、快速，不易损伤芯线。

3. 镊子

镊子主要用于夹持细小的导线，防止连接时导线发生移动；导线塑料胶绝缘层的端头遇热收缩，在焊点尚未完全冷却时，用镊子夹住塑胶绝缘层向前推动，可使塑胶绝缘层恢复到收缩前的位置。

镊子主要有尖头的钟表镊子和圆头的医用镊子两种，如图 2.14 所示，根据导线的粗细及制作空间大小，选择不同的镊子。

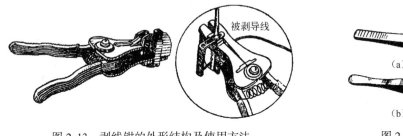
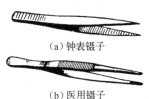

图 2.13　剥线钳的外形结构及使用方法　　　　图 2.14　镊子

4. 压接钳

压接钳是对导线进行压接操作的专用工具，其钳口可根据不同的压接要求制成各种形状，如图 2.15 所示，如图 2.15（a）所示为普通压接钳，如图 2.15（b）所示为网线（压接）钳。

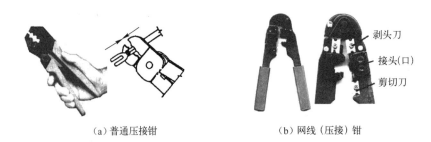

（a）普通压接钳　　　　　　　（b）网线（压接）钳

图 2.15　压接钳的外形结构

使用普通压接钳时，将待压接的导线插入焊片槽并放入钳口，用力合拢钳柄压紧接点即可实现压接。

网线（压接）钳主要用来给网线或电话线加工、压接标准规格的水晶头，它的钳身带有剥头刀和剪切刀，可同时完成剥线、剪线和压装水晶头的工作，操作简单方便。

5. 绕接器

绕接器是针对导线完成绕接操作的专用工具，目前常用的绕接器有手动及电动两种，如图2.16所示为常见绕接器。

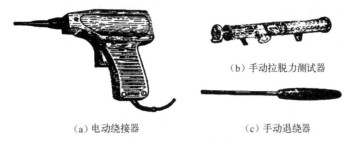

（a）电动绕接器　　（b）手动拉脱力测试器

（c）手动退绕器

图 2.16　常见绕接器

使用绕接器时，应根据绕接导线的线径、接线柱的对角线尺寸及绕接要求选择适当规格的绕线头。操作电动绕接器时，将去掉绝缘层的单股芯线端头或裸导线插入绕接头中，将绕接器对准带有棱角的接线柱，扣动绕线器扳手，导线即受到一定的拉力，按规定的圈数紧密地绕在有棱角的接线柱上，形成具有可靠电气性能和机械性能的连接。

6. 电烙铁

将导线端头的绝缘层去除后，应立即使用电烙铁对金属导线进行搪锡处理，避免导线氧化，如图2.17所示。

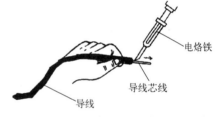

图 2.17　电烙铁搪锡

7. 剪线机

剪线机是靠机械传动装置将导线拉到预定长度，由剪切刀剪断导线的。操作时，先将导线放置在架线盘上，根据剪线长度将剪线长度指示器调到相应位置上固定好；然后将导线穿过导线校直装置，并引过刀口，放在止挡位置上，固定好导线的端头，将计数器调到零；启动设备，即能自动按预定长度进行剪切。

8. 剥头机

剥头机用于剥除塑胶线、腊克线等导线端头的绝缘层。操作时，将需要剥头的导线端头放入导线入口处，剥头机将导线端头带入设备内，内部按照螺旋形旋转的刀口将导线绝缘层切掉。当导线端头被带到止挡位置时，导线即停止前进。将导线拉出，被切割的绝缘层随之脱落，掉入收料盒内。剥头机的刀口可以调整，以适应不同直径芯线的需要。通常，这种设备上可安装数个机头，调成不同刀距，供不同线径使用，但这种单功能的剥头机不能去掉ASTVR等塑胶导线的纤维绝缘层。单功能剥头机的外形结构如图2.18所示。

9. 导线切剥机

导线切剥机可以同时完成导线的剪线、剥头，能自动核对并随时调整剪切长度，也能自动核对调整剥头长度。多功能自动切剥机的外形结构如图2.19所示。

图 2.18　单功能剥头机的外形结构　　　　图 2.19　多功能自动切剥机的外形结构

10. 捻线机

多股芯线的导线在剪切剥头等过程中易于松散，而松散的多股芯线容易折断、不易焊接，且增加连接点的接触电阻，影响电子产品的性能。因此多股芯线的导线在剪切剥头后必须增加捻线工序。

捻线机的功能是捻紧松散的多股导线芯线。操作时，将被捻导线端头放入转动的机头内，用脚踏闭合装置的踏板，活瓣即闭合，将导线卡紧，随着卡头转动，在逐渐向外拉出导线的同时，松散的多股芯线即被朝一个方向捻紧。捻线的角度、松紧度，与拉出导线的速度、脚踏用力的程度有关，应根据要求适当掌握。捻线机的外形结构如图 2.20 所示。

11. 打号机

打号机用于为导线、套管及元器件打印标记。常用打号机的构造有两种类型，一种类似于小型印刷机，由铅字盘、油墨盘、机身、手柄、胶轴等几部分组成，如图 2.21（a）所示。操作时，按动手柄，胶轴通过油墨盘滚上油墨后给铅字上墨，反印在印字盘橡皮上。将需要印号的导线或套管在着油墨的字迹上滚动，清晰的字迹即呈现于导线或套管上，形成标记。

另一种打号机是在手动打号机的基础上加装电传动装置构成的，如图 2.21（b）所示。对于圆柱形的电阻、电容等元器件，其打标记的方法与为导线打标记的方法相同。对于扁平形元器件，将元器件按在着油墨的印字盘上，即可印上标记。

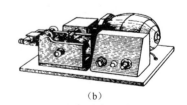

　　　　　　　　　　　　　　　　　　　　（a）　　　　　　　　　（b）

图 2.20　捻线机的外形结构　　　　　图 2.21　打号机的外形结构

塑胶导线及套管通常采用塑料油墨，元器件采用玻璃油墨。深色导线及元器件用白色油墨，浅色导线及元器件用黑色油墨。打号机在使用后要及时擦洗干净，铅字也要洗刷干净，以防时间长了油墨干燥后不易清除掉。

12. 套管剪切机

套管剪切机用于剪切塑胶管和黄漆管，其外形结构如图 2.22 所示。套管剪切机刀口部分的构造与剥头机的刀口相似。每台套管剪切机有几个套管入口，可根据被切套管的直径选择使用。操作时，根据要求先调整剪切长度，将计数器调零，然后开始剪切。对剪出的首件套管进行检查，合格后方可开始批量剪切。

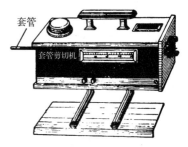

图 2.22 套管剪切机的外形结构

2.2.3 普通导线的加工

普通导线的加工分为裸导线的加工和有绝缘层导线的加工。对于裸导线，只要按设计要求的长度截断导线即可。绝缘导线的加工分为以下几个过程：剪裁、剥头、捻头（多股线）、搪锡、清洗和印标记。

1. 剪裁

剪裁是指按工艺文件的导线加工表对导线长度进行剪切。少量的导线剪切使用斜口钳或剪刀完成（称为手工剪切），成批的导线剪切使用自动剪线机完成。

剪裁要求：根据"先长后短"的原则，先剪长导线，后剪短导线，这样可减少线材的浪费。剪裁绝缘导线时，要先拉直再剪切，其剪切刀口要整齐，不损伤导线，且剪切的导线长度要符合公差要求。剪切导线的长度与公差要求的关系如表 2.6 所示。

表 2.6 剪切导线的长度与公差要求的关系

长度/mm	50	50~100	100~200	200~500	500~1000	1000 以上
公差/mm	+3	+5	+5~+10	+10~+15	+15~+20	+30

2. 剥头

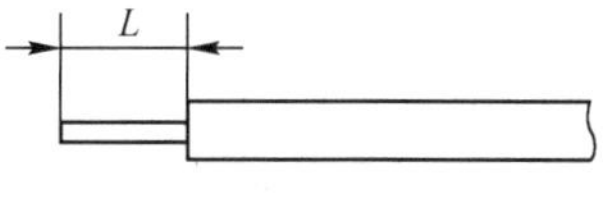

将绝缘导线的两端去除一段绝缘层，使芯线导体露出的过程就是剥头，如图 2.23 所示。剥头的基本要求是：切除的绝缘层断口整齐，芯线无损伤、断股。

图 2.23 绝缘导线的剥头

剥头长度 L 应根据芯线截面积、接线端子的形状及连接形式来确定，若工艺文件的导线加工表中无明确要求，可按照表 2.7 和表 2.8 来选择剥头长度。

表 2.7 导线粗细与剥头长度的关系

芯线截面积/mm²	<1	1.1~2.5
剥头长度 L/mm	8~10	10~14

表 2.8　锡焊连线的剥头长度

连线形式	剥头长度 L/mm	
	基本尺寸	调整范围
搭焊连线	3	+2～0
勾焊连线	6	+4～0
绕焊连线	15	±5

导线剥头方法通常分为刃截法和热截法两种。

刃截法多使用剥线钳或工具刀或斜口钳完成导线剥头的任务，而在大批量生产中，则多使用自动剥线机完成导线剥头的任务。刃截法的优点是操作简单易行，缺点是易损伤导线的芯线，因此单股导线剥头尽量少用刃截法。

热截法通常使用热控剥皮器去除导线的绝缘层。其特点是：操作简单，不损伤芯线，但工作时需要电源，加热绝缘材料会产生有毒气体。因此，使用该方法时要注意通风。

3. 捻头

捻头是多股芯线的导线所需完成的工序，单芯线可免去此工序。

对于多股导线来说，当剥去绝缘层后，其多股芯线容易松散、折断，不利于焊接、安装，故在多股导线剥头后，必须进行捻头处理。捻头可采用手工捻头或捻线机捻头。

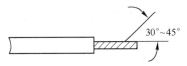

图 2.24　多股导线芯线的捻线角度

捻头的方法是：按多股芯线原来合股的方向旋紧，捻线角度一般为 30°～45°，如图 2.24 所示。

捻头要求：多股芯线旋紧后不得松散，芯线不得折断；如果芯线上有涂漆层，必须先将涂漆层去除后再捻头。

4. 搪锡

搪锡又称为上锡，是指对捻紧端头的多股芯线进行浸涂焊料的过程。为了防止已捻头的芯线散开及氧化，在导线完成剥头、捻头之后，要立即对导线进行搪锡处理。

搪锡的作用是：提高导线的可焊性，避免多股芯线折断，减少导线端连接的虚焊、假焊故障。

搪锡通常采用电烙铁手工搪锡或搪锡槽搪锡的方法进行。

（1）电烙铁手工搪锡。将已经加热的烙铁头带动熔化的焊锡，在已捻好头的导线端头上，顺着捻头方向移动，完成导线端头的搪锡过程。这种方法一般用在小批量生产或产品的设计、试制阶段。

（2）搪锡槽搪锡。将捻好头的干净导线的端头蘸上助焊剂（如松香水），然后将适当长度的导线端头插入熔融的锡铅合金中，1～3s 之后导线润湿即可取出，完成搪锡。浸涂层到绝缘层的距离为 1～2mm，这是为了防止导线的绝缘层因过热收缩而破裂或老化，同时也便于检查芯线伤痕和断股。这种方法适用于大批量导线的搪锡处理。

5. 清洗

清洗的作用是：清洁导线芯线端头的一些残留杂质，减少日后腐蚀的几率，提高焊接的可靠性和焊接质量，增加焊接的美观性。

清洗剂多采用无水酒精或航空洗涤汽油。无水酒精具有可清洗助焊剂等脏物、迅速冷却浸锡导线、价廉等特点；航空洗涤汽油具有清洗效果好、无污染、无腐蚀，但清洗成本相对较高等特点。

6. 印标记

对需要使用多根导线连接的复杂电子产品，为了便于导线的安装、焊接，以及电子产品制作过程中的调试及日后的修理、检查，需要对具有多根导线连接的复杂电子产品进行印标记处理。

目前，常用的导线印标记的方法有：在导线两端印字标记、在导线上染色环标记和用标记套管做标记等。

（1）在导线两端印字标记。在导线的两端印上相同的数字作为导线标记，标记的位置应在离绝缘层端8~15mm处（有特殊要求的按工艺文件执行），如图2.25所示。

图2.25　在导线两端印字标记

导线印字要清晰，印字方向要一致，字号大小应与导线粗细相适应。零加线（机内跨接线）不在线扎内，可不印标记。短导线可只在一端印标记。深色导线用白色油墨，浅色导线用黑色油墨，以使字迹清晰。标记的字符应与图纸相符，且符合国家标准《电气技术中的文字符号制订通则》中的有关规定。

（2）在导线上染色环标记。在导线的两端印上色环数目相等、色环颜色及顺序相同的色环作为该导线的标记。印染色环的位置应根据导线的粗细，从距导线绝缘端10~20mm处开始，其色环宽度为2mm，色环距离为2mm，如图2.26所示。

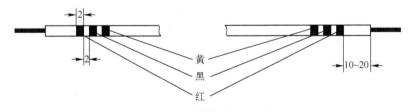

图2.26　在导线上染色环标记

导线色环是区别导线的一种标识，色环读法为从线端开始向后顺序读出。用少数颜色排列组合可构成多种色标，例如，用红、黑、黄三色组成的色标标记，单色环有3种，双色环有9种，三色环有27种，即3种不同的颜色可组合成39种色环标识。

（3）用标记套管做标记。成品标记套管上印有各种字符，并有不同内径，使用时按要求剪断，套在导线端头做标记即可，如图2.27所示。

图 2.27　用标记套管做标记

屏蔽导线
或同轴电
缆的加工

2.2.4　屏蔽导线或同轴电缆的加工

屏蔽导线或同轴电缆的结构要比普通导线复杂，此类导线是在普通导线外层加上金属屏蔽层及外护套构成的，加工时，应增加处理屏蔽层及外护套的工序。

屏蔽导线或同轴电缆的加工一般包括：不接地线端的加工、直接接地线端的加工、加接导线引出接地线端的处理和多芯屏蔽导线的端头绑扎处理等。在对此类导线进行端头处理时，应注意去除的屏蔽层不宜太多，否则会影响屏蔽效果。

1. 不接地线端的加工

屏蔽导线或同轴电缆的外护套（即屏蔽层外的绝缘保护套）的去除长度 L 要根据工艺文件的要求确定，如图 2.28 所示；通常内部的绝缘层端到外部的屏蔽层端之间的距离 L_1，应根据工作电压确定（工作电压越高，剥头长度越长），如表 2.9 所示；芯线的剥头长度 L_2 应根据导线粗细确定，如表 2.10 所示。外护套层的切除长度 $L = L_1 + L_2 + L_0$（通常取 $L_0 = 1 \sim 2\text{mm}$）。

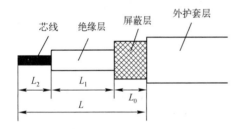

图 2.28　屏蔽导线或同轴电缆端头的加工示意图

表 2.9　L_1 与工作电压的关系

工作电压	绝缘层长度 L_1
<500V	10~20mm
500~3000V	20~30mm
>3000V	30~50mm

表 2.10　导线粗细与芯线剥头长度 L_2 的关系

芯线截面积/mm²	<1	1.1~2.5
剥头长度 L_2/mm	8~10	10~14

屏蔽导线或同轴电缆不接地线端的加工示意图如图 2.29 所示。

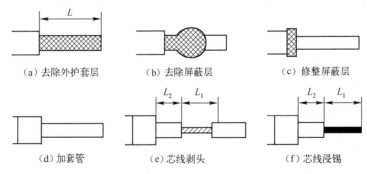

（a）去除外护套层　　　（b）去除屏蔽层　　　（c）修整屏蔽层

（d）加套管　　　（e）芯线剥头　　　（f）芯线浸锡

图 2.29　屏蔽导线或同轴电缆不接地线端的加工示意图

2. 直接接地线端的加工

（1）去除外护套层。用热截法或刃截法去掉一段屏蔽导线的外护套，切去的长度要求与进行不接地线端的加工中的要求相同。

（2）拆散屏蔽层。用钟表镊子的尖头将外露的编织状或网状的屏蔽层由最外端开始，逐渐向里挑拆散开，使芯线与屏蔽层分离开，如图2.30所示。

（3）屏蔽层的剪切修整。将分开后的屏蔽层引出线按焊接要求的长度剪断，其长度一般比芯线的长度短，这是为了使安装后的受力由受力强度大的屏蔽层来承受，而受力强度小的芯线不受力，因而芯线不易折断。

（4）屏蔽层捻头与搪锡。将拆散的屏蔽层的金属丝理好后，合在一边并捻在一起，然后进行搪锡处理。有时也可将屏蔽层切除后，另焊一根导线作为屏蔽层的接地线，如图2.31所示。

图2.30　拆散屏蔽层

焊接点
图2.31　在屏蔽层上加接导线

（5）芯线线芯加工：要求与进行不接地线端的加工相同。

（6）加套管。由于屏蔽层经处理后有一段呈多股裸导线状态，为了提高绝缘和便于使用，需要加上一根套管。加套管的方法一般有三种：其一，用与外径相适应的热缩套管先套住已剥出的屏蔽层，然后用较粗的热缩套管将芯线连同自己套在屏蔽层的小套管的根部一起套住，留出芯线和一段小套管及屏蔽层，如图2.32（a）所示。其二，在套管上开一小口，将套管套在屏蔽层上，芯线从小口穿出来，如图2.32（b）所示。其三，采用专用的屏蔽导线套管，这种套管的一端只有一个较粗的管口而另一端有一大一小两个管口，分别套在屏蔽层和芯线上，如图2.32（c）所示。

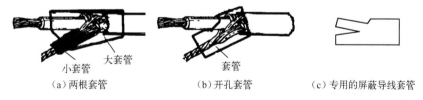
小套管　大套管　　　　　　　套管
（a）两根套管　　　　　　（b）开孔套管　　　　（c）专用的屏蔽导线套管
图2.32　屏蔽线线端加套管示意图

3. 加接导线引出接地线端的处理

当屏蔽导线或同轴电缆需要加接导线来引出接地线端时，通常的做法是，将导线的线端处剥脱一段屏蔽层，进行整形搪锡，并加接导线做接地焊接准备。具体操作步骤如下：

（1）剥脱屏蔽层并整形搪锡。剥脱屏蔽层可采用如图2.33（a）所示的方法，即在屏蔽导线端附近用钟表镊子的尖头把屏蔽层开个小孔，挑出绝缘导线，并按如图2.33（b）所示，把剥脱的屏蔽层编织线整形、捻紧并搪好锡。

（a）剥脱屏蔽层　　（b）整形搪锡

图 2.33　剥脱屏蔽层并整形搪锡

（2）在屏蔽层上加接接地导线。可将屏蔽层切除后，另焊一根导线（直径为 0.5~0.8mm 的镀银铜线）作为屏蔽层的接地线，如图 2.34（a）所示。

在屏蔽层上加接接地导线后，可把一段直径为 0.5~0.8mm 的镀银铜线的一端，绕在已剥脱的并经过整形搪锡处理的屏蔽层上约 2~6 圈并焊牢，如图 2.34（b）所示；有时也可以在剪除一段金属屏蔽层之后，选取一段适当长度的导线焊牢在金属屏蔽层上做接地导线，再用绝缘套管或热缩性套管套住焊接处（起保护焊接点的作用），如图 2.34（c）所示。

（a）直接加接地线　　　　（b）线绳绑扎　　　　（c）加接套管

图 2.34　在屏蔽层上加接接地导线

4. 多芯屏蔽导线的端头绑扎处理

多芯屏蔽导线是指在一个屏蔽层内装有多根芯线的电缆，如电话线、航空帽上耳机线及送话器线等移动器件使用的棉织线套多股电缆就是多芯屏蔽导线。

多芯屏蔽导线在使用时需要进行绑扎。如图 2.35 所示为棉织线套多股电缆的绑扎方法，绑扎时，其绑扎缠绕的宽度约为 4~8mm，绑扎完毕后，应剪掉多余的绑线，并在绑线上涂以清漆 Q98-1 胶帮助固定绑扎点。

2.2.5　扁平电缆的加工

扁平电缆的加工是指用专门的工具剥去扁平电缆绝缘层。加工过程如图 2.36 所示，即使用专用工具——摩擦轮剥皮器，将其两个胶木轮向相反方向旋转，使电缆的绝缘层产生摩擦而熔化绝缘层，然后，熔化的绝缘层被剥皮器的抛光刷刷掉，达到整齐、清洁地剥去绝缘层的目的。

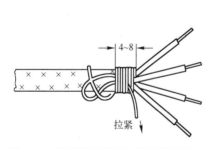

图 2.35　棉织线套多股电缆的绑扎方法

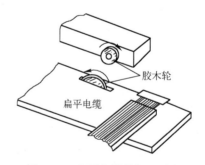

图 2.36　扁平电缆的加工过程

若扁平电缆采用穿刺卡接的方式与专用插头连接，就不需要进行端头处理。

2.2.6 线把的扎制

在电子产品中，把走向相同的导线绑扎成一定形状的导线束称为线束，又称为线把。

在一些较复杂的电子产品中，连接导线多且复杂。为了简化装配结构，减少占用空间，便于检查、测试和维修，提高整机装配的安装质量，在装配电子产品时，需要对多根导线进行线把的扎制。采用线把扎制的方式，可以将布线与产品装配分开，便于专业生产，减少错误，从而提高整机装配的安装质量，保证电路工作的稳定性。

值得注意的是：进行线把扎制时，电源线不能与信号线捆扎在一起，输入信号线不能与输出信号线捆扎在一起，高频信号线不能捆扎在线把中，以防止信号之间的相互干扰。

1. 线把（线束）的扎制分类

根据线束的软硬程度，线束可分为软线束和硬线束两种。具体使用哪一种线束，由电子产品的结构和性能来决定。

（1）软线束扎制。软线束扎制是指用多股导线、屏蔽线、套管及接线连接器等按导线功能进行分组，将功能相同的线用套管套在一起而无须绑扎的走线处理过程。软线束扎制一般用于电子产品中各功能部件之间的连接。如图 2.37 所示为某设备媒体播放机软线束外形图，图 2.38 是图 2.37 所示软线束的接线图。

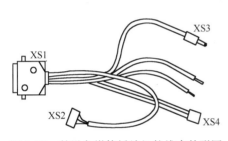

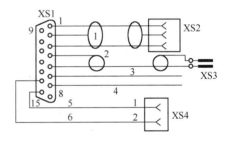

图 2.37　某设备媒体播放机软线束外形图　　　图 2.38　软线束接线图

（2）硬线束扎制。硬线束扎制是指按电子产品制作的需要，将多根导线捆扎成固定形状的线束的走线处理过程。硬线束扎制必须有走线实样图，如图 2.39 所示为某设备的硬线束扎制图。

硬线束扎制多用于固定产品零、部件之间的连接，特别在机柜设备中使用较多。

2. 线束（线把）绑扎的基本常识

（1）线束图。线束图包括线束视图和导线数据表及附加的文字说明等，是按线束比例绘制的。实际制作时，要按图放样制作胎模具。

（2）线束的走线要求。

① 不要将信号线与电源线捆在一起，以防止信号受到电源的干扰。

② 输入/输出的导线尽量不排在一个线束内，以防止信号回授；若必须排在一起，应使用屏蔽导线；射频电缆不排在线束内，应单独走线。

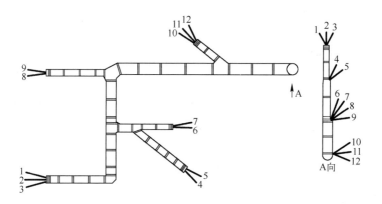

编号	型号规格	颜色	长度/mm	备注	编号	型号规格	颜色	长度/mm	备注
1	AVR1×12/0.18	红	720		2	AVR1×12/0.18	黑	720	
3	AVR1×12/0.18	绿	720		4	AVR1×26/0.21	灰	550	
5	AVR1×26/0.21	蓝	550		6	AVR1×12/0.18	白	560	
7	AVR1×7/0.21	黑	560		8	AVR1×7/0.21	紫	750	
9	AVR1×7/0.21	紫	760		10	AVR1×26/0.21	红	300	
11	AVR1×12/0.18	蓝	300		12	AVR1×12/0.21	白	300	

图 2.39 某设备的硬线束扎制图

③ 导线束不要形成回路，以防止磁力线通过环形线产生磁、电，相互干扰。

④ 接地点应尽量集中在一起，以保证仍是可靠的同电位。

⑤ 导线束应远离发热体，并且不要在元器件上方走线，以免发热元器件破坏导线绝缘层，增加更换元器件的困难。

⑥ 尽量走最短距离的路线，以减少分布电容和分布电感对电路性能的影响；转弯处取直角，尽量在同一平面内走线，以便于固定线束。

（3）扎制线束的要领。

① 扎线前，应先确认导线的根数和颜色，这样才能防止导线遗漏，也便于检查扎线错误。

② 线束拐弯处的半径应比线束直径大两倍以上。

③ 导线长短合适，排列要整齐。线束分支线到焊接点应有 10~30mm 的余量，不能拉得过紧，以免受振动时将焊片或导线拉断。

④ 不能使受力集中在一根线上。多根导线扎在一起时，如果只用力拉其中的一根线，力量就会集中在导线的细弱处，导线可能被拉断。另外，力量也容易集中在导线的连接点处，可能会造成焊点脱裂或拉坏与之相连的元器件。

⑤ 扎线时松紧要适当。太紧可能损伤导线，同时也造成线束僵硬，使导线容易断裂；太松会失去扎线的效果，造成线束松散或不挺直。

⑥ 线束的绑线节或扎线搭扣应均匀排列整齐。两绑线节或扎线搭扣之间的距离 L 应根据整个线束的外径 D 来确定，见表2.11。绑线节或扎线扣头应放在线束不容易看见的背面。

表 2.11 绑扎间距

线束的外径 D/mm	绑扎间距 L/mm	线束的外径 D/mm	绑扎间距 L/mm
<8	10~15	15~30	25~40
8~15	15~25	>30	40~60

3. 常用的几种绑扎线束的方法

常用的绑扎线束的方法有：线绳捆扎法、专用线扎搭扣扣接法、胶合黏接法、套管套装法等。

（1）线绳捆扎法。线绳捆扎法是指用线绳（如棉线、亚麻线、尼龙线等）将多根导线捆绑在一起构成线束的方法，如图2.40所示。线束绑扎完毕，应在绑扎点上涂上清漆，防止线束松脱。

对于较粗的线束或带有分支线束的复杂线束，各线节的圈数应适当增加；特别是在分支拐弯处也应多绕几圈线绳，如图2.41所示。

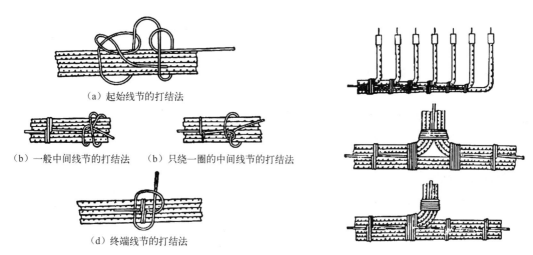

（a）起始线节的打结法

（b）一般中间线节的打结法　（b）只绕一圈的中间线节的打结法

（d）终端线节的打结法

图2.40　线绳捆扎法线节的打结法示意图　　图2.41　分支拐弯处的打结法示意图

（2）专用线扎搭扣扣接法：指用专用线扎搭扣将多根导线绑扎起来的方法。采用此法捆扎线束时，既可以手工拉紧，也可以采用专用工具紧固。专用线扎搭扣的形状及捆扎法如图2.42所示。

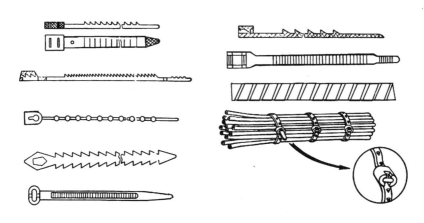

图2.42　专用线扎搭扣的形状及捆扎法

（3）胶合黏接法：指用胶合剂将多根导线黏接在一起构成线束的方法，用于导线数量不多、只需要进行平面布线的小线束绑扎，如图 2.43 所示。

（4）套管套装法：指用套管将多根导线套装在一起构成线束的方法，特别适合于裸屏蔽导线或需要增加线束绝缘性能和机械强度的场合。使用的套管有塑料套管、热缩套管、玻纤套管等，还有用 PVC 管来做套管的。现在又出现了专用于制作线束的螺纹套管，使用非常方便，特别适合用于小型线束和活动线束，如图 2.44 所示。

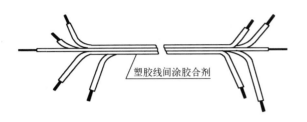

塑胶线间涂胶合剂

图 2.43　导线黏接在一起构成线束　　　　图 2.44　套管套装法

2.3　元器件引线的成形加工

为了便于电子元器件在印制电路板上的安装和焊接，提高装配质量和效率，增强电子设备的防振性和可靠性，在安装电子产品前，根据安装位置的特点及技术方面的要求，要预先把元器件引线弯曲成一定的形状，即引线成形，这是电子产品制作中必须掌握的一项技能。

元器件引线成形是针对小型元器件的，大型元器件必须用支架、卡子等固定在安装位置上；小型元器件可用跨接、立、卧等方法进行插装、焊接，并要求受振动时不改变元器件的位置。

2.3.1　元器件引线成形的常用工具及使用

进行元器件引线加工时，需要使用一些工具或设备，如尖嘴钳、镊子、成形模具、专用成形设备等。

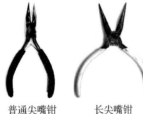

普通尖嘴钳　　　长尖嘴钳

图 2.45　尖嘴钳

1. 尖嘴钳

尖嘴钳也叫尖头钳，通常有两种形式：普通尖嘴钳和长尖嘴钳，如图 2.45 所示。小型的电装专用尖嘴钳的两钳柄之间装配有回力弹簧或弹片，能使钳口自动张开，使用方便省力，能大大提高工作效率。尖嘴钳用于少量元器件的引线校直或成形。

尖嘴钳分铁柄与绝缘柄、带刀口与不带刀口几种类型。带刀口的尖嘴钳，其刀口一般不作为剪切工具使用，在没有专用的剪线工具时，也只能用来剪切一些较细的导线。

使用中应注意，不允许用尖嘴钳装拆螺母，也不允许把尖嘴钳当锤子使用，敲击其他物品。为了确保使用者人身安全，严禁使用塑料柄破损、开裂的尖嘴钳在非安全电压下操作。

2. 镊子

镊子用于与尖嘴钳配合完成对小型元器件的校直或成形。

3. 成形模具

成形模具，是指用于不同元器件的引线成形的专用夹具。

如图 2.46（a）所示为自动组装元器件成形模具，它的垂直方向开有供插入元器件引线的长条形孔，水平方向开有供插入锥形插杆的圆形孔，孔距等于格距。如图 2.46（b）所示为固体元器件成形模具，这种模具由装有弹簧及活动定位螺钉的上模和下模两部分组成。为了适合不同尺寸的元器件的成形要求，有时将上、下模做成可调节模宽的活动、多用的成形模具。如图 2.46（c）所示为卧式安装的成形模具，该模具设置了 11 挡不同的成形宽度，适合多种大小不同的 2 引脚卧式安装元器件的成形要求。

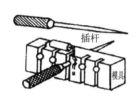

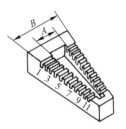

（a）自动组装元器件成形模具　　（c）固体元器件成形模具　　（c）卧式安装的成形模具

图 2.46　元器件成形模具

4. 专用成形设备

专用成形设备是一种能将元器件的引线按规定要求自动快速地弯成一定形状的设备。在进行大批量元器件引线成形时，可采用专用设备，以提高加工效率和一致性。

常用的专用成形设备有散装电阻成形机、带式电阻成形机、IC 成形机、自动跳线成形机等，如图 2.47 所示。

（a）散装电阻成形机　　（b）带式电阻成形机　　（c）IC 成形机　　（d）自动跳线成形机

图 2.47　专用成形设备

2.3.2　元器件引线的预加工

元器件
引线的
预加工

1. 预加工过程

元器件制成后到做成电子成品之前，要经过包装、储存和运输等中间环节，由于该环节较长，在引线（引脚）表面会产生氧化膜，造成元器件引线（引脚）表面发暗、可焊性变差、焊接质量下降等问题，所以在安装成形前，对元器件的引线（引脚）必须进行预加工处理。元器件引线（引脚）的预加工处理主要包括引线（引脚）的校直、表面清洁及搪锡三个步骤。

（1）引线（引脚）的校直。使用尖嘴钳或镊子对歪曲的元器件引线（引脚）进行校直，如图 2.48 所示。

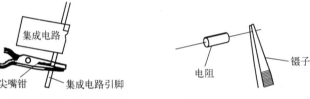

（a）用尖嘴钳校直集成电路引脚　　　　（b）用镊子校直元器件引线

图 2.48　元器件引线（引脚）的校直

（2）表面清洁。进行元器件引线（引脚）校直之后，对氧化的元器件引线（引脚）（表现为元器件引线或引脚发暗、无光泽），应做好表面清洁工作。

分立元器件的引线（引脚），可以用刮刀轻轻刮拭或用细砂纸擦拭其表面；扁平封装的集成电路的引脚，只能用绘图橡皮轻轻擦拭。当引线或引脚表面出现亮光，说明表面氧化层已基本去除，再用干净的湿布擦拭即可，如图 2.49 所示。

（3）搪锡。元器件引线（引脚）做完校直和清洁后，应立即进行搪锡处理，避免元器件引线（引脚）的再次氧化。采用手工操作时，常使用电烙铁对元器件引线（引脚）进行搪锡。操作时，左手拿住元器件转动，右手操持加热后的电烙铁顺元器件引线（引脚）方向来回移动，即可完成搪锡，如图 2.50 所示。

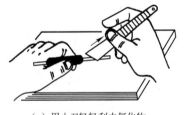

（a）用小刀轻轻刮去氧化物　　　（b）用橡皮轻轻擦拭引脚

图 2.49　元器件引线（引脚）去除氧化层的处理　　　图 2.50　手工搪锡操作

2. 预加工处理的要求

预加工处理的要求是：进行引线（引脚）处理后，不允许有伤痕，引线（引脚）的镀锡层应该为厚薄均匀、薄薄的一层，不能与原来的引线（引脚）有太大的尺寸上的差别，

且搪锡后的引线（引脚）表面光滑，无毛刺和焊剂残留物。

2.3.3 元器件引线成形的要求

1. 元器件的安装方式及特点

元器件的安装通常分为立式安装和卧式安装两种。

立式安装是指元器件直立于电路板上的安装方式。立式安装的优点是元器件的安装密度高，占用电路板平面的面积较小，有利于缩小整机电路板的面积；其缺点是元器件容易相碰造成短路，散热差，不适合机械化装配，所以立式安装常用于元器件多、功耗小、频率低的电路。

采用立式安装时，元器件的标记朝向应一致，放置于便于观察的方向，以便于校核电路和日后维修。

卧式安装是指元器件横卧于电路板上的安装方式。卧式安装的优点是：元器件排列整齐，重心低，牢固稳定，元器件的两端点距离较大，可以降低电路板上的安装高度，有利于排板布局，便于焊接与维修，也便于机械化装配；缺点是所占面积较大。

采用卧式安装时，同样元器件的标记朝向应一致，放置于便于观察的方向，以便于校核电路和日后维修。

根据电子整机的具体空间情况，有时一块电路板上的元器件往往采用立式和卧式混合安装的方式。

2. 元器件成形的尺寸要求

不同的安装方式，元器件成形的形状和尺寸各不相同，其成形的尺寸应符合以下基本要求。

（1）小型电阻或外形类似电阻的元器件，其成形的形状和尺寸如图 2.51 所示。

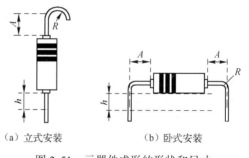

（a）立式安装　　　　（b）卧式安装

图 2.51　元器件成形的形状和尺寸

图中，A 是引线成形的弯曲点到元器件主体端面的最小距离，其尺寸应符合 $A \geqslant 2\text{mm}$；采用卧式安装时，引线成形弯曲点的最小距离 A 应是两边对称的。

R 是引线成形的弯曲半径，其尺寸应符合 $R \geqslant 2d$（d 为引线直径），目的是减小引线的机械应力，防止引线折断或被拔出。

h 是元器件主体到印制电路板之间的距离。采用立式安装时，$h \geqslant 2\text{mm}$（目的是减少焊接时的热冲击）；采用卧式安装时，$h = 0 \sim 2\text{mm}$。$h = 0\text{mm}$ 时，元器件直接贴放到印制电路板上进行安装（亦称贴板安装）。

（2）三极管和圆形外壳集成电路的安装（顺装或倒装），其成形方式和要求如图 2.52 所示，图中所标尺寸的单位为 mm。

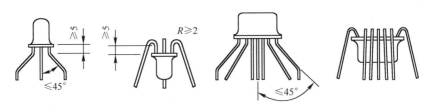

图 2.52 三极管和圆形外壳集成电路的成形方式和要求

（3）扁平封装集成电路或贴片元件 SMD 的引线成形要求如图 2.53 所示。

图中，W 为带状引线的厚度，R 是引线成形的弯曲半径。W 和 R 应满足 $R \geq 2W$ 的尺寸要求。

（4）元器件安装孔跨距不合适，或发热元器件的成形要求如图 2.54 所示。图中，元器件引线的弯曲半径 R 应满足：$R \geq 2d$（d 为引线直径），元器件与印制电路板之间的距离 $h = 2 \sim 5$mm。这种成形方式多用于双面印制电路板的安装或发热元器件的安装。

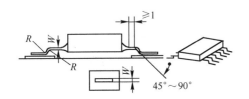

图 2.53 扁平封装集成电路或贴片元件 SMD 的引线成形要求

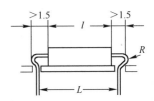

图 2.54 元器件安装孔跨距不合适，或发热元器件的成形要求

（5）自动组装时元器件引线成形形状如图 2.55 所示，图中，$R \geq 2d$（d 为引线直径）。

（6）易受热的元器件（如三极管、集成电路芯片等）的引线成形形状如图 2.56 所示，这些元器件成形的引线较长、有环绕，可以帮助散热。

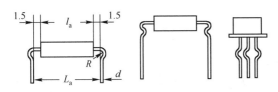

图 2.55 自动组装时元器件引线成形形状

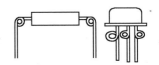

图 2.56 易受热元器件引线成形形状

3. 元器件引线成形的技术要求

为了保证安装质量，元器件的引线成形应满足如下技术要求：

（1）引线成形后，元器件本体不应产生破裂，外表面不应有损坏。

（2）引线成形时，元器件引线弯曲的部分应弯曲成圆弧形，并与元器件的根部保持一定的距离，不可紧贴根部弯曲，这样可防止元器件在安装中引出线断裂。成形后，元器件的引线不能有裂纹和压痕，引线直径的变形不超过 10%，引线表面镀层剥落长度不大于引线直径的 10%。

（3）对于较大元器件（质量超过50g）的安装，必须采用支承件、弯角件、固定架、夹具或其他机械形式固定；对于中频变压器、输入变压器、输出变压器等带有固定插脚的元器件，在将其插入电路板的插孔后，应将固定插脚用锡焊固定在电路板上；较大电源变压器则采用螺钉固定，并加弹簧垫圈，以防止螺母、螺钉松动。

（4）凡需要屏蔽的元器件（如电源变压器、电视机高频头、遥控红外接收器等），屏蔽装置的接地端应焊接牢固。

（5）安装时，相邻元器件之间要有一定的空隙，不允许有碰撞、短路的现象。

（6）引线成形后，卧式安装的元器件参数标记应该朝上，立式安装的元器件参数标记应该向外，并注意标记的读数方向保持一致，便于日后的检查和维修。

2.3.4 元器件引线成形的方法

元器件引线成形的方法有：普通工具的手工成形、专用工具（模具）的手工成形。

1. 普通工具的手工成形

使用尖嘴钳或镊子等普通工具对元器件进行手工成形，如图2.57和图2.58所示。该方法一般用于产品试制阶段或维修阶段对少量元器件进行手工成形。

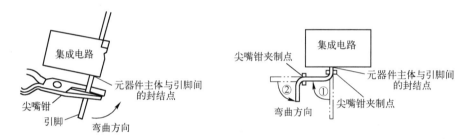

图 2.57　用尖嘴钳对集成电路引脚的成形加工

元器件引线成形

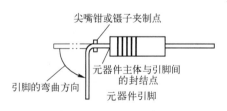

图 2.58　用尖嘴钳或镊子对元器件引脚的成形加工

2. 专用工具（模具）的手工成形

对于批量不大的同类型元器件的引线成形，可使用专用工具（模具）进行手工成形。

如图2.59所示为一般卧式安装元器件的手工成形模具。元器件成形时，先使用游标卡尺量取印制电路板上装配的元器件的焊盘孔距，由此确定如图2.59（a）所示的手工成形模具中的成形尺寸位置，把元器件引线成形为如图2.59（c）所示的符合安装尺寸要求的形状。

（a）手工成形模具 　　　　　（b）游标卡尺 　　　　（c）元器件成形的形状

图 2.59　一般卧式安装元器件的手工成形模具

自动组装元器件或发热元器件的引线成形模具和成形形状如图 2.60 所示，该模具垂直方向开了长条形的槽和与槽垂直的圆孔，成形时，将元器件的引脚插入长条形的槽中，再插入插杆，元器件即可成形。

（a）成形模具 　　　　　　　　　（b）成形形状

图 2.60　自动组装元器件或发热元器件的引线成形模具和成形形状

2.4　印制电路板的设计与制作

印制电路板又称为印制线路板、印刷电路板，简称印制板，是电子产品的核心部件。它将设计好的电路制成导电线路，是元器件互连及组装的基板。通过印制电路板可以完成电路的电气连接和电路的组装，并实现电路的功能，是目前电子产品中不可缺少的组成部分。

2.4.1　常用覆铜板及其分类

覆以金属箔的绝缘板称为覆箔板。其中，覆以铜箔的覆箔板称为覆铜板，它是制作印制电路板的基本材料（基材）。覆铜板的种类很多，不同品种的覆铜板性能不同，因而使用场合也不同。

（1）按基板材料，可分为纸基板、玻璃布板和合成纤维板等。纸基板价格低廉，但性能较差，主要用在低频和民用产品中；玻璃布板与合成纤维板价格较高，但性能较好，主要用在高频和军用产品中。

（2）按黏剂树脂，可分为酚醛覆铜板、环氧覆铜板、聚脂覆铜板、聚四氟乙烯覆铜板、聚酰亚胺覆铜板、聚苯撑氧覆铜板等；当电路频率高于数百兆赫时，必须用介电常数和介质损耗小的材料（如聚四氟乙烯和高频陶瓷）做基板。

（3）按结构，可分为单面覆铜板、双面覆铜板和软性覆铜板等。

单面覆铜板是指绝缘基板的一面覆有铜箔的覆铜板。单面覆铜板常用酚醛纸、酚醛玻璃布或环氧玻璃布做基板，主要用在对性能要求不高的电子设备（如收音机、电视机、常规电子仪器仪表等）中。

双面覆铜板是指在绝缘基板的两面覆有铜箔的覆铜板，常使用环氧玻璃布或环氧酚醛玻璃布作为基板。双面覆铜板主要用在布线密度较高的电子设备（如电子计算机、电子交换机等通信设备）中。

软性覆铜板是以柔性材料（如聚酯、聚酰亚胺、聚四氟乙烯薄膜等）为基材与铜箔热压而成的。该覆铜板具有可折叠、弯曲、卷绕成螺旋形的优点。

2.4.2 印制电路板及其特点

1. 印制电路板的作用

印制电路板（Printed Circuit Board，PCB），由绝缘底板、连接导线和装配焊接电子元器件的焊盘组成，具有导电线路和绝缘底板的双重作用。

对于印制电路板来说，放置元器件的这一面称为元件面，用于布置印制导线和进行焊接的这一面称为印制面或焊接面，如图2.61所示。元器件一般放在元件面上，但是对于双面印制电路板，元件面和焊接面上都要放置元器件；在表面安装技术中，其贴片元件是放置在有铜箔的焊接面上的。

 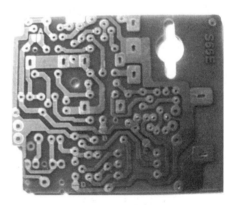

（a）元件面　　　　　　　　　　　　　　　　　（b）焊接面

图2.61　通孔安装的印制电路板

目前，印制电路板的工艺技术正朝着高密度、高精度、高可靠性、大面积、细线条的方向发展。

2. 印制电路板的分类

（1）按印制电路布线层数，可分为单面印制电路板、双面印制电路板和多层印制电路板。

① 单面印制电路板：指绝缘基板的一面敷设铜箔印制线路，另一面为光面的印制电

路板。

单面印制电路板绝缘基板的厚度为 1~2mm，适用于对性能要求不高的收音机、电视机、常规电子仪器仪表等电子设备中。

② 双面印制电路板：指绝缘基板的两面都敷设有铜箔印制线路，需要由金属化过孔连通两面的线路，适用于布线密度较高的较复杂的电路，如电子计算机、电子交换机等通信设备中。

③ 多层印制电路板：指在一块板上，有三层或三层以上导电线路和绝缘材料分层压在一起的印制电路板，它包含了多个工作面。多层印制电路板上元器件安装孔需要金属化（孔内表面涂覆金属层），使各层印制电路连通。它用于高导线密度、体积小、集成度高的精密电路中，其特点是接线短、直，高频特性好，抗干扰能力强。

（2）按印制电路板的刚、柔性，可分为刚性印制电路板和柔性印制电路板。

① 刚性印制电路板：指印制电路板的绝缘基板具有一定的抗弯能力和机械强度，常态时保持平直的状态，是常规电子整机电路中常用的印制电路板。刚性印制电路板的绝缘基板常使用环氧树脂、酚醛树脂、聚四氟乙烯等作为基材。

② 软性印制电路板（Flexible Printed Circuit，FPC），又称软性线路板、柔性印刷电路板，简称软板，其厚度为 0.25~1mm。它是以聚酰亚胺或聚酯薄膜为基材的柔性印制板，其一面或两面覆盖了导电线路，具有配线密度高、重量轻、厚度薄、可折叠、可弯曲、可卷绕成螺旋形的优点，因而软性印制电路板可以放置到产品的任意位置，使电子产品的内部空间得到充分利用。

软性印制电路板广泛应用于手机、笔记本电脑、数码相机、通信设备、掌上电脑 PDA、自动化仪器、导弹和汽车仪表等电子产品中。

3. 印制电路板的特点

（1）印制电路板可以免除复杂的人工布线，自动实现电路中各个元器件的电气连接，同时降低了电路连接的差错率，简化了电子产品的装配、焊接工作，提高了劳动生产率，降低了电子产品的成本。

（2）印制电路板的印制线路具有重复性和一致性的特点，减少了布线和装配差错，节省了设备的维修、调试和检查时间。

（3）印制电路板的布线密度高，缩小了整机的体积和重量，有利于电子产品的小型化。

（4）印制电路板采用了标准化设计，因而产品的一致性好，有利于互换，有利于电子产品生产的机械化和自动化，有利于提高电子产品的质量和可靠性。

2.4.3 印制电路板的设计简介

印制电路板的设计，是指根据设计人员的意图，将电路原理图转换成印制电路板图，确定加工技术要求、实现电路功能的过程。设计的印制电路板必须满足电路原理图的电气连接要求，满足电子产品的电气性能和机械性能要求，同时要符合印制电路板加工工艺和电子装配工艺的要求。

1. 设计内容

印制电路板的设计内容包括：元器件排列的设计，地线的设计，输入、输出端的设计、排板连线图的设计等，如图 2.62 所示。

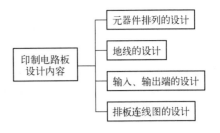

图 2.62 印制电路板的设计内容

印刷电路板的设计需要考虑外部连接的布局、电子元器件的优化布局、金属连线和通孔的优化布局、电磁保护、散热性能、抗干扰等各种因素；考虑哪些元器件安装在板内、哪些要加固、哪些要散热、哪些要屏蔽、哪些元器件安装在板外、需要多少板外联机、引出端的位置如何等；必要时还应画出板外元器件接线图。印制电路板的设计步骤如图 2.63 所示。

图 2.63 印制电路板的设计步骤

（1）基板选材。基板选材是指选定印制电路板材料、厚度和板面尺寸。

① 材料的选择。印制电路板的材料选择必须考虑电气和机械特性，当然还要考虑购买的相对价格和制造的相对成本。电气特性是指基材的绝缘电阻、抗电弧性、印制导线电阻、击穿强度、介电常数及电容等。机械特性是指基材的吸水性、热膨胀系数、耐热特性、抗挠曲强度、抗冲击强度、抗剪强度和硬度。

② 厚度的确定。从结构的角度考虑印制电路板的厚度，主要考虑对印制电路板上装有的所有元器件重量的承受能力和使用中承受的机械负荷能力。如果只装配集成电路、小功率晶体管、电阻、电容等小功率元器件，在没有较强的负荷振动条件下，使用厚度为 1.5mm 或 1.6mm（尺寸在 500mm×500mm 之内）的印制电路板。如果板面较大或无法支撑时，应选择 2~2.5mm 厚的印制电路板。

对于小型电子产品中使用的印制电路板（如计算器、电子表和便携式仪表中用的印制电路板），为了减小重量、降低成本，可选用更薄一些的覆铜箔层压板来制造。

多层板的厚度也要根据电气和结构要求来决定。

③ 形状和尺寸。印制电路板的结构尺寸与其制造、装配有密切关系。应从装配工艺角度考虑两个方面的问题：一方面要便于自动化组装，使设备的性能得到充分利用，能使用通用化、标准化的工具和夹具；另一方面要便于将印制电路板组装成不同规格的产品，且安装方便、固定可靠。

印制电路板的外形应尽量简单，一般为长方形，尽量避免采用异形板。其尺寸应尽量采用标准系列，以便简化工艺，降低加工成本。

民用产品，如收音机、电视机、常规电子仪器仪表等的印制电路板一般使用单面板。

（2）元器件排列设计：指按照电子产品电路原理图，将各元器件、连接导线等有机地连接起来，保证电子产品可靠稳定地工作。

元器件的排列方式主要有不规则排列、坐标排列和坐标格排列三种。

① 不规则排列。元器件在印制电路板上可以沿任意方向排列，如图 2.64 所示，这种排

列方式主要用在高频电路中。

不规则排列的特点是：可以减少印制导线的长度，减少分布电容和接线电感对电路的影响，减少高频干扰，使电路工作稳定，但元器件的布局没有规则、凌乱，不便于打孔和装配。元器件的这种排列方式适合高频（30MHz 以上）电路布局。

② 坐标排列。元器件的轴向和印制电路板的四边平行或垂直排列，如图 2.65 所示。坐标排列的特点是：外观整齐美观，便于机械化打孔和装配，但电路中的干扰大，适合在低电压、低频率（1MHz 以下）的电路中使用。

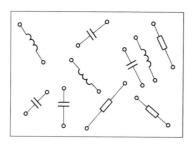

图 2.64　元器件的不规则排列

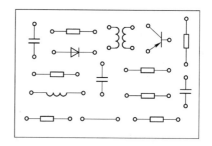

图 2.65　元器件的坐标排列

③ 坐标格排列：指用印有坐标格（1mm^2 见方的格子）的图纸绘制印制电路板及元器件位置的坐标尺寸图的方式进行排列。

在坐标格排列方式中，元器件的大小、位置，应根据电子元器件的尺寸合理排列。典型元器件（组件）的尺寸为 $d×l$，如图 2.66（a）所示。坐标格排列的几点要求如下：

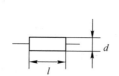

（a）典型元器件（组件）的尺寸

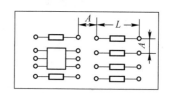

（b）典型元器件（组件）的排列方式

图 2.66　典型元器件（组件）的尺寸、排列方式

a. 元器件外表面之间的距离 A 应大于 1.5mm；连接同一元器件的两接点间的距离 L，最小可等于典型元器件（组件）长度 l（不包括引线长度），最大可比典型元器件（组件）长度 l 长 4 ~ 5mm，阻容组件、晶体管等应尽量使用标准跨距，以利于组件的成形，如图 2.66（b）所示。

b. 元器件的轴向必须与印制电路板的四边平行或垂直，元器件安装孔的圆心必须放置在坐标格的交点上。

c. 若安装孔呈圆弧形（或圆周）布置，则圆弧（或圆周）的中心必须在坐标格交点上，并且圆弧（或圆周）上必须有一个安装孔的圆心在坐标格交点上。

d. 印制电路板上的其他孔（如安装孔、定位孔、结构孔等）的圆心也应位于坐标格的交点上，如图 2.67 所示。

坐标格排列方式的优点是：元器件排列整齐美观，维修时寻找元器件和测试点方便，印制电路板加工时孔位易于对齐，也便于自动化生产，所以现在国内外大批量生产的电子产品都采用这种排列方式。

电子元器件在印制电路板上的排列是一件实践性、技巧性都很强的工作，设计不当，会影响电子产品功能的实现，造成寄生耦合干扰，破坏产品的工作可靠性，因此在设计之前，要熟练掌握电子元器件的基本知识及功能电路的特点，善于总结经验，灵活运用各种设计方法，这样才能设计出符合要求的印制电路板。

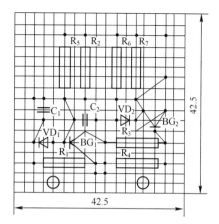

图 2.67　元器件的坐标格排列

（3）地线设计。在设计印制电路板时，要设计统一的电源线及地线。良好的接地是控制干扰的有效方法，若将接地和屏蔽正确结合起来，就可以解决大部分干扰问题。所以，PCB 上的地线是设计中的重要环节。

在电子设备中，地线大致可分为：系统地、机壳地（屏蔽地）、数字地（逻辑地）和仿真地等。地线设计的原则如下：

① 一般将公共地线布置在印制电路板的边缘处，便于印制电路板安装在机壳上，也便于与机壳连接。电路中的导线与印制电路板的边缘留有一定的距离，便于机械加工，有利于提高电路的绝缘性能。

② 在设计高频电路时，为减小引线电感和接地阻抗，地线应有足够的宽度，否则，放大器的性能易下降，电路也容易产生自激现象。

③ 印制电路板上每级电路的地线，在许多情况下可以设计成自封闭回路，这样可以保证每级电路的高频电流主要在本级回路中流通，而不流过其他级，因而可以减小级间电流的耦合。同时由于电路四周都围有地线，便于接地元器件就近接地，减小了引线电感。但是，在外界有强磁场的情况下，地线不能接成回路，以避免封闭地线组成的线圈产生电磁感应而影响电路的性能。

（4）输入、输出端设计。印制电路板的输入、输出端的设计应考虑以下因素：

① 输入、输出端尽量按信号流程顺序排列，使信号便于流通，并可减少导线之间的寄生干扰。

② 输入、输出端应尽可能远离，在可能的情况下最好用地线隔离开，可减少输入、输出端信号的相互干扰。

（5）排板连线图设计。排板连线图是指用简单线条表示印制导线的走向和元器件连接关系的图样。通常根据电路原理图来设计绘制排板连线图。如图 2.68（a）所示为一个单稳态电路原理图，图 2.68（b）是根据图 2.68（a）画出的排板连线图。

① 排板连线图的特点。在印制电路板几何尺寸已确定的情况下，从排板连线图中可以看出元器件的基本位置。在排板连线图中应尽量避免导线的交叉，但可以在组件处交叉，因元器件跨距处可以通过印制导线。

如图 2.68（a）所示，图中有一个交叉点 D，电路的排板方向与管座的位置不相符，地线也不统一；如图 2.68（b）所示的排板连线图基本上解决了上述导线交叉的问题，为绘制排板设计草图提供了重要依据。

当电路比较简单时也可以不画排板连线图，而直接画排板设计草图。

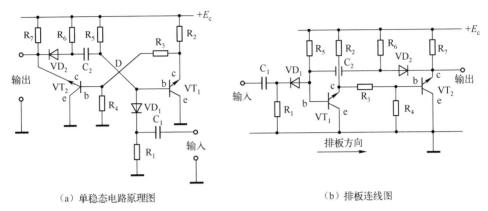

（a）单稳态电路原理图　　　　　　　　（b）排板连线图

图 2.68　排板连线图的设计

　　② 排板方向。排板方向是指印制电路板上的电路从前级到后级的总走向，这是印制电路布线首先应解决的问题。排板的总体原则是：使信号便于流通，信号流程尽可能保持一致的方向。在多数情况下，应将信号流向排板成从左向右（左输入、右输出）或从上到下（上输入、下输出）的状态。各个功能电路往往会以三极管或集成电路等半导体器件作为核心来排布其他的元器件。

　　例如，在如图 2.69（a）所示的晶体管共发射极电路原理图中，如果电源走线 $+E_c$ 在上，"地"在下，则晶体管以如图 2.69（b）所示的位置来放置较好；此时晶体管基极 b 在左边，因此它的输入在左，输出在右，其排板方向为由左向右。如图 2.69（c）所示的排板方向显然是不正确的。

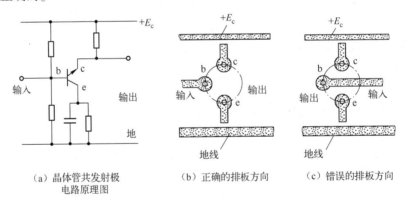

（a）晶体管共发射极　　　（b）正确的排板方向　　　（c）错误的排板方向
电路原理图

图 2.69　由原理图到印制板图的排板方向

　　③ 排板连线图的绘制。根据元器件的大小、大体位置及连线方向，印制导线的形状，印制电路板的尺寸，精确布置元器件及连接孔的位置（最好在坐标格的交点上），绘制排板连线图。

　　如图 2.70 所示是根据图 2.68（b）绘出的排板连线设计草图。如图 2.71 所示是根据图 2.70 绘制的印制导线图。

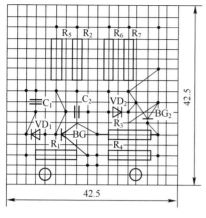

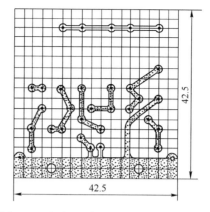

图 2.70　排板连线设计草图　　　　图 2.71　根据设计草图画成的印制导线图

2. 元器件布局的原则

（1）应保证电路性能指标的实现。电路的性能指标一般是指电路的频率特性、波形参数、电路增益和工作稳定性等，具体指标随电路的不同而异。

① 对于高频电路，在进行元器件布局时，要解决的主要问题是减小分布参数的影响；布局不当，将会使分布电容、接线电感、接地电阻等分布参数增大，直接改变高频电路的参数，从而影响电路基本指标的实现。

② 在高增益放大电路中，尤其是多级放大器中，元器件布局不合理，就可能引起输出对输入或后级对前级的寄生反馈，容易造成信号失真、电路工作不稳定，甚至产生自激，破坏电路的正常工作。

③ 在脉冲电路中，传输、放大的信号是陡峭的窄脉冲，其上升沿或下降沿的时间很短，谐波成分比较丰富，如果元器件布局不当，就会使脉冲信号在传输中产生波形畸变，前后沿变坏，电路达不到规定的要求。

④ 无论什么电路，所使用的元器件，特别是半导体器件，对温度会非常敏感，因而元器件布局应采取有利于机内散热和防热的措施，以保证电路性能指标不受温度的影响。

⑤ 元器件的布局应使电磁场的影响减小到最低限度。所以在进行元器件布局时，应采取屏蔽、隔离等措施，避免电路之间形成干扰，并防止外来的干扰，以保证电路正常稳定工作。

（2）应有利于布线。元器件的位置，直接决定着联机长度和敷设路径；布线长度和走线方向不合理，会增加分布参数和产生寄生耦合，使电子产品的高频性能变差，干扰增加；而且不合理的走线还会给装接、调试、维修等工作带来麻烦。

（3）应满足结构工艺的要求。电子设备的组装不论是整机还是分机，都要求结构紧凑、外观性好、重量平衡、防振、耐振等。因此进行元器件布局时要考虑：重量大的元器件及部件应分布合理，使整机重心降低，机内重量分布均衡。如将体积大、易发热的电源变压器固定在设备机箱的底板上，使整机的重心靠下；千万不要将其直接装在印制电路板上，否则会使印制电路板变形，工作时散发出的大量热量会严重影响电路的正常工作。对那些耐冲击振动能力差或工作性能受冲击振动影响较大的元器件及部件，在布局时应充分考虑采取防振、耐振的措施。

进行元器件布局时，应考虑排列的美观性。尽管导线纵横交叉、长短不一，但外观要力求平直、整齐和对称，使电路层次分明，信号的进出、电源的供给、主要元器件和回路的安排顺序妥当，使众多的元器件排列得繁而不乱、杂而有章。目前，电子设备向多功能小型化方向发展，这就要求在布局时必须精心设计、巧妙安排，力求提高组装密度，以缩小整机尺寸。

（4）应有利于设备的装配、调试和维修。现代电子设备由于功能齐全、结构复杂，往往将整机分为若干功能单元（分机），每个单元在安装、调试方面都是独立的，因此元器件的布局要有利于生产时装调的方便和使用维修时的方便，如便于调整、便于观察、便于更换元器件等。

（5）应根据电子产品的工作环境等因素来合理布局。电子产品的工作环境因素包括温度、湿度、气压等，在温度较高的场合工作时，发热元器件之间要留有足够的空间散热，必要时要考虑安装风扇进行散热；在湿度较大的场合要考虑选用密封性好的元器件，并采取除湿措施，干燥时要注意采取防静电感应的措施。

总之，元器件的布局应遵循布局合理，连线正确，平整美观，工作可靠的基本原则，同时又要保证实现电子产品的性能指标，便于产品的装配、调试与维修。

3. 元器件排列的方法及要求

因电路要求不同、结构设计各异，以及设备的使用条件不同等情况，元器件排列方法有很多，这里仅介绍一般的排列方法和要求。

（1）按电路组成顺序呈直线排列的方法。这种方法一般按电路原理图组成的顺序（即根据主要信号的放大、变换的传递顺序）按级呈直线布置。电子管电路、晶体管电路及以集成电路为中心的电路均如此。

以晶体管多级放大器为例，如图 2.72（a）所示为晶体管两级放大器电路原理图，如图 2.72（b）所示为其布置简图。各级电路以三极管为中心，组件就近排列，各级间留有适当的距离，并根据组件尺寸进行合理布设，使前一级的输出与后一级的输入很好地衔接，尽量使小型组件直接跨接在电路之间。

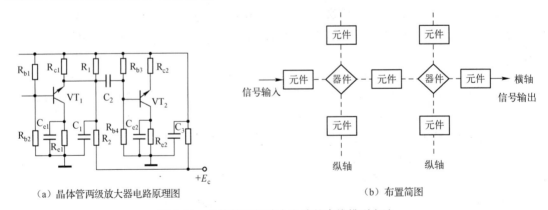

（a）晶体管两级放大器电路原理图   （b）布置简图

图 2.72　晶体管两级放大电路的直线排列方法

这种直线排列方法的优点是：

① 电路结构清楚，便于布设、检查，也便于各级电路的屏蔽或隔离。

② 输出级与输入级相距甚远，使级间寄生反馈减小。

③ 前后级之间衔接较好，可使连线最短，减小电路的分布参数。如果受到机器结构等条件的限制，不允许做直线布置，仍可遵循电路信号的顺序按一定路线排列，或排列成一个角度，或双排并行排列，或围绕某一中心组件适当布设。

（2）按电路性能及特点排列的方法。在布设高频电路组件时，由于信号频率高，且相互之间容易产生干扰和辐射，因而排列时，应使组件之间的距离越小越好，引线要短而直，可相互交叉，但不能平行排列，如一个直立，一个卧倒。

对于推挽电路、桥式电路等对称电路组件的排列，应注意组件布设和走线的对称性，使对称组件的分布参数尽可能一致。

在电路中，高电位的组件应排列在横轴方向上，低电位的组件应排列在纵轴方向上，这样可使电流集中在纵轴附近，以免窜流，减少高电位组件对低电位组件的干扰。

如果遇到干扰电路靠近放大电路的输入端，在布设时又无法拉开两者的距离时，可改变相邻两个组件的相对位置，以减少脉动及噪声干扰。

为了防止公共电源馈线系统对各级电路形成干扰，常使用去耦电路。在布设去耦组件时，应注意将它们放在有关电路的电源进线处，使去耦电路能有效地起退耦作用，不让本级信号通过电源线泄漏出去。因此要将每一级电路的去耦电容和电阻紧靠在一起，并且电容应就近接地。

（3）按元器件的特点及特殊要求合理排列。敏感组件的排列，要注意远离敏感区。如热敏组件不要靠近发热组件（功放管、电源变压器、大功率电阻等），光敏组件要注意光源的位置。

磁场较强的组件（变压器及某些电感元器件），在放置时应注意其周围应有适当的空间或采取屏蔽措施，以减小对邻近电路（组件）的影响。它们之间应注意放置的角度，一般应相互垂直或按某一角度放置，不应平行安放，以免相互影响。

高压元器件或导线，在排列时要注意和其他元器件保持适当的距离，防止击穿或打火。

需要散热的元器件，要装在散热器上或装在作为散热器的机器底板上，且排列时要注意有利于这些元器件的通风散热，并远离热敏感元器件（如二极管、三极管、场效应管、集成电路及热敏元器件等）。

（4）从结构工艺上考虑元器件的排列方法。印制电路板是元器件的支撑主体，元器件的排列主要是印制板上组件的排列，从结构工艺上考虑应注意以下几点：

① 为防止印制电路板组装后出现翘曲变形，元器件的排列要尽量对称，重量平衡，重心尽量靠板子的中心或下部，采用大板子组装时，还应考虑在板子上使用加强筋。

② 组件在板子上应排列整齐，不应随便倾斜放置，轴向引出线的组件一般采用卧式跨接，使重心降低，有利于保证自动焊接时的质量。

③ 对于组装密度大、电气上有特殊要求的电路，可采用立式跨接。同尺寸的元器件或尺寸相差很小的元器件的插装孔距应尽量统一，跨距趋向标准化，便于组件引线的折弯和插装机械化。

④ 在排列组件时，组件外壳或引线至印制电路板的边缘距离不得小于 2mm。在一排组件或部件中，两相邻组件外壳之间的距离应根据工作电压来选择，但不得小于 1mm。机械固定用的垫圈等零件与印制导线（焊盘）之间的距离不得小于 2mm。

⑤ 对于可调组件或需频繁更换的元器件，应放在机器的便于打开、容易触及或观察的地方，以利于调整与维修。

⑥ 对于比较重的组件，在板上要用支架或固定夹进行装卡，以免组件引线承受过大的应力。

⑦ 印制电路板不能承载的组件，应在板外用金属托架安装，并注意固定及防止振动。

元器件在印制电路板上排列，注意事项及排列技巧较多，处理好这些问题，更需要在实际工作中多实践、多研究，灵活运用各种技巧解决问题。

4. 设计方法

印制电路板设计的好坏，直接影响电子产品的质量和调试周期。

简单的印制电路板图可以由人工进行设计，如图 2.73 所示是采用人工方法设计印制电路板的流程图。复杂的印制电路板图可以借助于计算机辅助设计 CAD（Computer Aided Design）软件进行设计，如图 2.74 所示是采用计算机辅助设计 CAD 软件设计印制电路板的流程图。

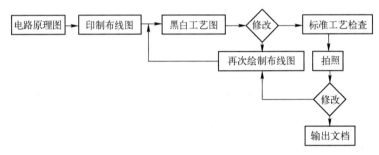

图 2.73　采用人工方法设计印制电路板的流程图

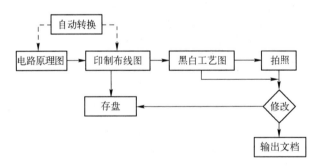

图 2.74　采用计算机辅助设计 CAD 软件设计印制电路板的流程图

计算机辅助设计 CAD 软件的操作步骤如下：

（1）在计算机辅助设计软件上画出电路原理图。

（2）向计算机中输入能反映印制电路板布线结构的参数，包括：焊盘尺寸大小、元器件的孔径和焊盘、走线关系、印制导线宽度、最小间距、布线区域尺寸等。

（3）操作计算机执行布线设计命令，则计算机可自动完成印制电路板的设计。

（4）布线后，审查走线的合理性，并对不理想的走线进行修改（包括改变方向、路径、宽窄等）。如出现交叉排板的情况，操作人员可设置焊盘进行双面走线，并通过人工干预达到线路连通的目的，但这种现象在复杂电路设计中不应超过 5%。

（5）定稿后，使用绘图机按所需比例直接绘制黑白底图，不再需要人工绘图或贴图。也可以生成 GER（即 R 格式）文件，供光学绘图机制作曝光（晒版）使用的胶片；或者使用激光印字机输出到塑料膜片上，直接代替照相底版。

（6）将设计文件存盘，可以永久性保存。

采用计算机辅助设计 CAD 软件设计的优点是：可以很方便地将电路原理图设计成理想的印制电路板布线图，自动生成印制电路板图，设计速度快，设计、修改过程简便，布线均匀、美观，特别是通过绘图机绘制的黑白底图，图形精度可达到 0.05mm 以内，这对使用数控钻床打孔和自动装配焊接是极为重要的。

利用计算机辅助设计软件设计印制电路板既能保证设计质量，又可以大大节省设计和绘图的时间，设计的正确性和效率高，彻底解决了手工绘图效率低、费时、错误多、修改困难、集成化低、质量不高的缺点。

5. 几种常用的印制电路板计算机辅助设计软件

Altium Designer 使用介绍

目前，大多使用计算机软件设计印制电路板，常用的这类软件主要有 Altium Designer、PADS、ORCAD、Allegro 等。

（1）Altium Designer 软件。Altium Designer 是 Protel 软件开发商 Altium 公司推出的一体化的电子产品开发系统，是目前最流行的 ECAD 工具之一，主要运行在 Windows 操作系统中。该软件包括了原理图输入、分层设计和多通道设计、统一库管理、混合仿真、电路板布局、交互式布线、高速与高密度设计、MCAD 协作、数据管理、制造输出、装配图等模块；通过原理图设计、电路仿真、PCB 版图设计、拓扑逻辑自动布线、信号完整性分析和设计输出等技术的完美融合，为设计者提供了全新的设计解决方案，使设计者可以轻松进行设计，熟练使用这一软件必将使电路设计的质量和效率大大提高。

Altium Designer 软件的使用方法和 Protel 相似，初学者容易上手，目前国内高校普遍使用此软件。其使用特点是方便、快捷。Altium Designer 软件的主要缺点是占用系统资源较大。

（2）PADS 软件。PADS 软件是 Mentor Graphics 公司开发的电路原理图和 PCB 设计工具软件。目前该软件是国内从事电路设计的工程师和技术人员主要使用的电路设计软件之一。

Mentor Graphics 公司的 PADS 作为业界主流的 PCB 设计平台，以其强大的交互式布局布线功能和易学易用等特点，在通信、半导体、消费电子、医疗电子等当前最活跃的工业领域得到了广泛的应用。PADS Layout/Router 支持完整的 PCB 设计流程，涵盖了从原理图网表导入、规则驱动下的交互式布局布线、DRC/DFT/DFM 校验与分析，到生产文件（Gerber）、装配文件及物料清单（BOM）输出等全方位的功能需求，确保 PCB 工程师高效率地完成设计任务。

（3）OrCAD、Allegro 软件。Cadence 公司的推出的 SPB 系列原理图工具采用 OrCAD CIS 或 Concept HDL 软件，PCB Layout 采用的是 Allegro 软件。

OrCAD Capture 是一款多功能的 PCB 原理图输入工具，作为行业标准的 PCB 原理图输入方式，具有简单直观的用户设计界面。OrCAD Capture 提供了完整的、可调整的原理图设计方法，能够有效应用于 PCB 的设计创建、管理和重用。

Allegro 是 Cadence 公司推出的先进的 PCB 设计布线工具。Allegro 提供了良好且交互的工作接口和强大完善的功能，和前端产品 OrCAD Capture 的结合，为当前高速、高密度、多层的复杂 PCB 设计布线提供了完善的解决方案。Allegro 在同类产品中脱颖而出，主打高速高密多层 PCB 设计，但也有明显的缺点，上手较难，且价格昂贵，对于中小企业来说性价比不高。

2.4.4　手工制作印制电路板的方法和技巧

在大批量生产印制电路板时，应该由印制电路板专业厂家来完成制作。在电子产品样机尚未设计定型的试验阶段，或爱好者进行业余制作的时候，经常只需要制作少量印制电路板，这时，采用手工方法制作印制电路板是必要的。

手工制作印制电路板常用的方法有描图法、贴图法和刀刻法等。

1. 描图法

描图法是手工制作印制电路板最常用的一种方法，工艺流程如图 2.75 所示。描图法操作的具体步骤如下：

图 2.75　描图法制作印制电路板工艺流程

（1）下料。根据电路设计图的要求剪裁覆铜板（可用小钢锯条沿边线锯开），并用砂纸或锉刀打磨印制电路板四周，去除毛刺，打磨光滑平整，使印制电路板的形状和大小符合设计要求和安装要求。

（2）拓图。用复写纸将已设计好的印制电路板布线草图拓印在覆铜板的铜箔面上。印制导线用一定宽度的线条表示，焊盘用小圆圈表示。对于较复杂的电路原理图，可采用计算机辅助设计软件进行印制电路板的设计、拓图。

（3）打孔。拓图后，可以进行打孔，所需的孔洞包括元器件的引脚插孔和固定印制电路板面的定位孔。对于一般的元器件，钻孔孔径约为 0.7~1mm；若是固定孔或大元器件孔，钻孔孔径约为 2~3.5mm。打孔时注意孔的位置应在焊盘的中心点，并保持导线图形清晰，周边的铜箔光洁。

打孔的步骤有时也可放在去漆膜之后进行。对于安装表面元器件的印制电路板，不必在印制电路板上钻孔。

（4）描图。使用硬质笔（铅笔、鸭嘴笔、记号笔均可）或硬质材料蘸油漆，按照拓好的图形描图。描图时，油漆是用来覆盖需要焊接用的焊盘和连接线路的。操作时，先描焊盘，注意焊盘要与钻好的孔同心，大小尽量均匀；再描绘导线。焊盘及导线可以描得粗大些，便于后续修整。待印制电路板上的油漆干燥到一定程度（用手触摸不粘手，且有些柔软），应检查图形描绘的正确性，在描图正确的情况下，用小刀、直尺等工具对所描线条和焊盘的毛刺及多余的油漆进行修整，使描图更加平整、美观。

（5）腐蚀。腐蚀铜箔的腐蚀液采用环保蚀刻剂配比制作。环保蚀刻剂的主要成分是白色粉末状的过硫酸钠。

环保腐蚀液的配比为 1:4（1 份环保蚀刻剂、4 份水的质量比例）；为了加快腐蚀反应速度，蚀刻时水温最好控制在 50℃ 左右（但温度也不宜过高，不能将保护漆膜泡掉）。配比时，可先将水加热到 100℃，再放入环保蚀刻剂，待溶解后，温度降至 50℃ 左右时，再放入要蚀刻的覆铜板，而后不停地晃动容器，5～15 分钟即可完成蚀刻；温度或腐蚀液浓度低时，蚀刻的时间会加长。待完全腐蚀后，取出板子用水清洗干净。

盛装腐蚀液的容器和夹具不能使用金属材料的，一般使用塑料、搪瓷或陶瓷等材料的容器，夹取印制电路板的夹子应使用竹夹子。

腐蚀液可以重复多次使用。蚀刻后剩余的液体，可用带盖玻璃瓶或搪瓷杯存放、保留到下次使用，直到腐蚀效果变差时再换新的液体。

环保蚀刻剂本身无害，但使用过的废液中含有铜离子，对环境有害，所以废液最好用食碱或石灰等碱性物质处理妥当后再丢弃。

（6）去漆膜。待印制电路板被完全腐蚀以后，将其取出用清水洗净，然后用温度较高的热水浸泡后，将板面的漆膜泡掉。漆膜未泡掉处，可用香蕉水清洗或用水砂纸轻轻打磨掉。

（7）清洗。漆膜去除干净以后，可用水砂纸或去污粉擦拭铜箔面，去掉铜箔面的氧化膜，使线条及焊盘露出铜的光亮本色。注意应按某一方向固定擦拭，这样可以使铜箔反光方向一致，看起来更加美观。擦拭后用清水洗净，晾干。

（8）涂助焊剂。为了防止印制电路板上的铜箔表面氧化，便于后期焊接元器件，在印制电路板被清洗晾干之后，对印制电路板的铜箔面进行一些表面处理，也就是进行涂敷助焊剂的过程。用毛笔蘸上松香水（用 6 份无水酒精加 4 份松香泡制）轻轻地在印制电路板铜箔面上涂上一层，并晾干，印制电路板的制作就全部完成了。涂助焊剂的目的是保证导电性能，保护铜箔，防止氧化，提高可焊性。

2. 贴图法

用贴图法制作印制电路板的工艺流程与描图法基本相同，不同之处在于描图过程。用描图法制作印制电路板时，图形是用油漆或其他抗蚀涂料手工描绘而成的，而贴图法是使用一些具有抗腐蚀能力、薄膜厚度只有几微米的薄膜图形材料，按设计要求贴在覆铜板上完成贴图（描图）任务的。

（1）贴图的具体操作过程。用于制作印制电路板的贴图图形是具有抗腐蚀能力的薄膜图形，包括各种焊盘、直引线、弯曲线条和各种符号等几十种。这些图形贴在一块透明的塑料软片上，使用时可用小刀片把所需图形从软片上挑下来，转贴到覆铜板相应的位置上。焊盘和图形贴好后，再用各种宽度的抗蚀胶带连接焊盘，构成印制导线。整个图形贴好以后即可进行腐蚀。

（2）贴图法和描图法的区别。

描图法的特点：简单易行，但由于印制线路、焊盘等图形是靠手工描绘而成的，其描绘质量很难保证，往往描绘的焊盘大小、形状不一，印制导线粗细不匀，走线不平整。

贴图法的特点：操作简单，无须配制涂料，不用描图，制作的印制电路板图形状、规格标准统一，图形线条整齐、美观、大方，印制电路板制作效果好，与照相制板的效果几乎没什么区别，但成本高，走向不够灵活。这种图形贴膜为印制电路板制作开辟了新的途径。

3. 刀刻法

刀刻法是指把复制到铜箔面上的印制板图，用特制小刻刀刻去不需要保留的铜箔制作印制电路板的方法。刀刻法制作印制电路板工艺流程如图 2.76 所示，其中的下料、拓图、打孔、清洗和涂助焊剂等过程与描图法类似，不同之处在于刀刻制作印制电路板和修复过程。

图 2.76　刀刻法制作印制电路板工艺流程

（1）刀刻法制作印制电路板的具体操作过程。根据绘制在铜箔面上的印制电路板图，将钢尺放置在需刻制的位置上，用刻刀沿钢尺刻划铜箔，刀刻的深度必须把铜箔划透，但不能伤及覆铜板的绝缘基板，再用刀尖挑起不需保留的铜箔边角，用钳子夹住，撕下铜箔即可。

印制电路板刻好后，进行打孔（贴片安装不需要该步骤），并检查印制电路板上有无没撕干净的铜箔或毛刺，然后用砂纸轻轻打磨，修复印制电路板上的毛刺及残留的多余铜箔，最后清洁表面，上助焊剂。

（2）刀刻法的特点及使用场合。刀刻法的制作过程相对简单，使用的材料少，但对刀刻的技术要求高，除直线外，其他形状的线条、图形难以用刀刻完成。

刀刻法一般用于制作量少且电路简单、线条较少的印制电路板。该方法适用于进行布局排板设计，要求形状尽量简单，呈直线形，一般把焊盘与导线合为一体，形成多块矩形图形。由于平行的矩形图形具有较大的分布电容，所以用刀刻法制板不适合高频电路。

2.4.5　印制电路板的质量检验

印制电路板制作完成后，要先进行质量检验，之后才能进行元器件的插装和焊接。

常用的检验方法：目视检验和仪器检验。检验的主要项目：机械加工正确性检验、连通性试验、绝缘电阻检测、可焊性检测等。一般来说，机械加工正确性检验采用目视检验的方法进行，连通性试验、绝缘电阻和可焊性检测采用仪器检验的方法进行。

1. 机械加工正确性检验

通常用目视来检验印制电路板的加工是否完整、印制导线是否完全整齐、焊盘的大小是否合适、焊孔是否在焊盘中间、焊孔的大小是否合适、印制电路板的大小形状是否符合设计要求。

2. 连通性试验

对多层电路板要进行连通性试验，以查明印制电路图形是否连通。这种试验可借助于万用表来进行。

3. 绝缘电阻检测

使用万用表测量印制电路板绝缘部件之间所呈现出的电阻，绝缘电阻的理论值趋于无穷大。在印制电路板中，此测量既可以在同一层上的各条导线之间进行，也可以在两个不同层之间进行。

4. 可焊性检测

可焊性检测是用来检测焊锡对印制图形（铜箔）的附作能力的，其目的是使元器件能良好地焊接在印制电路板上。可焊性一般用附着、半附着、不附着来表示。

（1）附着：焊料在导线和焊盘上自由流动及扩展，而成黏附性连接。

（2）半附着：焊料首先附着在表面上，然后由于附着不佳而造成焊接回缩，结果在基底金属上留下一个薄焊料层。在表面一些不规则的地方，大部分焊料形成了焊料球。

（3）不附着：焊盘表面虽然接触熔融焊料，但在其表面上丝毫未沾焊料。

良好的印制电路板的可焊性为附着。

项 目 小 结

1. 在进行电子产品装配之前，识读图纸、导线加工、元器件和零部件成形、印制电路板的制作等各项准备工作称为装配之前的准备工艺，这是顺利完成整机装配的重要保障。

2. 电子产品装配过程中常用的电路图有：方框图、电路原理图、装配图、接线图及印制电路板组装图等。

方框图的主要功能是：展示电子产品的构成模块及各模块之间的连接关系，各模块在电路中所起的作用及信号的流程顺序。

电路原理图是详细说明构成电子产品的电子元器件之间、电子元器件与单元电路之间、产品组件之间的连接关系，以及电路各部分电气工作原理的图形，是电子产品设计、安装、测试、维修的依据。

装配图是表示组成电子产品各部分装配关系的图样。

印制电路板组装图是用来表示各种元器件在实际电路板上的具体方位、大小，以及各元器件之间的相互连接关系、元器件与印制电路板之间的连接关系的图样。

3. 电子产品中的常用线材包括：安装导线、电磁线、屏蔽线、电缆、扁平电缆（平排线）、线束、电源软导线等，它们是用于传输电能或电磁信号的传输导线。

安装导线是指用于电子产品装配的导线。

电磁线是指将涂漆或包缠纤维作为绝缘层的圆形或扁形铜线，用以制造电工、电子产品中的线圈或绕组的绝缘电线。

扁平电缆主要用于插座间的连接、印制电路板之间的连接、各种信息传递的输入/输出之间的柔性连接。

屏蔽线和电缆具有静电（或高电压）屏蔽、电磁屏蔽和磁屏蔽的作用。

电源软导线的作用是连接电源插座与电气设备。

4. 在制作电子产品之前要对导线进行必要的加工，不同的导线其加工方式不同。

普通绝缘导线的加工分为剪裁、剥头、捻头（多股线）、搪锡、清洗和印标记等几个过程。

屏蔽导线或同轴电缆的加工比普通绝缘导线要多一道去除屏蔽层的处理工序。其加工分为不接地线端的加工、直接接地线端的加工、加接导线引出接地线端的处理和多芯屏蔽导线的端头绑扎处理等。

5. 在一些较复杂的电子产品中，为了简化装配结构，减少占用空间，便于检查、测试和维修，在装配产品时，将相同走向的导线绑扎成一定形状的导线束（俗称线把）。采用这种方式，可以将布线与产品装配分开，便于专业生产，减少错误，提高整机装配的安装质量，保证电路工作的稳定性。

6. 为了使元器件在印制电路板上的装配排列整齐，便于安装和焊接，提高装配质量和效率，增强电子设备的防振性和可靠性,在安装前,根据安装位置的特点及技术方面的要求,要预先把元器件引线弯曲成一定的形状。

元器件引线成形是针对小型元器件的。

7. 元器件的安装通常分为立式安装和卧式安装两种。不同的安装方式,元器件成形的形状和尺寸各不相同。

8. 元器件引线成形的方法有:普通工具的手工成形、专用工具(模具)的手工成形。

9. 覆铜板是指在绝缘基板的一面或两面覆以铜箔,经热压而成的板状材料,它是制作印制电路板的基本材料(基材)。

10. 印制电路板(PCB)由绝缘底板、连接导线和装配焊接电子元器件的焊盘组成,具有导电线路和绝缘底板的双重作用。印制电路板可以完成电路的电气连接、元器件的固定和电路的组装,并实现电路的功能,是目前电子产品中不可缺少的组成部分。

11. 印制电路板的设计是以电路原理图为依据,将电路原理图转换成印制电路板图,确定加工技术要求、实现电路功能的过程。

12. 在电子产品的试验阶段,或制作少量印制电路板时,一般采用手工方法制作印制电路板。手工制作印制电路板常用的方法有描图法、贴图法和刀刻法等。

13. 在完成印制电路板的加工后,应对印制电路板进行质量检验,质量检验主要包括:机械加工正确性检验、连通性试验、绝缘电阻检测和可焊性检测等方面。

自我测试 2

2.1 电子产品装配过程中常用的图纸有哪些?

2.2 电路原理图有何作用?如何进行识读?

2.3 什么是印制电路板组装图?如何进行识读?

2.4 电子产品中的常用线材有哪几类?

2.5 绕制变压器、电感线圈用的是什么线材?当需要简便、有效地进行多路导线连接时,应采用什么样的连接导线?

2.6 加工导线时,斜口钳、剥线钳、镊子、电烙铁各有何作用?

2.7 普通绝缘导线端头的处理分为哪几个过程?在什么情况下需要对导线进行捻头?

2.8 什么是搪锡?为什么要进行搪锡?

2.9 屏蔽线与同轴电缆有何异同?

2.10 采用线束的好处有哪些?软线束与硬线束有什么不同?

2.11 常用的线束绑扎方法有哪几种?

2.12 元器件引线的预加工有什么含义?它包含哪几个过程?如何完成预加工?

2.13 小型元器件安装前为什么要对其引线进行成形加工?加工的目的是什么?

2.14 元器件引线成形的技术要求有哪些?

2.15 什么是覆铜板?它的主要用途是什么?

2.16 什么是印制电路板?它有何作用?

2.17 印制电路板有哪些主要优点?

2.18 印制电路板的设计包括哪几方面?

2.19 元器件在印制电路板上的不规则排列和坐标排列各有何特点?各适用于什么场合?

2.20 手工制作印制电路板有哪几种方法?各有何特点?

2.21 利用描图法手工制作印制电路板的步骤有哪些?怎样修整描图?

2.22 印制电路板的质量检验包括哪几个方面?能检测出什么问题?

项目3 焊接工艺与技术

项目任务

了解电子产品制作中焊接的概念、类别，熟练掌握手工焊接及拆焊的操作要领和焊接技巧，学习几种自动焊接技术，学会检测焊点的质量。

知识要点

焊接及焊接材料；手工焊接工具的种类及用途；手工焊接的操作要领及工艺要求；几种自动焊接技术；焊点的质量要求及质量分析。

技能要点

（1）学会使用电烙铁、电热风枪完成焊接及拆焊。

（2）掌握五步操作法和三步操作法。

（3）学会在印制电路板及万能板上进行焊接。

焊接技术是电子产品装配、维修中不可缺少的重要环节，焊接质量的好坏直接影响电子产品的质量。了解焊接的相关知识，掌握手工焊接的操作技能，学习常用的自动焊接技术，是从事电子产品制作人员必须掌握的基本知识和技能。

3.1 焊接的基本知识

3.1.1 焊接的概念

焊接是使金属连接在一起的一种方法，电子产品中的焊接是指将导线、元器件引脚与印制电路板连接在一起的过程。焊接要满足机械连接和电气连接两个目的，其中，机械连接起固定作用，电气连接起电气导通作用。

焊接质量的好坏，直接影响电子产品的整机性能。焊接操作技术是电子产品制作中必须掌握的一门基本操作技能，是考核电子工程技术人员的主要项目之一，也是评价其基本动手能力和专业技能的依据。

1. 焊接技术的分类

现代焊接技术主要分为熔焊、钎焊和接触焊三类。

（1）熔焊。熔焊是一种加热被焊件（母材），使其熔化产生合金而焊接在一起的焊接技术，即直接熔化母材的焊接技术。常见的熔焊有：电弧焊、激光焊、等离子焊及气焊等。

（2）钎焊。钎焊是一种在已加热的被焊件之间熔入低于被焊件熔点的焊料，使被焊件与焊料熔为一体并连接在一起的焊接技术，即母材不熔化，焊料熔化，在焊接点形成合金层的焊接技术。常见的钎焊有：锡焊、火焰钎焊、真空钎焊等。在电子产品的生产中大量采用锡焊技术。

（3）接触焊。接触焊是一种不使用焊料和焊剂即可获得可靠连接的焊接技术。常见的接触焊有：压接、绕接、穿刺等。

2. 锡焊的基本条件

完成锡焊并保证焊接质量，应同时满足以下几个基本条件。

（1）被焊金属具有良好的可焊性。可焊性是指在一定的温度和助焊剂的作用下，被焊件与焊料之间形成良好合金层的能力。不是所有的金属都具有良好的可焊性，例如，铜、金、银的可焊性都很好，但金、银的价格较高，一般很少使用，目前常用铜来做元器件的引脚、导线、接点等；铁、铬、钨等金属的可焊性较差。为避免氧化反应破坏金属的可焊性，或需焊接可焊性较差的金属，常常采用在被焊金属表面上镀锡、镀银的方法来解决。

（2）被焊件保持清洁。杂质（氧化物、污垢等）的存在，会严重影响被焊件与焊料之间合金层的形成。为保证焊接质量，使被焊件达到良好的连接，在焊接前，应做好被焊件的表面清洁工作，去除氧化物、污垢。通常使用无水乙醇来清除污垢，焊接时使用焊剂来清除氧化物；当氧化物、污垢的问题比较严重时，可先用小刀轻刮或用细砂纸轻轻打磨，然后用无水乙醇清洗。

（3）选择合适的焊料。焊料的成分及性能，直接影响被焊件的可焊性；焊料中的杂质同样会影响被焊件与焊料之间的连接。目前使用的焊料为无铅合金焊料，使用时，应根据不同的要求选择含有不同成分的无铅焊料。

（4）选择合适的焊剂。焊剂是用于去除被焊金属表面的氧化物，防止焊接时被焊金属和焊料再次出现氧化，并降低焊料表面张力的焊接辅助材料。它有助于形成良好的焊点，保证焊接的质量。在电子产品的锡焊工艺中，多使用松香做焊剂。

（5）保证合适的焊接温度。合适的焊接温度是完成焊接的重要因素。焊接温度太低，容易形成虚焊、拉尖等焊接缺陷；焊接温度太高，易出现氧化现象，造成焊点无光泽、不光滑，严重时会烧坏元器件或使印制电路板的焊盘脱落。

保证焊接温度的有效办法是：选择功率、大小合适的电烙铁，控制焊接时间。对印制电路板上的电子元器件进行焊接时，一般选择功率为 20～35W 的电烙铁；每个焊点一次焊接的时间应不大于 3s。

焊接过程中，若一次焊接在 3s 内没有焊完，应停止焊接，待元器件的温度完全冷却后，再进行第二次焊接，若仍然无法完成，则必须查找影响焊接的其他因素。

在进行手工焊接时，焊接温度不仅与焊接时间有关，而且与电烙铁的功率大小、环境温度及焊点的大小等因素有关。电烙铁的功率越大，环境温度越高（如夏季），焊点越小，则焊接温度升高越快，因而焊接的时间应稍短些；反之，电烙铁的功率越小，环境温度越低（如冬季），焊点越大，则焊接温度上升越慢，因而焊接的时间应稍长些。

3.1.2 焊接材料

焊接是电子产品装配中必不可少的工艺过程。完成焊接需要的材料包括：焊料和一些其他的辅助材料（如阻焊剂、焊剂、清洗剂等）。

1. 焊料的构成及特点

焊料是一种熔点低于被焊金属，在被焊金属不熔化的条件下，能润湿被焊金属表面，并在接触面处形成合金层的物质，是用于裸片、包装和电路板装配的连接材料。

由于铅及其化合物对人体有害，含有可损伤人类的神经系统、造血系统和消化系统的重金属毒物，导致高血压、贫血等疾病，会影响儿童的生长发育、神经行为和语言行为，人体内铅浓度过大，还可能致癌，会对土壤、空气和水资源产生污染。从 2006 年 7 月 1 日起，"无铅电子组装"在中国和欧洲同步启动，使用无铅焊料、无铅元器件、无铅材料已成为电子产品制作中的必要条件，目前电子产品中使用的焊料已从原来的锡铅合金焊料全部换成了无铅焊锡。

（1）无铅焊锡的构成。无铅焊锡是指以锡为主体，添加除铅之外的其他金属材料制成的焊接材料。所谓"无铅"，并非完全没有铅，而是要求无铅焊锡中，铅、汞、镉、六价铬、聚合溴化联苯（PBB）和聚合溴化联苯乙醚（PBDE）6 种有毒有害材料的含量必须控制在 0.1% 以内，同时电子制造过程必须符合无铅组装工艺要求。

目前使用的无铅焊料的成分及熔点，如表 3.1 所示。

表 3.1　目前使用的无铅焊料的成分及熔点

无铅焊锡的成分	无铅焊料的熔点 $T/℃$
85.2Sn/4.1Ag/2.2Bi/0.5Cu/8.0In	193~199
88.5Sn/3.0Ag/0.5Cu/8.0In	195~201
91.5Sn/3.5Ag/1.0Bi/4.0In	208~213
92.8Sn/0.5Ga/0.7Cu/6.0In	210~215
93.5Sn/3.1Ag/3.1Bi/0.5Cu	209~212
95Sn/5Sb	235~243
95.4Sn/3.1Ag/1.5Cu	216~217
96.5Sn/3.5Cu	221

（2）无铅焊锡的特点。

① 无铅焊料的熔点高。如锡-银-铜合金的熔点温度为 217℃~227℃，此熔化温度有可能接近或高于一些元器件和 PCB 的温度忍耐水平，易造成元器件损坏、PCB 变形或铜箔脱落。

② 无铅焊料的可焊性不高。无铅焊料在焊接时，焊点条纹较明显、暗淡，焊点看起来显得粗糙、不平整，这必将影响焊点的焊接强度，造成焊点的机械强度不足，导电性能不良。

③ 无铅焊接会使发生焊接缺陷的几率增加，如易发生桥接、不容湿、反熔湿及焊料结球等缺陷。选择与待焊接金属相容的焊剂及使用优化的焊接温度即可防止缺陷的产生；采用正确的存放和处理方法确保线路板和元器件的可焊性也将使无铅焊接的焊点良好。

④ 无铅焊料的成本高。在无铅焊料中，用其他金属取代了价格便宜的铅，因而其成本上升，导致电子产品的成本上升。

目前开发的无铅焊料主要有 Sn-Ag、Sn-Zn、Sn-Bi 三大系列，如表 3.2 所示，使用较多的是锡-银-铜（Sn-Ag-Cu）合金。

表 3.2　无铅焊料三大系列的比较

无铅焊料系列	适用温度/℃	适合的焊接工艺	特　点
Sn-Ag 系列 Sn-Ag3.5-Cu0.7	高温系列 （230~260）	回流焊，波峰焊	热疲劳性能优良，结合强度高，熔融温度范围小，蠕变特性好；但熔点温度高，润湿性差，成本高
Sn-Zn 系列 Sn-Zn8.8-x	中温系列 （215~225）	回流焊	熔点较低，热疲劳性好，机械强度高，拉伸性能好，熔融温度范围小，价格低；但润湿性差，抗氧化性差，具有腐蚀性
Sn-Bi 系列 Sn-Bi57-Ag1	低温系列 （150~160）		熔点低，与 Sn-Pb 共晶焊料的熔点相近，结合强度高；但热疲劳性能差，熔融温度范围大，延伸性差

（3）焊料的形状。根据焊接使用场合的不同，焊料可制成多种形状，主要包括：粉末状、带状、球状、块状、管状和装在罐中的锡膏等几种，其中，粉末状、带状、球状、块状的焊锡用于浸焊或波峰焊；锡膏用于贴片元器件的回流焊接；手工焊接中最常见的是管状松香芯焊锡丝，管状松香芯焊锡丝将焊锡制成管状，其轴向芯是由优质松香添加一定的活化剂组成的。

管状松香芯焊锡丝的外径有 0.5、0.6、0.8、1.0、1.2、1.6、2.3、3.0、4.0、5.0mm 等若干种尺寸。焊接时，根据焊盘的大小选择松香芯焊锡丝的尺寸，通常其外径应小于焊盘的尺寸。

2. 焊膏及其作用

焊膏是指将合金焊料加工成粉末状颗粒，并拌以糊状焊剂构成的具有一定流动性的糊状焊接材料。它是表面安装技术中再流焊工艺的必需焊接材料。

糊状焊膏既有固定元器件的作用，又有焊接的功能。使用时，首先用糊状焊膏将贴片元器件粘在印制电路板的规定位置上，然后通过加热使焊膏中的粉末状固体焊料熔化，达到将元器件焊接到印制电路板上的目的。

焊膏的品种较多，其分类方式主要有以下几种。

（1）按焊料合金的熔点可分为高温、中温和低温焊膏，如锡银焊膏 96.3Sn/3.7Ag 为高温焊膏，其熔点温度为 221℃；锡锑焊膏 63Sn/37Pb 为中温焊膏，其熔点温度为 183℃；锡铋焊膏 42Sn/58Bi 为低温焊膏，其熔点温度为 138℃。

（2）按焊剂的成分可分为免清洗、有机溶剂清洗和水清洗焊膏等几种。免清洗焊膏是指焊接后只有焊点有很少的残留物，焊接后不需要清洗的焊膏；有机溶剂清洗焊膏通常是指掺入松香焊剂的焊膏，通常使用有机溶剂清洗；水清洗焊膏是指用其他有机物取代松香焊剂的焊膏，焊接后可以直接用纯水冲洗去除焊点上的残留物。

（3）按黏度可分为印刷用和滴涂用两类。

3.1.3 焊接辅助材料

焊接过程中，除了使用焊锡（或焊膏），还需要一些其他的辅助材料帮助焊接、完善焊接，并起到保护焊接的电子元器件和电路板的目的，常用的辅助材料包括：焊剂、清洗剂、阻焊剂等。

1. 焊剂

焊剂亦称助焊剂，它是焊接时添加在焊点上的化合物，其熔点低于焊料的熔点，是进行焊接的辅助材料。

焊剂能去除被焊金属表面的氧化物，防止焊接时被焊金属和焊料再次出现氧化，并降低焊料表面的张力，提高焊料的流动性，使焊点易于成形，有利于提高焊点的质量。

（1）对焊剂的要求。

① 焊剂的熔点应低于焊料的熔点。

② 焊剂的表面张力、黏度和比重应小于焊料。

③ 残余的焊剂应易被清除掉。

④ 不会腐蚀被焊金属。

⑤ 不会产生对人体有害的气体及刺激性味道。

（2）常用焊剂简介。

① 无机焊剂。无机焊剂的特点是有很好的助焊作用，但是具有强烈的腐蚀性。该焊剂大多用在可清洗的金属制品的焊接中，市场中销售的助焊油、助焊膏均属于这一类。由于电子元器件的体积小，外形及引线精细，若使用无机焊剂，会造成腐蚀断路故障，因而在电子产品的焊接中，通常不允许使用无机焊剂。

② 有机焊剂。有机焊剂由有机酸、有机类卤化物等合成。其特点是：具有较好的助焊作用，但由于酸值太高，具有一定的腐蚀性，残余的焊剂不容易被清除掉，且挥发物对人体有害，因此在电子产品的焊接中也不使用有机焊剂。

③ 松香类焊剂。松香类焊剂属于树脂系列焊剂。这种焊剂的特点是有较好的助焊作用，且价格低廉、无腐蚀性、绝缘性能好、稳定性高、耐湿性好、无污染，焊接后容易清洗，成本低。因此在电子产品的焊接中常使用此类焊剂。使用松香类焊剂时应注意：

a. 松香类焊剂被反复加热使用后会发黑（碳化），绝缘性能会下降，此时的松香不但没有助焊作用，且焊剂中的残留物会成为焊点中的杂质，造成焊点的虚焊，降低了焊点的质量。

b. 在温度达到 60℃时，松香的绝缘性能会下降，松香易结晶，稳定性变差，且焊接后的残留物对发热元器件有较大的危害（影响散热）。

c. 存放时间过长的松香不宜使用，因为松香的成分会发生变化，活性变差，助焊效果也就变差，影响焊接质量。

2. 清洗剂

在完成焊接操作后，焊点周围存在残余焊剂、油污、汗迹、灰尘及多余的金属物等杂质，这些杂质对焊点有腐蚀、伤害作用，会造成绝缘电阻下降、电路短路或接触不良等，因此要对焊点进行清洗。

常用的清洗剂有以下几种。

（1）无水乙醇。无水乙醇又称无水酒精，它是一种无色透明且易挥发的液体。其特点是易燃、吸潮性好，能与水及其他许多有机溶剂混合，可用于清洗焊点和印制电路板组装件上残留的焊剂和油污等。

（2）航空洗涤汽油。航空洗涤汽油是从天然原油中提取的轻汽油，可用于精密部件和焊点的洗涤。

（3）三氯三氟乙烷。三氯三氟乙烷是一种稳定的化合物，在常温下为无色透明易挥发的液体，有微弱的醚的气味。它对铜、铝、锡等金属无腐蚀作用，对保护性的涂料（油漆、清漆）无破坏作用，在电子设备中常用作气相清洗液。

有时，也会采用三氯三氟乙烷和乙醇的混合物，或用汽油和乙醇的混合物作为电子设备的清洗液。

3. 阻焊剂

阻焊剂是一种耐高温的涂料，其作用是保护印制电路板上不需要焊接的部位。使用时，将阻焊剂涂在不需要焊接的部位将其保护起来。常见的印制电路板上没有焊盘的绿色涂层即为阻焊剂。

阻焊剂可分为热固化型阻焊剂、紫外线光固化型阻焊剂（又称光敏阻焊剂）和电子辐射固化型阻焊剂等几种。目前，常用的阻焊剂为紫外线光固化型阻焊剂。

使用阻焊剂的好处：

（1）在焊接中，特别是在自动焊接技术中，可防止桥接、短路等故障发生，降低返修率，提高焊接质量。

（2）焊接时，可减小印制电路板受到的热冲击，使印制电路板的板面不易起泡和分层。

（3）在自动焊接技术中，使用阻焊剂后，除了焊盘，其余部分均不上锡，可大大节省焊料。

（4）阻焊剂使印制电路板受热少，可以降低电路板的温度，起到保护电路板和电路元器件的作用。

（5）使用带有色彩的阻焊剂，可使印制电路板的板面显得整洁美观。

3.2 手工焊接工具

电子产品制作中常用的手工焊接工具主要有电烙铁、电热风枪等。

3.2.1 电烙铁

1. 电烙铁的基本构成及分类

电烙铁是手工焊接中最为常见的工具，是电子整机装配人员必备的工具之一，用于各类电子整机产品的手工焊接、补焊、维修及更换元器件。

（1）电烙铁的基本构成。电烙铁主要由烙铁芯、烙铁头和手柄三个部分组成。其中，烙铁芯是电烙铁的发热部分，烙铁芯内的电热丝通电后，将电能转换成热能，并传递给烙铁头；烙铁头是储热部分，它储存烙铁芯传来的热量，并将热量传给被焊工件，对被焊接点部位的金属加热，同时熔化焊锡，完成焊接任务；手柄是手持操作部分，它是用木材、胶木或耐高温塑料加工而成的，起隔热、绝缘作用。

电烙铁的电源线常选用橡胶绝缘导线或带有棉织套的花线，而不使用塑胶绝缘的导线，这是因为塑胶导线的熔点低，易被烙铁的高温烫坏。

（2）电烙铁的分类。电烙铁的种类很多，根据加热方式可分为：内热式和外热式两种。

根据电烙铁的功能可分为：吸锡电烙铁、恒温电烙铁、防静电电烙铁及自动送锡电烙铁等。

根据功率大小可分为：小功率电烙铁、中功率电烙铁、大功率电烙铁。

2. 内热式电烙铁

内热式电烙铁的外形及内部结构如图 3.1 所示。由于这种电烙铁的发热部分（烙铁芯）安装于烙铁头内部，其热量由内向外散发，故称为内热式电烙铁。

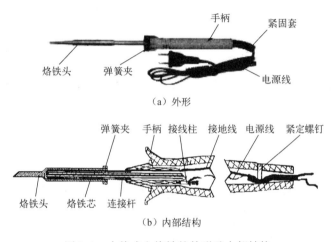

（a）外形

（b）内部结构

图 3.1　内热式电烙铁的外形及内部结构

（1）内热式电烙铁的特点。由于内热式电烙铁的烙铁芯安装在烙铁头的里面，因而其具有热效率高（85%～90%）、烙铁头升温快、耗电少、体积小、重量轻、价格低等优点；但内热式烙铁芯在使用过程中易产生高温，导致烙铁头氧化、烧死，连续熔焊能力差，长时间通电工作电烙铁易烧坏，因而内热式电烙铁寿命较短，不适合做大功率的烙铁。

（2）内热式电烙铁的规格。内热式电烙铁功率均较小，常用的有 20W、25W、35W、50W 等。功率越大，其外形、体积越大，烙铁头的温度就越高。

焊接集成电路、三极管及受热易损坏元器件时，应选用功率≤25W 的内热式电烙铁；焊接导线、同轴电缆或较大的元器件（如输出变压器、大电解电容器等）时，可选用功率为 35～50W 的内热式电烙铁；焊接金属底盘接地焊片时，应选用功率＞50W 的内热式电烙铁。

内热式电烙铁特别适合于修理人员或业余电子爱好者使用，也适用于偶尔需要焊接操作的工种，如调试、质检等。

3. 外热式电烙铁

如图 3.2 所示为常用直立型外热式电烙铁的内部结构。其烙铁头安装在烙铁芯的里面，即产生热量的烙铁芯在烙铁头外面，热量由外向内渗透，故称其为外热式电烙铁。

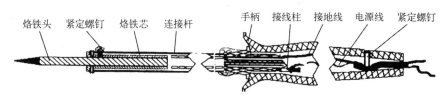

烙铁头　紧定螺钉　烙铁芯　连接杆　　　手柄　接线柱　接地线　电源线　紧定螺钉

图 3.2　常用直立型外热式电烙铁的内部结构

常用的外热式电烙铁有直立型和 T 形两种，如图 3.3 所示。其中，直立型外热式电烙铁是专业电子装配的首选，而 T 形外热式电烙铁具有烙铁头细长、调整方便、焊接温度调节方便、操作方便等优点，主要用于焊接装配密度高的电子产品。

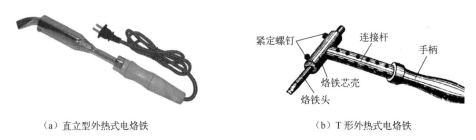

紧定螺钉　　连接杆　　手柄

烙铁芯壳

烙铁头

（a）直立型外热式电烙铁　　　　　　　（b）T 形外热式电烙铁

图 3.3　外热式电烙铁的外形结构

（1）外热式电烙铁的特点。由于外热式电烙铁的烙铁芯安装在烙铁头的外面，烙铁芯在传递热量给烙铁头的同时，也在不断地散热，平衡电烙铁的焊接温度，因而外热式电烙铁的工作温度平稳，焊接时不易烫坏元器件，连续熔焊能力强，使用寿命长；但外热式电烙铁的体积大、热效率低、耗电多、升温速度较慢（一般要预热 6~7 分钟才能焊接）。

（2）外热式电烙铁的选用。外热式电烙铁的规格很多，常用的功率有 25W、30W、40W、50W、60W、75W、100W、150W、300W 等。外热式电烙铁的体积较大，焊小型元器件时显得不方便。一些大元器件（如屏蔽罩）的焊接，要采用大功率电烙铁，大功率的电烙铁通常是外热式的。

在电子产品制作中，多选用功率为 45W 的外热式电烙铁。

4. 温控式电烙铁

温控式电烙铁是指焊接温度可以控制的电烙铁，亦称为恒温（调温）电烙铁。

恒温电烙铁可以设定在一定的温度范围内，并自动调节、保持恒定焊接温度。普通电烙铁在长时间连续加热后，烙铁头的温度会越来越高，导致焊锡氧化，造成焊点虚焊，影响焊接质量；同时由于温度过高，易损坏被焊元器件，且使烙铁头氧化加速，烙铁芯变脆，使电烙铁的使用寿命大大缩短。所以在要求较高的场合，宜采用恒温电烙铁。

常用的恒温电烙铁有：磁控恒温电烙铁（见图3.4）和热电耦检测控温式自动调温恒温电烙铁（见图3.5）两种。

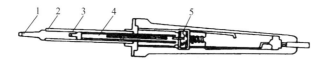

1—烙铁头；　2—烙铁芯；　3—磁性传感器；　4—永久磁铁；　5—磁性开关。

图3.4　磁控恒温电烙铁

如图3.5（b）所示自动调温恒温电烙铁具有防静电功能，又称为防静电焊接台。其控制台部分具有良好的保护接地，主要完成对烙铁的去静电供电、恒温等功能，同时兼有烙铁架功能，常用于温度较敏感的CMOS集成块、三极管等，以及计算机板卡、手机等的维修。

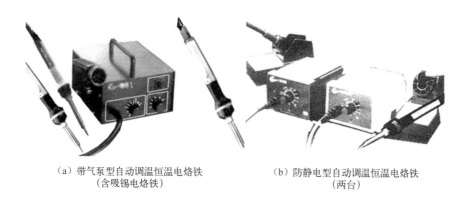

（a）带气泵型自动调温恒温电烙铁　　　　　（b）防静电型自动调温恒温电烙铁
　　　（含吸锡电烙铁）　　　　　　　　　　　　　　　　（两台）

图3.5　热电耦检测控温式自动调温恒温电烙铁

恒温电烙铁的主要特点如下：

（1）省电。恒温电烙铁采用断续通电加热，它比普通电烙铁能节电约1/2。

（2）使用寿命长。恒温电烙铁的温度变化范围很小，电烙铁不会出现因过热而损坏烙铁头和烙铁芯的现象，其使用寿命长。

（3）焊接温度调节方便，焊接质量高。焊接温度保持在一定范围内，并可自行设定焊接温度范围，故被焊接的元器件不会因焊接温度过高而损坏，且焊料不易氧化，可减少虚焊，保证焊接质量。

（4）价格高。制作工艺和内部结构复杂，功能多，因而价格高。

5. 吸锡电烙铁

吸锡电烙铁是在普通电烙铁的基础上增加了吸锡机构，使其具有加热、吸锡两种功能的，如图3.6所示。它具有使用方便、灵活，适用范围宽等特点。

吸锡电烙铁用于方便地拆卸电路板上的元器件，常用于更换电子元器件和维修、调试电子产品的场合。操作时，先用吸锡电烙铁加热焊点，等焊点的焊锡熔化后，按动吸锡开关，即可将焊盘上的熔融状焊锡吸走，元器件就可拆卸下来。

使用吸锡电烙铁拆卸元器件具有操作方便、能够快速吸空多余焊料、拆卸元器件的效率高、不易损伤元器件和印制电路板等优点，为更换元器件提供了便利。吸锡电烙铁的不足之处是每次只能对一个焊点进行拆焊。

6. 自动送锡电烙铁

自动送锡电烙铁是在普通电烙铁的基础上增加了焊锡丝输送机构制成的，该电烙铁能在焊接时将焊锡自动输送到焊接点，如图3.7所示。

 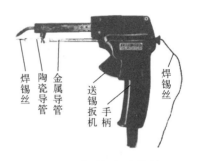

图3.6　吸锡电烙铁　　　　　　图3.7　自动送锡电烙铁

操作自动送锡电烙铁，可使操作者腾出一只手（原来拿焊锡的手）来固定工件，因而在焊接活动工件时特别方便，如进行导线的焊接、贴片元器件的焊接等。

3.2.2　电烙铁的检测、使用与维护

1. 电烙铁的检测

（1）目测。查看电源线有无松动和烫破露芯线、烙铁头有无氧化或松动、紧定螺钉有无松动脱落现象。

（2）万用表检测。若目测没有问题，但电烙铁通电后不发热或升温不高时，可用万用表测量电源插头两端的电阻，电烙铁正常工作时，测得的电阻值应该为几百欧姆。

若测得电源插头两端的电阻值趋于无穷大，有可能出现电源插头的接头断开、烙铁芯内的电阻丝与电源线断开、烙铁芯内部的电阻丝断开等故障。

若测得的电阻值为几百欧姆，但温度不高，则要检查烙铁头是否被氧化、烙铁头是否拉出。

若测得的电阻值为零，说明电烙铁内部出现短路故障，此时一定要排除短路故障后才能通电使用，否则易造成一连串的短路，损坏电源电路。

2. 电烙铁的使用

（1）电烙铁加热使用时的注意事项。加热使用时，不能用力敲击、甩动电烙铁。因为电烙铁通电后，其烙铁芯中的电热丝和绝缘瓷管变脆，敲击易使烙铁芯中的电热丝断裂和绝缘瓷管破碎，使烙铁头变形、损伤；当烙铁头上的焊锡过多时，可用布擦掉，切勿甩动，以免飞出的高温焊料危及人身、物品安全。

（2）加热及焊接过程中，电烙铁的放置及处理。加热或暂时停焊时，电烙铁不能随意放置在桌面上，应把烙铁头支放在烙铁架上，可避免烫坏其他物品。注意电源线不可搭在烙铁头上，以防烫坏绝缘层而发生触电事故或短路故障。

较长时间不用电烙铁时，要把其电源插头拔掉。长时间处在高温下会加速烙铁头的氧化，影响焊接性能，烙铁芯的电阻丝也容易烧坏，缩短电烙铁的使用寿命。

（3）烙铁头温度的调节。烙铁头的温度可通过调节烙铁头伸出的长度来改变。烙铁头从烙铁芯中拉出越长，烙铁头的温度相对越低，反之温度越高。也可以利用更换烙铁头的大小及形状达到调节温度的目的：烙铁头越细，温度越高；烙铁头越粗，温度越低。

（4）焊接结束后，对电烙铁的处理。焊接结束后，应及时切断电烙铁的供电电源。待烙铁头冷却后，用干净的湿布清洁烙铁头，并将电烙铁收回工具箱。

3. 电烙铁的维护

（1）安全性检测。新买的电烙铁要先用万用表的电阻挡检查一下插头与金属外壳之间的电阻值，正常时其电阻值趋于无穷大（表现为万用表指针不动），否则应该将电烙铁拆开检查。

采用塑料电线作为电烙铁的电源线是不安全的，因为塑料电线容易被烫伤、破损，易造成短路或触电事故。建议在使用电烙铁前换用橡皮花线。

（2）新烙铁头的处理。普通的新烙铁第一次使用前，其烙铁头要先进行镀锡处理。方法是将烙铁头用细砂纸打磨干净，然后浸入松香水中，沾上焊锡在硬物（如木板）上反复研磨，使烙铁头各个面全部镀锡，这样可增强其焊接性能，防止氧化。但对经特殊处理的长寿烙铁头，其表面一般不能用锉刀去修理，因为烙铁头端头表面镀有特殊的抗氧化层，一旦镀层被破坏，烙铁头就会很快被氧化而报废。

（3）烙铁头的维护。对使用过的电烙铁，应经常用浸水的海绵或干净的湿布擦拭烙铁头，保持烙铁头的清洁。

烙铁头长时间使用后，由于其长时间工作在高温状态，会出现烙铁头发黑、碳化等现象，使温度上升减慢，焊点易夹杂氧化物杂质，影响焊点质量；同时烙铁头工作面也会变得凹凸不平，影响焊接。这时可用小锉刀轻轻锉去烙铁头表面氧化层，将烙铁头工作面锉平，在露出光亮的紫铜后，立即将烙铁头浸入熔融状的焊锡中，进行镀锡（上锡）处理。

烙铁芯和烙铁头是易损件，其价格低廉，很容易更换。但不同规格的烙铁芯和烙铁头，不能通用互换。

3.2.3 烙铁头的选择技巧

烙铁头是用热传导性能好、高温不易氧化的铜合金材料制成的，为保护烙铁头在焊接的高温条件下不氧化生锈，常将其经电镀处理。

烙铁的温度与烙铁头的形状、体积、长短等都有一定关系。不论是何种类型的电烙铁，烙铁头的形状都要满足被焊元器件的形状、大小、性能及电路板的要求，不同的焊接场合要选择不同形状的烙铁头。

常见的烙铁头形状有锥形、凿形、圆斜面形等，如图3.8所示。不同形状的烙铁头的含热量不同，焊接温度也不同。如：表面积较大的圆斜面形是烙铁头的通用形式，其传热较快，适用于在单面板上焊接不太密集且焊接面积大的焊点；凿形和半凿形烙铁头多用于电气维修；尖锥形和圆尖锥形烙铁头适用于焊接空间小、焊接密度高的焊点或用于焊接体积小而怕热的元器件。

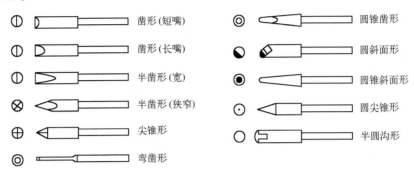

图 3.8　常见的烙铁头形状

3.2.4　电热风枪

电热风枪是用于焊装或拆卸表面贴装元器件的专用手工焊接工具，它利用高温热风作为加热源，同时加热焊锡膏、电路板及元器件引脚，使焊锡膏熔化，从而实现焊装或拆焊的目的。

电热风枪由控制台和电热枪组成，如图 3.9 所示，电热枪内装有电热丝和电风扇，控制台完成温度及风力的调节。

图 3.9　电热风枪

3.2.5　焊接用辅助工具及其使用

焊接时，除使用电烙铁等焊接工具之外，还经常要借助一些辅助工具。焊接用的辅助工具通常有：烙铁架、小刀或细砂纸、尖嘴钳或镊子、斜口钳、吸锡器等。

1. 烙铁架

使用电烙铁焊接时，要借助烙铁架存放松香或焊锡等焊接材料，在焊接的空闲时间，电烙铁要放在特制的烙铁架上，以免烫坏其他物品。常用的烙铁架如图 3.10 所示。

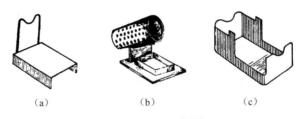

（a）　　　　　　　（b）　　　　　　　（c）

图 3.10　常用的烙铁架

2. 小刀或细砂纸

焊接前，可使用小刀或细砂纸对元器件引脚或印制电路板的焊接部位进行去除氧化层的处理。

（1）去除元器件引脚或导线芯线的氧化层。当元器件引脚或导线芯线发暗、无光泽时，说明元器件引脚或导线芯线已经被氧化了，可使用小刀或细砂纸刮去或打磨元器件金属引线表面或导线芯线的氧化层，对于集成电路的引脚可使用绘图橡皮擦拭去除氧化层，使引脚露出金属光泽表示氧化层已清除，然后立即进行搪锡处理，如图 3.11 所示。

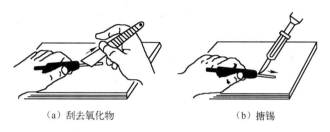

（a）刮去氧化物　　　　　　　　（b）搪锡

图 3.11　元器件引脚去除氧化层的处理

（2）去除印制电路板铜箔的氧化层。当印制电路板铜箔面发暗、无光泽时，说明印制电路板已经被氧化了，这时可用细砂纸轻轻打磨印制电路板的铜箔面，打出光泽后，立即用干净布擦拭干净，再涂上一层松香酒精溶液即可。

经过处理的元器件引脚和印制电路板就可以正式焊接了。

3. 尖嘴钳或镊子

（1）进行元器件引线成形。焊接前，使用尖嘴钳或镊子对元器件进行引线成形，如图 3.12 所示。

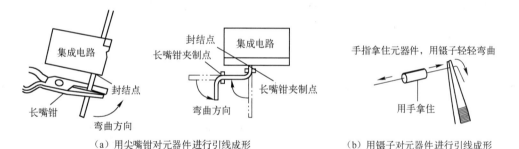

（a）用尖嘴钳对元器件进行引线成形　　　　（b）用镊子对元器件进行引线成形

图 3.12　元器件引线成形

（2）镊子的其他作用。在焊接过程中，用镊子夹持元器件引脚，可以帮助元器件在焊接过程中散热，避免焊接温度过高损坏元器件，同时可避免烫伤持焊元器件的手，如图 3.13（a）所示。焊接结束时，使用镊子轻轻摇动元器件引脚，检查元器件的焊接是否牢固，如图 3.13（b）所示。

4. 斜口钳

在装接前，使用斜口钳剪切导线；元器件安装焊接无误后，使用斜口钳剪去多余的元器件引脚，如图 3.14 所示。

（a）帮助焊接

（b）检查焊接情况

图 3.13　镊子的作用

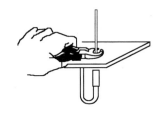

图 3.14　斜口钳的作用

5. 吸锡器

吸锡器的作用：协助电烙铁拆卸电路板上的元器件。操作时，左手持吸锡器，右手持电烙铁；先用电烙铁加热需拆除的焊点，待焊点上的焊锡熔化时，用吸锡器嘴对准熔化的焊锡，左手按动吸锡器上的吸锡开关，即可吸去熔化状的焊锡，使元器件的引脚与焊盘分离，为新元器件的安装做好准备。

3.3　手工焊接技术

手工焊接是焊接技术的基础，也是电子产品制作人员必须掌握的一项基本操作技能。手工焊接技术适合于电子产品的研发试制、电子产品的小批量生产、电子产品的调试与维修及某些不适合自动焊接的场合。

3.3.1　手工焊接的操作要领

手工焊接是一项实践性很强的技能，在掌握手工焊接的操作要领后，要多练习、多实践，才能获得较好的焊接技术。

学好手工焊接的要点是：保证正确的焊接姿势，熟练掌握焊接的基本操作方法。

1. 正确的焊接姿势

掌握正确的操作姿势，可以保证操作者的身心健康，减轻劳动伤害。手工焊接一般采用坐姿焊接，工作台和坐椅的高度要合适。在焊接过程中，为减轻焊料、焊剂挥发的化学物质对人体的伤害，同时保证操作者的焊接便利，要求焊接时电烙铁离操作者鼻子的距离以 20~30cm 为佳。

2. 电烙铁的握持方法

（1）反握法。反握法如图 3.15（a）所示。反握法对被焊件的压力较大，适合于较大功率的电烙铁（75W）对大焊点的焊接操作。

（2）正握法。正握法如图 3.15（b）所示。正握法适用于中功率的电烙铁及带弯头的电烙铁的焊接操作，或直烙铁头在大型机架上的焊接操作。

（3）笔握法。笔握法如图 3.15（c）所示。笔握法类似于写字时用手拿笔的姿势，该方法适用于小功率的电烙铁，焊接印制电路板上的元器件及维修电路板时采用笔握法较为方便。

3. 焊锡丝的握持方法

焊接时，通常是左手握持焊锡丝，右手握电烙铁进行操作。握持焊锡丝的方法主要包括：断续送焊锡丝法和连续送焊锡丝法，如图 3.16 所示。

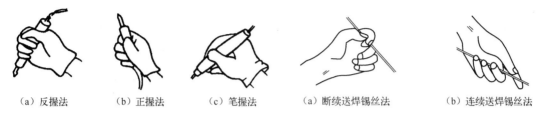

（a）反握法　　　（b）正握法　　　（c）笔握法　　　　（a）断续送焊锡丝法　　（b）连续送焊锡丝法

图 3.15　电烙铁的握法　　　　　　　　　　图 3.16　握持焊锡丝的方法

4. 加热焊点的方法

焊接时，电烙铁必须同时加热焊接点上的所有被焊金属。如图 3.17 所示，烙铁头放在被焊的导线和印制电路板铜箔之间，可以同时加热导线和印制电路板铜箔，容易形成良好的焊点，烙铁头接触印制电路板的最佳焊接角度为 $\theta = 30° \sim 50°$。

5. 焊料的供给方法

手工焊接时，一般是右手拿电烙铁加热元器件和印制电路板，左手拿焊锡丝送往焊接点进行熔化焊锡焊接，如图 3.18 所示。

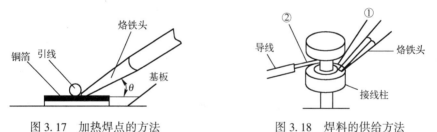

图 3.17　加热焊点的方法　　　　　　　图 3.18　焊料的供给方法

焊料供给的操作要领：先加热被焊件（需要焊接的元器件和印制电路板），当被焊件加热到一定的温度时，先在图 3.18 所示的①处（烙铁头与焊接件的结合处）供给少量焊料，然后将焊锡丝移到②处（距烙铁头加热的最远点）供给合适的焊料，焊料润湿整个焊点时便可撤去焊锡丝。

注意：焊接过程中，不要使用烙铁头作为运载焊锡的工具。因为处于焊接状态的烙铁头的温度很高，一般都在 350℃ 以上，用烙铁头熔化焊锡后运送到焊接面上焊接时，焊锡丝中的焊剂在高温时会分解失效，同时焊锡会过热氧化，焊点质量低，或出现焊点缺陷。

6. 电烙铁的撤离方法

结束焊接时，电烙铁的撤离方向、角度决定了焊点上焊料的留存量和焊点的形状。如

图3.19所示为电烙铁撤离方向与焊料留存量的关系。手工焊者可根据实际需要，选择电烙铁的不同撤离方法。

图3.19（a）中，电烙铁以45°的方向撤离，带走少量焊料，焊点圆滑、美观，是焊接时较好的撤离方法。

图3.19（b）中，电烙铁垂直向上撤离，焊点容易产生拉尖、毛刺。

图3.19（c）中，电烙铁以水平方向撤离，带走大量焊料，可在拆焊时使用。

图3.19（d）中，电烙铁沿焊点向下撤离，带走大部分焊料，可在拆焊时使用。

图3.19（e）中，电烙铁沿焊点向上撤离，带走少量焊料，但焊点的形状不好。

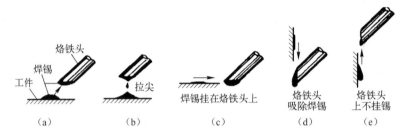

图3.19　电烙铁的撤离方向与焊料留存量的关系

掌握上述撤离方向，就能控制焊料的留存量，使每个焊点符合要求。

3.3.2　手工焊接的操作方法

手工焊接的要领和操作方法

1. 五步操作法

五步操作法如图3.20所示，包括：准备、加热、加焊料、撤离焊料、移开电烙铁五个步骤。

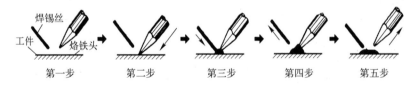

图3.20　五步操作法

（1）准备。焊接前，把被焊件（导线、元器件、印制电路板等）、焊接工具（电烙铁、镊子、斜口钳、尖嘴钳、剥线钳等）和焊接材料（焊料、焊剂等）准备好，并清洁工作台面，做好元器件的预加工、引线成形及导线端头的处理等准备工作。

（2）加热。用电烙铁加热被焊件，使焊接部位的温度上升至焊接所需要的温度。

注意：合适的焊接温度是形成良好焊点的保证。温度太低，焊锡的流动性差，在焊料和被焊金属的界面上难以形成合金，不能起到良好的连接作用，并会造成虚焊（假焊）；温度过高，易造成元器件损坏、电路板起翘、印制电路板上铜箔脱落，还会加速焊剂的挥发，被焊金属表面氧化，造成焊点夹渣而形成缺陷。

焊接的温度，与电烙铁的功率、焊接的时间、环境温度有关。保证合适的焊接温度，可以通过选择电烙铁和控制焊接时间来调节。真正掌握最佳的焊接温度，获得最佳的焊接效果，还需进行严格的训练，要在实际操作中去体会。

（3）加焊料。当焊件被加热到一定的温度后，即在烙铁头与焊接部位的结合处及对称的一侧，加上适量的焊料。

（4）撤离焊料。当适量的焊料熔化后，迅速向左上方撤离焊料，然后用烙铁头沿着焊接部位将焊料沿焊点转动一个角度（一般旋转 45°~180°），确保焊料覆盖整个焊点。

（5）移开电烙铁。当焊点上的焊料充分润湿焊接部位后，立即向右上方 45°左右的方向移开电烙铁，结束焊接。

注意：刚开始移开电烙铁时，由于焊点刚形成但还没有完全凝固，因而不能移动被焊件之间的位置，否则由于被焊件相对位置发生改变，会使焊点结晶粗大（呈豆腐渣状）、无光泽或有裂纹，影响焊点的机械强度，甚至造成虚焊现象。焊接时，若发现焊点拉尖（也称拖尾），可用烙铁头在松香上蘸一下，再补焊即可消除。

五步操作法中的（2）~（5）的操作过程，一般要求在 2~3s 的时间内完成；实际操作中，具体的焊接时间还要根据环境温度的高低、电烙铁的功率大小及焊点的热容量来确定。

2. 三步操作法

在五步操作法运用得较熟练且焊点较小的情况下，可采用三步操作法完成焊接操作，如图 3.21 所示。将五步操作法中的第二、第三步合为一步，即加热被焊件和加焊料同时进行；第四、第五步合为一步，即同时移开焊料和电烙铁。

图 3.21　三步操作法

3.3.3　易损元器件的焊接技巧

易损元器件是指在焊接过程中，因为受热或接触电烙铁容易造成损坏的元器件，如集成电路、MOS 元器件、有机铸塑元器件（如一些开关、接插件、双联电容、继电器等）。集成电路和 MOS 元器件的最大弱点是易受到静电干扰而造成损坏及受热损坏，有机铸塑元器件的最大弱点是不能承受高温。

易损元器件的焊接技巧如下：

（1）焊接前，做好易损元器件的表面清洁、引线成形和搪锡等准备工作。集成电路的引脚可用无水酒精清洗或用绘图橡皮擦干净，不需用小刀刮或砂纸打磨。

（2）选择尖形的烙铁头，保证焊接引脚时不会碰到相邻的引脚，不会造成引脚之间的锡焊桥接短路。

（3）焊接集成电路或 MOS 元器件时，最好使用防静电恒温电烙铁，焊接时间要控制好（每个焊点不超过 3s），切忌长时间反复烫焊，防止由于电烙铁的微弱漏电而损坏集成电路（MOS 元器件）或温度过高烫坏集成电路（MOS 元器件）。

（4）焊接集成电路时最好先焊接地端、输出端、电源端，再焊输入端。对于那些对温度特别敏感的元器件，可以用镊子夹住蘸有无水乙醇（酒精）的棉球保护元器件根部，使热量尽量少传导到元器件上。

（5）焊接有机铸塑元器件时少用焊剂，避免焊剂浸入有机铸塑元器件的内部而造成元器件的损坏。

（6）焊接有机铸塑元器件时，不要对其引脚施加压力，焊接时间越短越好，否则极易造成元器件塑性变形，导致元器件性能下降或损坏，如图3.22所示。

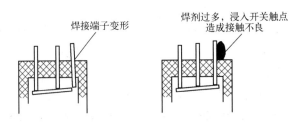

图3.22　有机铸塑元器件的不当焊接

3.3.4　手工焊接的工艺要求

（1）保持烙铁头的清洁。焊接时，烙铁头长期处于高温状态，其表面很容易氧化，这就使烙铁头的导热性能下降，影响了焊接质量，因此要随时清洁烙铁头。通常的做法是用一块湿布或一块湿海绵擦拭烙铁头，以保证烙铁头的清洁。

（2）采用正确的加热方式。加热时，应该让焊接部位均匀受热。正确的加热方式是：根据焊接部位的形状选择不同的烙铁头，让烙铁头与焊接部位形成面的接触，而不是点的接触，这样就可以使焊接部位均匀受热，以保证焊料与焊接部位形成良好的合金层。

（3）焊料、焊剂的用量要适中。焊料的用量适中，则焊点美观、牢固；焊料的用量过多，则浪费焊料，延长了焊接时间，并容易造成短路故障；焊料的用量太少，焊点的机械强度降低，容易脱落。

适量的焊剂有助于焊接；焊剂过多，易出现焊点的"夹渣"现象，造成虚焊。若采用松香芯焊锡丝，因其自身含有松香焊剂，无须再用其他的焊剂。

（4）电烙铁撤离方法的选择。电烙铁撤离的时间和方法直接影响焊点的质量。当焊点上的焊料充分润湿焊接部位时，才能撤离电烙铁，且撤离的方法应根据焊接情况选择。

（5）焊点的凝固过程。焊料和电烙铁撤离焊点后，被焊件应保持相对稳定，并让焊点自然冷却，严禁用嘴用力吹或采取其他强制性的冷却方式，避免被焊件在凝固之前，因相对移动或强制冷却而产生虚焊。

（6）焊点的清洗。为确保焊接质量的持久性，待焊点完全冷却后，应对残留在焊点周围的焊剂、油污及灰尘进行清洗，避免污物长时间侵蚀焊点造成后患。

3.3.5　手工拆焊的方法与技巧

拆焊又称解焊，是指把元器件从印制电路板原来已经焊接的安装位置上拆卸下来。当焊接出现错误、元器件损坏或需调试、维修电子产品时，就要进行拆焊。

拆焊的过程与焊接的步骤相反。拆焊时，不能因为拆焊而破坏了整个电路板或元器件，一定要注意找对应拆卸的元器件，不要出现错拆的情况。拆卸时，不能损坏拆除的元器件及导线。拆焊时，不能损坏印制电路板（包括焊盘与印制导线）。在拆焊过程中，应该尽量避免伤及附近的其他元器件或变动其他元器件的位置。若确实需要，则要做好复原工作。

手工拆焊的方法与技巧有以下几种。

手工拆焊
的方法

1. 分点拆焊法

分点拆焊法是指对需要拆卸的元器件，一个引脚一个引脚地逐个进行拆卸的方法。当需要拆焊的元器件引脚不多，且需拆焊的焊点距其他焊点较远时，可采用电烙铁进行分点拆焊。

（1）操作步骤。分点拆焊时，将印制电路板立起来，用镊子夹住被拆焊元器件的引脚，用电烙铁加热被拆元器件的一个引脚焊点，当焊点的焊锡完全熔化、与印制电路板没有黏连时，用镊子夹住元器件引脚，轻轻地把元器件的引脚拉出来；用同样的方法，将元器件的其他引脚一个一个地拆下来，如图3.23所示。

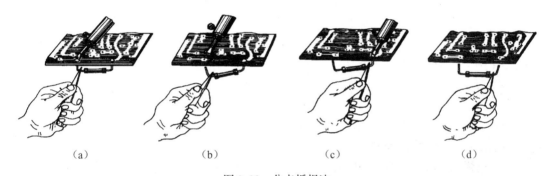

| （a） | （b） | （c） | （d） |

图3.23　分点拆焊法

（2）分点拆焊法的使用注意事项。分点拆焊法不宜在一个焊点上多次使用，因为印制电路板线路和焊盘经反复加热后，很容易脱落，造成印制电路板损坏。若待拆卸的元器件与印制电路板还有黏连，不能硬拽，以免损伤元器件和印制电路板。

2. 集中拆焊法

集中拆焊法是指一次性拆卸一个元器件的所有引脚的方法。当需要拆焊的元器件引脚不多，且焊点之间的距离很近时，可使用集中拆焊法，如图3.24所示，如拆焊立式安装的电阻、电容、二极管或小功率三极管等。

图3.24　集中拆焊法

（1）操作步骤。集中拆焊时，使用电烙铁同时快速交替地加热被拆元器件的所有引脚焊点，待这几个焊点同时熔化后，一次拔出拆焊元器件。

（2）集中拆焊法的使用注意事项。要求操作者操作熟练、加热焊点迅速、动作快。一般在学会分点拆焊法后，再练习集中拆焊法更好。

无论是采用分点拆焊法还是集中拆焊法，在拆下元器件后，应将焊盘上的残留焊锡清理干净。清理残留焊锡的方法是：用电烙铁加热并熔化残留的焊锡，用吸锡器将被焊盘上残留的焊锡吸干净，在焊锡为熔融状态时，用锥子或尖嘴镊子从铜箔面将焊孔扎通，为更换新元器件做好准备。

3. 断线拆焊法

断线拆焊法是指不用电烙铁加热，直接剪断被拆卸元器件引脚的拆卸方法，如图 3.25 所示。当被拆焊的元器件可能需要多次更换，或已经拆焊过时，可采用断线拆焊法。采用断线拆焊法操作时，不需要对被拆焊的元器件进行加热，而是直接用斜口钳剪下元器件，但留出被拆卸元器件的部分引脚，以便更换新元器件时使用。

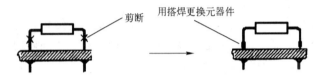

图 3.25　采用断线拆焊法更换元器件

断线拆焊法是一种过渡方法，当元器件确定不用再更换时，还需用其他的拆焊方法固定、更换新的元器件。

4. 吸锡工具（材料）拆焊法

吸锡工具拆焊法是指使用吸锡工具完成元器件拆卸的方法。常用的吸锡工具包括吸锡器和吸锡电烙铁，它们是拆焊的专用工具。

（1）吸锡工具拆焊法的使用场合。当需要拆焊的元器件引脚多、引线较硬，或焊点之间的距离很近且引脚较多时，如多脚的集成电路拆焊，使用吸锡工具进行拆焊特别方便。

（2）用吸锡材料拆焊。借助于吸锡材料（如屏蔽线编织层、细铜网等）拆卸印制电路板上元器件的焊点。拆焊时，将吸锡材料加松香焊剂后，贴到待拆焊的焊点上，用电烙铁加热吸锡材料，通过吸锡材料将熔化的焊锡吸附掉，然后拆卸吸锡材料，焊点即被拆开。该方法常用于拆卸大面积、多焊点的电路。

3.4　焊点的质量分析

3.4.1　焊点的质量要求

（1）电气接触良好。良好的焊点应该具有可靠的电气连接性能，不允许出现虚焊、桥接等现象。

（2）机械强度可靠。焊接不仅起到电气连接的作用，同时也要起固定元器件、保证机械连接的作用，这与机械强度有关。电子产品装配完成后，由于搬运、使用或自身信号传播等原因，会或多或少地产生振动，因此要求焊点具有可靠的机械强度，以保证在使用过程中，不会因正常的振动而导致焊点脱落。焊料多，机械强度大；焊料少，机械强度小。不能因为要增大机械强度而在焊点上堆积大量的焊料，这样容易造成虚焊、桥接短路故障。

焊点的连接形式通常有插焊、弯焊、绕焊、搭焊 4 种，如图 3.26 所示。弯焊和绕焊的机械强度高，连接可靠性好，但拆焊困难；插焊和搭焊连接最方便，但机械强度和连接可靠性稍差。在印制电路板上焊接时，由于所使用的元器件重量轻，使用过程中振动不大，所以常采用插焊形式。在调试或维修时，通常采用搭焊作为临时焊接的形式，使装拆方便，不易损坏元器件和印制电路板。

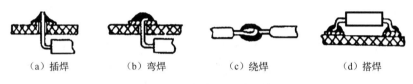

（a）插焊　　　　（b）弯焊　　　　（c）绕焊　　　　（d）搭焊

图 3.26　焊点的连接形式

（3）焊量合适、焊点光滑圆润。从焊点的外观来看，一个良好的焊点应该是明亮、清洁、光滑圆润、焊锡量适中并呈裙状拉开的，焊锡与被焊件之间没有明显的分界，这样的焊点才是合格、美观的，如图 3.27 所示。

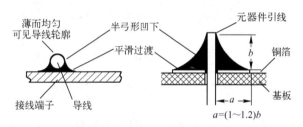

图 3.27　良好焊点的外观

3.4.2　焊点的检查方法

焊接是电子产品制作过程中的一个重要环节，为保证产品的质量，在焊接结束后，要对焊点的质量进行检查。焊点的检查通常采用目视检查、手触检查和通电检查。

1. 目视检查

目视检查是指用肉眼从焊点的外观上检查焊接质量是否合格，焊点是否有缺陷。目视检查可借助于 3~10 倍放大镜、显微镜进行观察。目视检查的主要内容有：

（1）是否有错焊、漏焊、虚焊和连焊。

（2）焊点的光泽好不好，焊料足不足。

（3）是否有桥接现象。

（4）焊点有没有裂纹。

（5）焊点是否有拉尖现象。

（6）焊盘是否有起翘或脱落情况。

（7）焊点周围是否有残留的焊剂。

（8）导线是否有部分或全部断线、外皮烧焦、露出芯线的现象。

（9）焊接部位有无热损伤和机械损伤。

2. 手触检查

在目视检查中发现有可疑现象时，可用手触进行检查，即用手触摸、轻摇焊接的元器件，看元器件的焊点有无松动、焊接不牢的现象；也可用镊子夹住元器件引线轻轻拉动，看有无松动现象。手触检查可检查导线、元器件引线与焊盘结合是否良好，有无虚焊；元器件引线和导线根部是否有机械损伤。

3. 通电检查

通电检查必须在目视检查和手触检查无错误的情况之下进行，这是检验电路性能的关键步骤。通电检查可以发现许多微小的缺陷，如用目视检查不到的电路桥接、印制线路的断裂等。通电检查焊接质量的结果和原因分析如表 3.3 所示。

表 3.3　通电检查焊接质量的结果和原因分析

通电检查焊接质量的结果		原 因 分 析
元器件损坏	失效	元器件失效、成形时元器件受损、焊接过热损坏
	性能变坏	元器件早期老化、焊接过热损坏
导电不良	短路	桥接、错焊、金属渣（焊料、剪下的元器件引脚或导线引线等）引起的短接等
	断路	焊锡开裂、松香夹渣、虚焊、漏焊、焊盘脱落、印制导线断裂、插座接触不良等
	接触不良、时通时断	虚焊、松香焊、多股导线断丝、焊盘松脱等

3.4.3　焊点的常见缺陷及原因分析

当焊接方法不对，或使用的焊料、焊剂不当，或被焊件表面氧化、有污物时，极易造成焊点缺陷，影响电子产品的质量。

焊点的常见缺陷有虚焊、桥接、金属须、球焊（堆焊）、印制电路板焊接缺陷、导线焊接不当、立碑、位置偏移、芯吸、焊料不足等；有时还会出现片式元器件开裂、焊点不光亮、残留物多、PCB 扭曲、IC 引脚焊接后开路、引脚受损、污染物覆盖了焊盘等焊接缺陷。

下面分析一些常见的焊点缺陷。

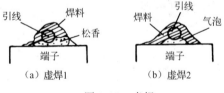

（a）虚焊1　　（b）虚焊2

图 3.28　虚焊

1. 虚焊

虚焊又称假焊，是指焊接时焊点内部没有真正形成连接的现象，如图 3.28 所示。虚焊是焊接中最常见的缺陷，也是最难发现的焊接问题。在电子产品的故障中，有将近一半是虚焊造成的。所以，虚焊是电路可靠性的一大隐患，必须严格避免。

造成虚焊的主要原因：未做好清洁，元器件引线或焊接面氧化或有杂质，焊剂（松香）用量过大，焊锡质量差，焊接温度掌握不当（温度过低或加热时间不足），焊接结束但焊锡尚未凝固时被焊接元器件发生移动等。

虚焊会造成电路的电气连接不良，信号时有时无，噪声增加，电路工作不正常，产品出现一些难以判断的"软故障"。

有些虚焊点的内部开始时有少量连接部分，在电路开始工作时没有暴露出其危害；随着时间的推移，外界温度、湿度发生变化，电子产品使用时出现振动等，虚焊点内部的氧化逐渐加强，连接点越来越小，最后脱落成浮置状态，产品出现一些难以判断的"软故障"，导致电路工作时好时坏，最终完全不能工作。

2. 桥接

桥接是指焊锡将电路之间不应连接的地方误焊起来的现象，如图 3.29 所示。

造成桥接的主要原因：焊锡用量过大，电烙铁使用不当（如电烙铁撤离焊点时角度过小）；导线端头处理不好（芯线散开），残留的元器件引脚或导线、散落的焊锡珠等金属杂物也会造成不易察觉的细微桥接；再流焊时，焊膏厚度过大或合金含量过多，或焊膏塌落或焊膏黏度太小都会造成桥接；波峰焊时，传送速度过慢、焊料波的形状不适当或焊料波中的用量不适当，或焊剂不够也会造成桥接；在自动焊接过程中，焊料槽的温度过高或过低也会造成桥接。

桥接会造成元器件的焊点之间短路，电子产品出现电气短路，有可能使相关电路的元器件损坏或整个电路被烧坏。在对超小元器件及细小印制电路板进行焊接时尤其需要注意。

3. 金属须（拉尖）

金属须是指焊点表面出现小的金属凸起，有尖角、毛刺伸出焊点或焊盘之外，如图 3.30 所示。金属须没有固定的形状，可能长得很长，针形的一般可长到数十微米或更长（曾发现近 10mm 的）；并且没有明确的生长时间，有数天到数年的巨大变化范围。

图 3.29　桥接　　　　　　　　图 3.30　金属须

造成金属须的主要原因：焊料质量不好、焊料中杂质太多、焊接时的温度过低等；用电烙铁手工焊接时，烙铁头离开焊点的方向（角度）不对、电烙铁离开焊点太慢；自动焊接过程中，电路板撤离速度过慢或撤离角度不对，都易造成金属须现象。

金属须会使焊点的外观不佳，易造成桥接短路现象，导致两个焊区的电流过大，引起设备故障；对于高压电路，有时会出现尖端放电的现象。采用在线测试可以很容易发现这一问题，但锡须的生长可能需要一定的时间，这可能是一个长期存在的可靠性问题。

图 3.31 球焊（堆焊）

4. 球焊（堆焊）

球焊（堆焊）是指焊点与印制电路板之间只有少量连接、焊点像球形的锡焊堆积现象，如图 3.31 所示。

造成球焊的主要原因：焊料合金被氧化或者焊料合金过小，使焊膏中的溶剂沸腾时引起的焊料飞溅造成球焊缺陷；存在塌边缺陷，从而造成球焊；印制电路板表面氧化或有杂质且焊料过多；焊料的温度膨胀系数和基板之间出现很大差别等，都会造成球焊现象。在通孔波峰焊接工艺中，这类故障较多，有时也出现在回流工艺中。

球焊造成的后果：由于被焊部件只有少量连接，因而其机械强度差，略微振动就会使连接点脱落，焊点和焊盘之间出现断层而剥离，造成虚焊或断路故障。

5. 印制电路板焊接缺陷

印制电路板焊接缺陷主要包括印制电路板变形和变色、铜箔起翘、焊盘脱落、PCB 分层或 PCB 上的铜箔部分脱离绝缘基板、PCB 通孔断裂等。

造成印制电路板焊接缺陷的主要原因：焊接时间过长、温度过高、反复焊接；或在拆焊时，焊料没有完全熔化就拔取元器件。

印制电路板出现铜箔起翘、焊盘脱落时，会使印制电路板出现断路故障，或元器件无法安装的情况，甚至造成整个印制电路板损坏。

6. 导线焊接不当

导线焊接不当会出现多种问题，会引起电路的诸多故障，常见的故障现象有以下几种：

如图 3.32（a）所示，导线的芯线过长，容易使芯线碰到附近的元器件造成短路故障。

如图 3.32（b）所示，导线的芯线太短，焊接时焊料浸过导线外皮，容易造成焊点处出现空洞虚焊。

如图 3.32（c）所示，导线的外皮烧焦、露出芯线，这是烙铁头碰到导线外皮造成的。这种情况下，露出的芯线易碰到附近的元器件造成短路故障，且外观难看。

如图 3.32（d）所示的摔线和如图 3.32（e）所示的芯线散开现象，这是导线端头没有捻头、捻头散开或烙铁头压迫芯线造成的。这种情况容易使芯线碰到附近的元器件造成短路故障，或出现焊点处接触电阻增大、焊点发热、电路性能下降等不良现象。

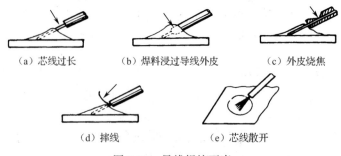

（a）芯线过长　　　（b）焊料浸过导线外皮　　　（c）外皮烧焦

（d）摔线　　　（e）芯线散开

图 3.32　导线焊接不当

7. 立碑

立碑又称为吊桥、曼哈顿现象，是指片状元器件出现立起现象。

造成立碑的主要原因：无铅合金的表面张力较强。具体表现为贴片元器件两边的润湿力不平衡，焊盘设计与布局不合理，与焊膏的印刷、贴片及温度曲线等有关。

8. 位置偏移

位置偏移是指贴片元器件发生错位连接。

造成位置偏移的主要原因：焊料润湿不良、焊膏黏度不够或受其他外力影响等。

9. 芯吸

芯吸又称吸料、抽芯，是常见的焊接缺陷之一，多见于气相再流焊中。这种缺陷是焊料脱离焊盘沿引脚上行到引脚与芯片本体之间，形成的严重虚焊现象。

造成芯吸的主要原因：元器件引脚的导热率过大，升温迅速，以致焊料优先润湿引脚，焊料与引脚之间的润湿力远大于焊料与焊盘之间的润湿力，引脚的上翘更会加剧芯吸的发生。

10. 焊料不足

焊料不足的发生原因主要有两种：一是焊料过少；二是焊膏的印刷性能不好，造成焊料的润湿不良，元器件连接的机械强度不够。

3.5 自动焊接技术

在成批生产、制作电子产品时，需要采用自动焊接技术完成对电子产品的焊接，以提高焊接的速率和效率。目前常用的自动焊接技术有浸焊、波峰焊、再流焊等几种。

3.5.1 浸焊技术

浸焊是早期出现的批量焊接技术，它是将插装好元器件的印制电路板浸入有熔融状焊料的锡锅内，一次性完成印制电路板上所有焊点的自动焊接过程。

1. 浸锡设备

浸锡设备是一种适用于批量生产电子产品的焊接装置，用于对元器件引线、导线端头、焊片及接点、印制电路板的热浸锡。目前使用较多的有普通浸锡设备和超声波浸锡设备两种。

（1）普通浸锡设备。普通浸锡设备是在一般锡锅的基础上加滚动装置及温度调整装置构成的，如图 3.33 所示。操作时，将待浸锡元器件先浸蘸焊剂，再浸入锡锅中。锡锅内的焊料不停地滚动，增强了浸锡效果。浸锡后要及时将多余的锡甩掉，或用棉纱擦掉。

有些浸锡设备配有传动装置，使排列好的元器件匀速通过锡锅，自动浸锡，既可提高浸锡的效率，又可保证浸锡的质量。

（2）超声波浸锡设备。超声波浸锡设备又称为超声波搪锡机，该设备由超声波发生器、换能器、水箱、焊料槽、加温控制设备等几部分组成。

超声波浸锡设备是通过向锡锅幅射超声波来增强浸锡效果的，适用于使用一般锡锅浸锡较困难的元器件，其外形如图 3.34 所示。

图 3.33　普通浸锡设备　　　　图 3.34　超声波浸锡设备

2. 浸焊的工艺流程

浸焊的工作过程示意图如图 3.35 所示。浸焊的工艺流程包括：插装元器件、喷涂焊剂、浸焊、冷却剪脚、检查修补，如图 3.36 所示。

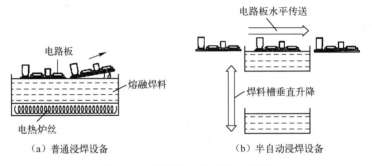

（a）普通浸焊设备　　　　　　　（b）半自动浸焊设备

图 3.35　浸焊的工作过程示意图

图 3.36　浸焊的工艺流程

（1）插装元器件。除不耐高温和不易清洗的元器件外，将所有需要焊接的元器件插装在印制电路板上后，安装在具有振动头的专用设备上。进行浸焊的印制电路板只有焊盘可以焊接，印制导线部分被（绿色）阻焊层隔开。

（2）喷涂焊剂。经过泡沫助焊槽，将安装好元器件的印制电路板喷上焊剂，并用红外加热器或热风机烘干焊剂。

（3）浸焊。由传动设备将喷涂好焊剂的印制电路板运送至锡炉上方，锡炉做上下运动或使 PCB 做上下运动，将 PCB 浸入锡炉焊料内，浸入深度为 PCB 厚度的 1/2~2/3，浸锡时间 3~5s，然后 PCB 以 15°倾角离开浸锡位，移出浸锡机，完成焊接。锡锅槽内的温度控制在 250℃ 左右。

（4）冷却剪脚。焊接完毕后，进行冷却处理，一般采用风冷方式冷却。待焊点的焊锡完全凝固后，送到切头机上，按标准剪去过长的引脚。一般引脚露出锡面的长度不超过 2mm。

（5）检查修补。检查外观有无焊接缺陷，若有少量缺陷，用电烙铁进行手工修复；若缺陷较多，必须重新浸焊。

3. 浸焊操作的注意事项

（1）注意调整浸焊锡锅的温度。熔化焊料时，锡锅应使用加温挡；当锅内焊料已充分熔化后，需及时转向保温挡。及时调整锡锅温度，可防止因温度过高造成焊料氧化，并节省电能消耗。

（2）及时清理焊料。浸焊时，要根据锡锅内熔融状焊料表面杂质含量的多少，确定何时捞出锅内的杂质。在捞出杂质的同时，适当加入一些松香，以保持锡锅槽内的焊料纯度，提高浸焊质量。

（3）注意操作安全。浸焊操作人员在工作时，要穿好安全防护服，避免高温烫伤。

4. 浸焊的特点

浸焊的生产效率较高，操作简单，适于批量生产，可消除漏焊。但是由于浸焊槽内的焊锡表面是静止的，多次浸焊后，浸焊槽内焊锡表面会积累大量的氧化物等杂质，影响焊接质量，造成虚焊、桥接、拉尖等焊接缺陷，需要补焊修正。

对焊槽温度掌握不当时，会导致印制电路板起翘、变形，元器件损坏，故浸焊时要注意对温度的调整。

3.5.2　波峰焊接技术

波峰焊接是指将插装好元器件的印制电路板与熔化焊料的波峰接触，一次完成印制电路板上所有焊点的焊接过程。

波峰焊接机是利用焊料波峰接触被焊件，形成浸润焊点，完成焊接过程的焊接设备。波峰焊接机以自动化的机械焊接代替了手工焊接，其焊接效率高、焊接质量好。这种设备适用于印制电路板的焊接。

1. 波峰焊及其工艺流程

波峰焊是指利用焊锡槽内的机械泵，源源不断地泵出熔融焊锡，形成一股平稳的焊料波峰，与插装好元器件的印制电路板接触，完成焊接过程，如图 3.37 所示。

波峰焊接的工艺流程如图 3.38 所示，包括：焊前准备、元器件插装、喷涂焊剂、预热、波峰焊接、冷却、检验修复、清洗。

（1）焊前准备。焊前准备包括元器件引脚搪锡、成形，印制电路板的准备及清洁等。

（2）元器件插装。根据电路要求，将已成形的有关元器件插装在印制电路板上，一般采用半自动插装或全自动插装与手工插装相结合的流水作业方式。插装完毕，将印制电路板装到波峰焊接机的夹具上。

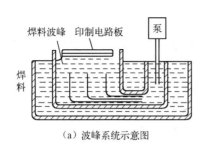
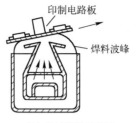

（a）波峰系统示意图　　　　（b）波峰焊接示意图

图 3.37　波峰焊工作过程

焊前准备 → 元器件插装 → 喷涂焊剂 → 预热 → 波峰焊接 → 冷却 → 检验修复 → 清洗

图 3.38　波峰焊接的工艺流程

（3）喷涂焊剂。为了去除被焊件表面的氧化物，提高被焊件表面的润湿性，需要在波峰焊之前对被焊件表面喷涂一层焊剂。其操作过程为：将已插装好元器件的印制电路板，通过能控制速度的运输带进入喷涂焊剂装置，把焊剂均匀地喷涂在印制电路板及元器件引脚上。

焊剂的喷涂形式有：发泡式、喷雾式、喷流式和浸渍式等，其中以发泡式最为常用。

（4）预热。预热是指对已喷涂焊剂的印制电路板进行预加热。其目的是去除印制电路板上的水分，激活焊剂，减小波峰焊时给印制电路板带来的热冲击，提高焊接质量。一般预热温度为 70℃~90℃，预热时间为 40s。可采用热风加热，也可用红外线加热。

目前波峰焊基本上采用热辐射方式进行预热，最常用的有：强制热风对流、电热板对流、电热棒加热及红外加热等。

（5）波峰焊接。波峰焊接槽中的机械泵根据焊接要求，源源不断地泵出熔融焊锡，形成一股平稳的焊料波峰，经喷涂焊剂和预热后的印制电路板，由传送装置送入焊料槽与焊料波峰接触，完成焊接过程。

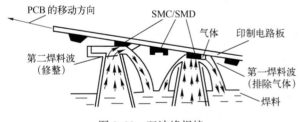

图 3.39　双波峰焊接

波峰焊接的方式有：单波（λ 波）焊接、双波（扰流波和 λ 波）焊接。通孔插装的元器件常采用单波焊接的方式，混合技术组装的印制电路板一般采用双波焊接的方式进行，双波峰焊接如图 3.39 所示。

（6）冷却。印制电路板焊接好后，板面的温度仍然很高，焊点处于半凝固状态，这时，轻微的振动都会影响焊点的质量；另外，长时间的高温也会损坏元器件和印制电路板。所以，焊接后必须进行冷却处理，可采用自然冷却、风冷或气冷等冷却方式。

（7）检验修复。冷却后，从波峰焊接机的夹具上取下印制电路板，人工检验印制电路板上有无焊接缺陷；若有少量缺陷，则用电烙铁进行手工修复；若缺陷较多，则必须查找原因，然后重新焊接。

（8）清洗。冷却后，应对印制电路板板面残留的焊剂、废渣和污物进行清洗，以免日后残留物侵蚀焊点而影响焊点的质量。目前，常用的清洗法有液相清洗法和气相清洗法。

① 液相清洗法。使用无水乙醇、汽油或去离子水等作为清洗剂。清洗时，用刷子蘸清洗剂去清洗印制电路板；或利用加压设备对清洗剂加压，使之形成冲击流去冲击印制电路板，达到清洗的目的。液相清洗法速度快，清洗质量好，有利于实现清洗工序自动化，但清洗设备结构较复杂。

② 气相清洗法。使用三氯三氟乙烷或三氯三氟乙烷和乙醇的混合物作为气相清洗剂。清洗方法：将清洗剂加热到沸腾状态，把清洗件置于清洗剂蒸汽中，清洗剂蒸汽在清洗件的表面冷凝并形成液流，液流冲洗掉清洗件表面的污物，使污物随着液流流走，达到清洗的目的。

在气相清洗法中，清洗件接触的始终是干净的清洗剂蒸汽，所以气相清洗法有很高的清洗质量，对元器件无不良影响，废液回收方便，并可以循环使用，减少了溶剂的消耗和对环境的污染，但清洗液价格很高。

2. 波峰焊的特点

波峰焊锡槽内的焊锡表面是非静止的，熔融焊锡在机械泵的作用下，连续不断地泵出并形成波峰，使波峰上的焊料（直接用于焊接的焊料）表面无氧化物，避免了因氧化物的存在而产生的"夹渣"虚焊现象；又由于印制电路板与波峰之间始终处在相对运动状态，所以焊剂蒸汽易于挥发，焊接点上不会出现气泡，提高了焊点的质量。

波峰焊的生产效率高，最适应单面印制电路板的大批量焊接，焊接的温度、时间，焊料及焊剂的用量在波峰焊中均能得到较完善的控制。但波峰焊容易造成焊点桥接的现象，需要使用电烙铁进行手工补焊、修正。

3.5.3 再流焊技术

再流焊又称回流焊，是伴随微型化电子产品的出现而发展起来的焊接技术，主要应用于贴片元器件的焊接。

再流焊技术使用具有一定流动性的糊状焊膏，预先在印制电路板的焊盘上涂上适量和适当形式的焊锡膏，再把贴片元器件粘在印制电路板预定位置上，然后通过加热使焊膏中的粉末状固体焊料熔化，达到将元器件焊接到印制电路板上的目的。

由于在贴片（印刷）（SMT）元器件过程中使用的是具有流动性的糊状焊膏，这是焊膏的第一次流动，焊接时加热焊膏使粉末状固体焊料变成液体（即第二次流动），所以该焊接技术称为再流焊技术。

1. 再流焊设备

再流焊技术是贴片（SMT）元器件的主要焊接方法。目前，使用最广泛的再流焊接机可分为红外式、热风式、红外热风式、汽相式、激光式等几种。

2. 再流焊技术的工艺流程

如图 3.40 所示为再流焊技术的工艺流程。

| 焊前准备 | → | 点膏并贴装元器件 | → | 加热、再流 | → | 冷却 | → | 测试 | → | 修复、整形 | → | 清洗、烘干 |

图 3.40　再流焊技术的工艺流程

（1）焊前准备。焊接前，准备好需焊接的印制电路板、贴片元器件等材料及焊接工具，并将粉末状焊料、焊剂、黏合剂制作成糊状焊膏。

（2）点膏并贴装元器件。使用手工、半自动或自动丝网印刷机，像油印一样将焊膏印到印制电路板上。同样，也可以用手工或自动化装置将 SMT 元器件粘贴到印制电路板上，使它们的电极准确地定位到各自的焊盘上。这是焊膏的第一次流动。

（3）加热、再流。根据焊膏的熔化温度，加热焊膏，使丝印的焊料（如焊膏）熔化而在被焊工件的焊接面上再次流动，达到将元器件焊接到印制电路板上的目的，焊接时的这次熔化流动是第二次流动，称为再流焊。再流焊区的最高温度应控制在使焊膏熔化，且使焊膏中的焊剂和黏合剂气化并排掉的范围内。

再流焊的加热方式通常有：红外线辐射加热、激光加热、热风循环加热、热板加热及红外光束加热等。

（4）冷却。焊接完毕后，及时将焊接板冷却，避免长时间的高温损坏元器件和印制电路板，并保证焊点的稳定连接。一般用冷风进行冷却处理。

图 3.41　在线测试仪的外形

（5）测试。用肉眼查看焊接后的印制电路板有无明显的焊接缺陷，若没有，用检测仪器检测焊接情况，判断焊点连接的可靠性及有无焊接缺陷。

目前常用的在线测试仪就可以对已装配完成的印制电路板进行电气功能和综合性能的快速测试，该测试仪的外形如图 3.41 所示，可以检测印制电路板有无开、短路，电阻、电容、电感、二极管、三极管、IC 等元器件的性能好坏等。

（6）修复、整形。若焊接点出现缺陷或焊接位置有错位现象时，用电烙铁进行手工修复。

（7）清洗、烘干。修复、整形后，对印制电路板板面残留的焊剂、废渣和污物进行清洗，然后进行烘干处理，去除板面水分并涂敷防潮剂。

3. 再流焊的特点

（1）焊接的可靠性高，一致性好，节省焊料。仅在被焊接的元器件的引脚上铺一层薄薄的焊料，一个焊点一个焊点地完成焊接。

（2）再流焊是先把元器件黏合固定在印制电路板上再焊接的过程，所以元器件不容易移位。

（3）采用对元器件引脚局部加热的方式完成焊接，因而被焊接的元器件及印制电路板受到的热冲击小，印制电路板和元器件受热均匀，不会因过热造成元器件和印制电路板的损坏。

（4）再流焊技术仅需要在焊接部位施放焊料，并局部加热完成焊接，避免了桥接等焊接缺陷。

（5）焊料仅能一次性使用，不存在反复利用的情况，焊料纯净，没有杂质，避免了虚焊，保证了焊点的质量。

项 目 小 结

1. 焊接是使金属连接在一起的一种方法，电子产品中的焊接是指将导线、元器件引脚与印制电路板连接在一起的过程。在电子产品制造过程中，使用最普遍、最广泛的焊接技术是锡焊。

2. 焊接主要满足机械连接和电气连接两个目的，其中，机械连接起固定作用，电气连接起电气导通作用。

3. 完成锡焊并保证焊接质量，应同时满足：被焊金属具有良好的可焊性、被焊件保持清洁、合适的焊料和焊剂、合适的焊接温度。

4. 完成焊接需要的材料包括：焊料、焊剂、阻焊剂、清洗剂等。

5. 电子产品制作中常用的手工焊接工具主要有电烙铁、电热风枪等。
电烙铁主要用于各类电子整机产品的手工焊接、补焊、维修及更换元器件。
电热风枪是用于焊装或拆卸表面贴装元器件的专用手工焊接工具。

6. 焊接用的辅助工具通常有：烙铁架、小刀或细砂纸、尖嘴钳或镊子、斜口钳、吸锡器等。

7. 手工焊接是焊接技术的基础，也是电子产品制作人员必须掌握的一项基本操作技能，适合于电子产品试制、电子产品的小批量生产、电子产品的调试与维修，以及某些不适合自动焊接的场合。

8. 拆焊又称解焊，是指把元器件从印制电路板原来已经焊接的安装位置上拆卸下来。当焊接出现错误、元器件损坏或需调试、维修电子产品时，就要进行拆焊。
常用的拆焊方法有分点拆焊法、集中拆焊法、断线拆焊法和吸锡工具（材料）拆焊法。

9. 对焊点的质量要求主要包括：有良好的电气连接性能和机械强度，焊量合适、焊点光滑圆润等。

10. 焊接结束后，应采用目视检查、手触检查和通电检查等方法对焊点进行检查，及时发现焊点的缺陷，保证焊接的质量。

11. 焊点的常见缺陷有：虚焊、桥接、金属须、球焊（堆焊）、印制电路板焊接缺陷、导线焊接不当、立碑、位置偏移、芯极、爆料不足等。

12. 自动焊接技术可以大大提高焊接速度，提高生产效率，降低成本，减少人为因素的影响，满足焊接的质量要求。常用的自动焊接技术有浸焊、波峰焊、再流焊等几种。

自我测试 3

3.1 简述锡焊的基本过程。

3.2 完成锡焊有哪些基本条件？

3.3 焊膏有什么用途？

3.4 焊剂有何作用？使用松香焊剂要注意什么？

3.5 在焊接工艺中，为什么要使用清洗剂和阻焊剂？

3.6 内热式电烙铁和外热式电烙铁各有何特点？

3.7 怎样检测电烙铁的好坏？

3.8 使用电烙铁应注意哪些事项？

3.9 吸锡电烙铁有什么功能？用于什么场合？

3.10 电热风枪有何作用？

3.11 手工焊接握持电烙铁的方法有哪几种？手工焊接印制电路板上的元器件需要怎样握持电烙铁？

3.12 什么是焊接的"五步操作法"？什么是焊接的"三步操作法"？

3.13 合格的焊点应具有什么特点？如何检查焊点的质量？

3.14 简述锡焊的常见缺陷，如何避免焊接缺陷？

3.15 在什么情况下要进行拆焊？分点拆焊法和集中拆焊法各用于什么场合？

3.16 在什么情况下需要使用断线拆焊法？什么情况下要借助于吸锡材料拆焊？

3.17 什么是浸焊？浸焊有何特点？

3.18 什么是波峰焊？焊锡波峰是如何形成并完成波峰焊接的？

3.19 波峰焊完成后，如何进行修复？为什么要进行清洗？

3.20 什么是再流焊？适用于什么场合？

项目 4　电子整机产品的装配与拆卸

项目任务

了解电子产品的装配工艺流程及生产流水线，熟悉电子产品的各种连接装配技术，了解电子整机产品拆卸的目的和内容，掌握电子整机产品的拆卸方法。

知识要点

电子产品装配的分级及技术要求；表面安装技术 SMT；电子产品装配工艺流程；电子产品的生产流水线；电子产品总装；连接装配工艺；电子整机产品拆卸的规则与要求。

技能要点

(1) 压接、绕接及穿刺连接的工艺技巧。

(2) 螺纹装配及拆卸技巧。

(3) 电子整机产品的拆卸方法与技巧。

电子整机产品的装配（也称为总装）是指：将构成电子整机产品的各零部件、接插件及单元功能整件（如各机电元器件、印制电路板、底座及面板等），按照设计要求，进行装配、连接，组成一个具有一定功能的、完整的电子整机产品的过程。电子整机产品装配是电子产品生产制作过程中一个极其重要的环节。

4.1　电子整机产品的装配要求

4.1.1　电子整机产品的结构特点与设计要求

1. 电子整机产品的结构特点

电子整机产品在结构上通常由组装好的印制电路板、接插件、底板和机箱外壳等几个部分构成。各部分的作用、功能如下：

(1) 印制电路板提供电路元器件之间的电气连接，作为电路中元器件的支撑件，起电气连接和绝缘基板的双重功能。

(2) 底板是安装、固定和支撑各种元器件、机械零件及插入组件的基础结构，在电路连接上起公共接地点的作用，对于简单的电子产品也可以省掉底板。

(3) 接插件是在机器与机器之间、电路板与电路板之间、元器件与电路板之间进行电气连接的元器件。

（4）机箱外壳将构成电子产品的所有部件进行封装，起到保护功能部件、安全可靠、体现产品功能、便于用户使用、防尘防潮、延长电子产品使用寿命等作用。

2. 电子整机产品设计的基本要求

电子整机产品设计，是把构成电子产品的各个部分科学、有机地结合起来的过程，是实现电路功能指标、组成完整电子装置的过程。

电子产品不仅要有良好的电气性能，还要有可靠的总体结构和牢固的机箱外壳，这样才能保证产品经受住各种环境因素的考验，长期安全地使用。因此从电子整机产品结构的角度来说，设计要求如下：

（1）实现产品的各项功能指标，工作可靠，性能稳定。

（2）体积小，外形美观，操作方便，性价比高。

（3）绝缘性能好，绝缘强度高，符合国家安全标准。

（4）装配、调试、维修方便。

（5）产品的一致性好，适合批量生产或自动化生产。

4.1.2 电子整机产品装配的类别

电子整机产品的装配包括机械和电气两大部分，其分类如下。

1. 可拆卸装接和不可拆卸装接

根据连接方式的不同可分为可拆卸装接和不可拆卸装接两种。

可拆卸装接：电子产品装接后再拆散时，不会损伤任何零件，包括螺纹连接、柱销连接、夹紧连接等。

不可拆卸装接：电子产品装接后再拆散时，会损坏零件或材料，包括锡焊连接、胶粘、铆钉连接等。

2. 整机装配和组合件装配

根据整机结构的装配方式可分为整机装配和组合件装配两种。

整机装配是指把电子产品的所有零部件、整件通过各种方法安装在一起，组成一个不可分的电子整体，具有独立工作的功能。这类电子整机包括收音机、电视机、信号发生器等。

组合件装配是指把若干个组合件装配组成一个电子整机。构成电子整机的各个组合件都具有一定的功能，而且随时可以拆卸。这类电子整机包括大型控制台、插件式仪器、计算机等。

3. 元件级、插件级和系统级组装

根据电子产品装配的内容、程序的不同可分为元件级、插件级和系统级组装三种。

元件级组装（第一级组装），是指将电子元器件组装在印制电路板上的装配过程，是组装中初级的、最低级别的装配。

插件级组装（第二级组装），是指将装配好元器件的印制电路板或插件板进行互连和组装的过程。

系统级组装（第三级组装），是指将插件级组装件，通过连接器、电线电缆等组装成具有一定功能的、完整的电子产品的过程。

在电子产品装配过程中，先进行元件级组装，再进行插件级组装，最后进行系统级组装。在较简单的电子产品装配中，可以把第二级和第三级组装合并完成。

4.1.3　电子产品的抗干扰措施

在使用电子产品过程中，其内部和外界都充满了各种电磁波信号，为保证电子产品具备良好的工作状态，在电子产品设计、装配中，除应保证电子产品具有可靠的电气连接、机械连接及具有良好的性能指标外，还必须考虑外界电磁干扰对电子产品性能的影响，考虑电子产品在使用过程中的抗干扰能力，以及电子产品对外界的辐射。

要提高电子产品的抗干扰能力，必须了解干扰的途径与危害，才能找到抗干扰措施。

1. 干扰源对电子产品的影响

电磁波的噪声和干扰对电子产品的性能和指标影响极大，轻则使电子产品的信号失真，降低性能指标，重则淹没有用信号，影响电路的正常工作，甚至可能击穿电子产品中的元器件及损坏电子设备，造成严重的工作事故及危害。

2. 干扰的途径与危害

干扰源（主要是电磁波）可以以有线（传导）或无线（辐射）的方式干扰电子设备，有线的方式是指通过天线、电源线、信号线路、电路等多种途径来影响电子产品；无线的方式是指通过空间辐射来影响电子产品，电磁波干扰可以以电场、磁场、电磁场的形式侵入电路，对电子产品的元器件及电路造成危害。

造成干扰的因素一般有以下几种：

（1）元器件质量不好、虚焊、接插件接触不良、导线焊接不当、屏蔽体接地不良，会造成电路信号时有时无，这类故障有时很难查找和排除。

（2）当电路布局工艺不合理时，电路的导线、元器件的分布电容和分布电感等产生的寄生耦合，会造成电路内部自激、信号减小或频率偏移。

（3）自然干扰源对电子产品的影响。如雷击、闪电、空间电磁波的强烈辐射（太阳黑子、宇宙射线、流星雨……）等出现时，会产生强烈的电磁辐射，造成电子电路的信号受到强烈干扰，导致电子设备工作不正常、短时中断等，严重时会损坏电子设备。

（4）人为干扰源对电子产品的影响。人为干扰源主要指的是工业干扰，电焊、继电器吸合或断开动作、电气设备的启动与关闭等，都会对电子设备造成电磁波干扰。

（5）信号之间的相互干扰。空中的无线电波在传递过程中，会通过线路、元器件侵入电子产品，由于信号频率不同，侵入的无线电信号会干扰电子产品的工作，造成接收的信号中产生噪声，有时甚至淹没有用信号。

（6）静电干扰。静电是指静态电荷，是由于摩擦、电磁感应等产生的。静电产生的火花放电会击穿电子元器件，特别是 MOS 元器件；静电会使电子电路无法正常工作，严重时会引发火灾或引起爆炸。

3. 抗干扰措施

避免干扰通常采用三种方式：一是消除干扰源，二是阻断干扰途径，三是分离有用信号和干扰信号。

在电子产品中常采用屏蔽、退耦、滤波、接地等措施进行抗电磁波干扰。

（1）屏蔽。屏蔽是指利用金属网、金属罩等金属体，把电磁场限制在一定的空间范围内或把电磁强度削弱到一定的数量级，使金属体内外的电磁辐射、干扰大大降低，以此破坏干扰途径，排除干扰。具体采取的屏蔽措施如下：

① 消除信号传递中的干扰。使用同轴电缆、屏蔽线进行信号的传输，目的也是利用屏蔽原理，去破坏干扰途径，排除干扰。具体操作时，用导线的芯线传递信号，将屏蔽层良好接地，就可起到良好的屏蔽、去干扰作用，在高频电路中或微信号的情况下，屏蔽效果尤为显著。

② 消除工频干扰。电网电压中的工频干扰，会通过电源变压器初、次级线圈之间的分布电容耦合到整流后的直流电源中，对电子产品的各级电路造成工频干扰，影响电路的正常工作。在这种情况下，可使用有屏蔽层的变压器，将屏蔽层接地，并连接到电路的公共接地端，即可消除工频干扰，如图4.1所示。

③ 消除静电干扰。用导线将电子产品接地，避免在电子产品上积累静电电荷，即可从根源上消除静电干扰。

有时为了取得较好的屏蔽效果，可采用多层屏蔽的方法。

（2）退耦。退耦是指在直流电源供电线路上加接滤波电路，使叠加在直流电源电压上的干扰信号通过电源滤波电路（称退耦电路）去除掉，破坏干扰的途径，保证电源电压的稳定性，避免电源波动对电路造成低频干扰。

电源退耦电路常采用RC退耦电路，如图4.2所示。通常退耦电容 C 和退耦电阻 R 的值越大，去干扰能力越强，但电阻大也会消耗电源的能量，导致电源电压下降。在实际操作中，往往选择大电容做耦合电容（一般在 $5\sim50\mu F$ 左右），这样的退耦效果较好，对电路的影响小。

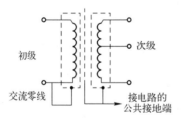

图4.1 将变压器的屏蔽层接地消除工频干扰

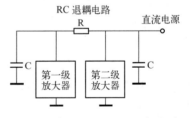

图4.2 直流电源的RC退耦电路

（3）选频、滤波。对于电路中混进的与有用信号频率不同的干扰，通常采用选频电路挑选出有用的频率信号，再利用滤波电路进一步滤除干扰的频率信号。

根据滤波器滤除和保留信号的工作范围，滤波器分为低通滤波器、高通滤波器、带通滤波器、带阻滤波器四种。

各种滤波器的理想频率特性及电路如图4.3所示。

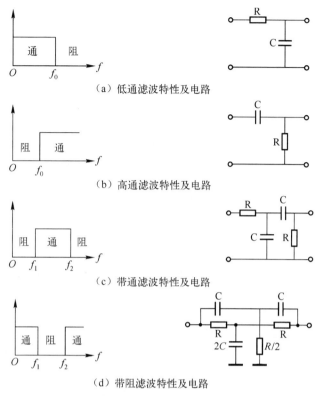

（a）低通滤波特性及电路

（b）高通滤波特性及电路

（c）带通滤波特性及电路

（d）带阻滤波特性及电路

图4.3　各种滤波器的理想频率特性及电路

（4）接地。每个电子电路都有接地，根据接地方式可分为单点接地和多点接地。合理设置接地点（电路的公共接地端）是抑制噪声和防止干扰的最重要措施之一。理想的接地，应使各级电路的电流都经地线形成回路，流经地线的各级电路的电流互不影响。

此外，对于具有小信号和高灵敏度的放大电路，还应注意选用低噪声的电阻、二极管及三极管等元器件，避免元器件自身产生噪声干扰。

4.1.4　电子产品装配的技术要求

电子产品装配既要保证产品的可靠电气连接和机械连接，还要确保其具有良好的性能技术指标，因而电子产品的装配是电子产品制作过程中一个极其重要的环节。

电子产品装配的技术要求主要有以下几点：

1. 装配要符合电气性能要求

电子产品的电气性能要求主要包括：连接部分良好、可靠导通，其接触电阻小（≤0.01Ω），可用毫欧计或伏安计检测；断开部分可靠绝缘，其绝缘电阻大（≥0.5MΩ），可用兆欧表检测。

2. 保证信号的良好传输

影响信号传输的主要因素：信号间的相互干扰、发热元器件和热敏元器件的装配环境。

中、高频电路及对电磁信号敏感的电路，必须做好电磁屏蔽，如传输线采用屏蔽线，一些敏感电路采取金属屏蔽盒，并做好接地，避免传输线路和信号处理电路之间的相互干扰。

对于发热的元器件，要注意装配中的散热安装，如装好散热片，发热元器件周围留有一定的空间，电子产品的机箱、外壳留有散热孔。

对于热敏元器件，要注意装配顺序，一般先装普通元件，后装热敏元器件；热敏元器件尽量远离发热元件。

3. 具有足够的机械强度

电子产品在运输、使用过程中，可能会受到一定的机械振动，导致电子产品工作不稳定。故在电子产品装配过程中要考虑元器件和部件装配的机械强度，小型元器件的焊点大小要适中，大型元器件或部件可采用螺钉紧固的办法加强装配的机械强度。

4. 不得损伤电子产品及其零部件

装配过程中要仔细、小心，不能用电烙铁等发热物体烫坏元器件、导线和装配部件；装配工具要使用得当，不得因用力过大而划伤或伤害紧固元器件、电路板和外壳等，不得损伤元器件引脚和导线的芯线。

5. 注意电子产品的装配、使用安全

一些电子产品必须连接 220V 交流电才能工作，在装配过程中要注意安全，如具有金属外壳的电子产品及使用旋钮，应具备可靠的安全绝缘性能，做好接地、绝缘工作；装配有电源保险管的电子产品时，在电源保险管的部位应该有警示标志，严禁带电装配、更换元器件；电源导线要保持完好，不能出现断裂、芯线外露等情况，避免在装配、使用过程中出现意外。

4.2 表面安装技术 SMT

表面安装技术 SMT（SMT–Surface Mounting Technology）也称为表面贴装技术、表面组装技术，它是把无引线或短引线的表面安装元件（SMC）和表面安装器件（SMD），直接贴装、焊接到印制电路板或其他基板表面上的装配焊接技术。

表面安装技术是一种包括 PCB 基板、电子元器件、线路设计、装联工艺、装配设备、焊接方法和装配辅助材料等诸多内容的系统性综合技术，从电子元器件到安装方式，从 PCB 设计到连接方式，都以全新的面貌出现，是电子产品实现多功能、高质量、微型化、低成本的手段之一，是今后电子产品装配的主要潮流。目前，全球的电子产品制作均广泛应用表面安装技术。

4.2.1 SMT 的安装方式

SMT 从元器件的结构、PCB 设计到连接方式都采用了全新的形式，所以 SMT 的安装方式亦有所不同，大体分为完全表面安装、单面混合安装和双面混合安装等。

1. 完全表面安装

完全表面安装是指所需安装的元器件全部采用表面安装元器件（SMC 和 SMD），印制电路板上没有通孔插装元器件 THC。各种 SMC 和 SMD 均被贴装在印制电路板的表面上，如图 4.4 所示。完全表面安装采用再流焊技术进行焊接。

（a）单面板完全表面安装　　　　（b）双面板完全表面安装

图 4.4　完全表面安装

完全表面安装方式的特点是工艺简单，组装密度高，电路轻薄，但不适用于大功率电路的安装。

2. 单面混合安装

单面混合安装是指在同一块印制电路板上，贴片元器件 SMC 和 SMD 安装、焊接在焊接面上；通孔插装的传统元器件 THC 放置在 PCB 的一面上，焊接在 PCB 的另一面上完成。单面混合安装可以分为两种方式：通孔插装的元器件和贴片元器件安装在 PCB 的同一面上、通孔插装的元器件和贴片元器件分别安装在 PCB 的两面上，如图 4.5 所示。

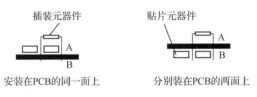

安装在PCB的同一面上　　　　　分别装在PCB的两面上

图 4.5　单面混合安装

3. 双面混合安装

双面混合安装是指在同一块印制电路板的两面上，既装有贴片元器件，又装有通孔插装的传统元器件的安装方式。双面混合安装可以分为两种方式：通孔插装的元器件安装在 PCB 的一面上、贴片元器件安装在 PCB 的两面上，以及 PCB 的两面同时装有通孔插装的元器件和贴片元器件，如图 4.6 所示。

通孔插装元器件安装在一面上　　　　PCB的两面都装有元器件
贴片元器件安装在PCB的两面上

图 4.6　双面混合安装

混合安装方式的特点是：PCB 的成本低，组装密度高（两面安装元器件），适用于各种电路（大功率、小功率电路）的安装，但焊接工艺上略显复杂。目前，使用较多的安装方式还是混合安装方式。

混合安装方式的焊接采用"先贴后插"的方式，即先用再流焊技术焊接贴片元器件，后用波峰焊技术焊接传统的插装元器件。

4.2.2　表面安装技术 SMT 的工艺流程

表面安装技术的工艺流程包括：安装印制电路板、点胶、贴装 SMT 元器件、烘干、焊接、清洗、检测、维修，如图 4.7 所示。

图 4.7　表面安装技术工艺流程

（1）安装印制电路板。将按电路要求制作好的印制电路板，固定在带有真空吸盘、板面有 XY 坐标的台面上。

（2）点胶。在需要安装贴片元器件的位置上点胶（黏合剂），即将焊膏或贴片胶漏印到印制电路板的焊盘上，为元器件的焊接做准备。

注意：要保证黏合剂精确"点"在元器件安装的中心处，防止污染元器件的焊盘。

（3）贴装 SMT 元器件。把 SMT 元器件贴装在印制电路板上，使它们的电极准确地定位到各自的焊盘上。通常使用 SMT 元器件贴片机完成贴装 SMT 元器件的任务。

（4）烘干。用加热或紫外线照射的方法，烘干黏合剂，使 SMT 元器件牢固地固定在印制电路板上。若采用混合安装方式，这时还要完成传统元器件的插装工作。

（5）焊接。采用波峰焊或再流焊对印制电路板上的元器件进行焊接。对于贴片元器件采用再流焊技术将焊膏熔化，将贴片元器件与印制电路板焊接在一起；对于通孔安装元器件，采用波峰焊技术进行焊接。

（6）清洗。对经过焊接的印制电路板进行清洗，去除残留在板面上的杂质，避免腐蚀印制电路板。

（7）检测。将焊接清洗完毕的印制电路板进行装配质量和焊接质量的检测，可使用放大镜、在线测试仪、X-RAY 检查仪、飞针测试仪等设备完成。

（8）维修。对检测出故障的印制电路板进行维修。

4.2.3　表面安装技术 SMT 的设备简介

完成表面安装技术 SMT 的设备包括：自动 SMT 表面贴装设备和小型手工 SMT 表面贴装设备。

1. 自动 SMT 表面贴装设备

自动 SMT 表面贴装设备主要有：自动上料机、自动丝印机（焊膏印刷机）、自动贴片机（贴装机）、再流焊接机、下料机、测试设备等，如图 4.8 所示。

（1）自动上料机和下料机：分别完成预装电路板的输入和已焊电路板的输出工作。

（2）自动丝印机（焊膏印刷机）：将焊膏或贴片胶丝印（漏印）到 PCB 的焊盘上，为元器件的焊接做好准备。新型自动丝印机采用计算机图像识别系统来实现高精度印刷，刮刀由步进电机无声驱动，易于控制刮刀压力和印层厚度。

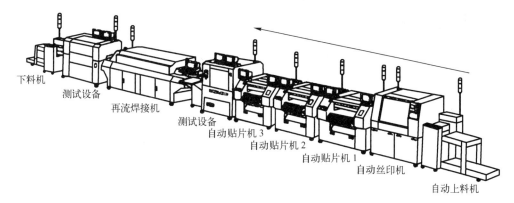

图 4.8　成套 SMT 表面贴装设备

（3）自动贴片机（贴装机）：将贴片元器件准确贴装在电子整机印制电路板上的专用设备的总称。通常由微处理机根据预先编好的程序，控制机械手（真空吸头）将规定的贴片（SMT）元器件贴装到印制电路板上预制位置（已滴红胶），并经烘烤使红胶固化，使贴片元器件固定。自动贴片机的贴装速度快，精度高。

（4）测试设备：对组装好的 PCB 进行焊接质量和装配质量的检测。

2. 小型手工 SMT 表面贴装设备

在小批量生产或试制阶段，为了降低成本、提高效率，并满足学校实践教学及科研的需要，可使用小型手工 SMT 表面贴装设备。如图 4.9 所示为 SMT-2 小型表面贴装系统所需配备的设备。其主要包括：

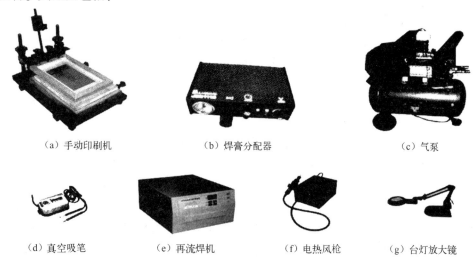

（a）手动印刷机　　　　（b）焊膏分配器　　　　（c）气泵

（d）真空吸笔　　　（e）再流焊机　　　（f）电热风枪　　　（g）台灯放大镜

图 4.9　SMT-2 小型表面贴装系统所需配备的设备

（1）印焊膏设备，如手动印刷机、模板、焊膏分配器、气泵等。

（2）贴片设备，如真空吸笔、托盘等。

（3）焊接设备，如再（回）流焊机、电热风枪等。

（4）检验维修工具，如电热风拔放台枪、台灯放大镜等。

4.2.4　SMT 的焊接质量分析

对 SMT 的焊接质量要求与对传统的焊接技术要求基本相同，即要求焊点表面有光泽且平滑，焊料与焊件交接处平滑，无裂纹、针孔、夹渣等，如图 4.10 所示。

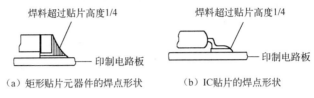

图 4.10　合格的 SMT 焊接情况

在 SMT 的生产过程中，各种原因都会导致焊接缺陷，影响电子产品的工作可靠性和质量。常见的 SMT 焊接缺陷有焊料不足、桥接、焊料过多、漏焊、元器件位置偏移、球焊、立碑等。如图 4.11 所示为常见的 SMT 焊接缺陷。

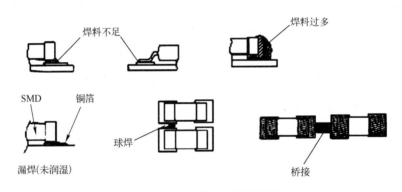

图 4.11　常见的 SMT 焊接缺陷

各种焊接缺陷造成的不良后果如下：

（1）焊料不足。焊料不足会使元器件焊接不牢固、焊点的稳定度下降，稍微振动后，元器件就有可能从电路板上脱落。

（2）桥接。焊料将相邻的两个不该连接的焊点黏连在一起，会造成电路短路，电路通电后大量的元器件被烧坏、印制导线被烧断。

（3）焊料过多。焊料过多容易造成桥接现象，使电路出现短路故障。

（4）漏焊。某些元器件没有被焊接上，元器件未连接在电路中，造成电路断路故障。

（5）元器件位置偏移。贴片元器件没有完全置于焊盘的位置上或完全偏离焊盘。这种情况会造成连接点的接触电阻大，该焊点的信号损耗大，甚至该点完全断开、信号不能通过，造成电路无法正常工作。

（6）立碑。立碑现象也称为吊桥、曼哈顿现象，是指贴片元器件的一端焊接在焊盘上，另一端翘起一定高度甚至完全立起的现象，使电路断开、无法工作。

4.2.5 表面安装技术 SMT 的特点

表面安装技术打破了先在印制电路板上通孔安装元器件，再焊接的传统工艺，而是直接将表面安装元器件平卧在印制电路板表面上进行安装，如图 4.12 所示。

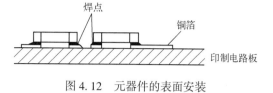

图 4.12 元器件的表面安装

1. SMT 与 THT 的区别

SMT 是指表面安装技术（Surface Mounting Technology），THT 是指传统的通孔插装技术（Through Hole Technology），两者的差别体现在元器件、PCB、组件形态、焊点形态和组装工艺方法等各个方面，如表 4.1 所示。

表 4.1 SMT 与 THT 的区别

元器件的组装技术	表面安装技术（SMT）	通孔插装技术（THT）
组装特点	安装 SMC 和 SMD 元器件，元器件体积小、功率小	安装通孔元器件，元器件体积相对大、大、小功率的元器件均有
	PCB 上没有通孔，其元件面与焊接面同面	PCB 上有插装元器件的通孔，其元件面与焊接面在两个不同的面上
	元器件贴装在 PCB 上	元器件插装在 PCB 上
	PCB 的两面都可以安装元器件	只能在 PCB 的某一面上安装元器件，元器件放置在元件面上，焊接在焊接面上完成
	一般需要专业设备进行组装	可使用专业设备进行组装，也可以手工组装

2. 表面安装技术的优点

与传统的通孔插装技术相比，表面安装技术具有以下优点：

（1）微型化程度高。表面安装元器件（SMC 和 SMD）的体积小，只有传统元器件的 20%~30%，体积最小的仅为传统元器件的 10%，可以贴装在 PCB 的两面上，并且印制电路板上的连接导线及间隔大大缩小，实现了高密度组装，使电子产品的体积、重量更趋于微型化。采用了 SMT 后，可使电子产品的体积缩小 40%~60%，重量减轻 60%~80%。

（2）稳定性能好。表面安装元器件无引线或引线极短，可以牢固地贴焊在印制电路板上，使得电子产品的抗振能力增强，产品可靠性提高。

（3）高频特性好。由于表面安装的结构紧凑，安装密度高、连线短，因而减小了印制电路板的分布参数，同时表面安装元器件无引线或引线极短，大幅度降低了表面安装元器件的分布参数，大大减小了电磁干扰和射频干扰，改善了高频特性，同时提高了信号的传输速度，使整个产品的性能提高。

（4）有利于自动化生产。表面安装元器件的外形尺寸标准化、系列化及焊接条件的一致性，使表面安装技术的自动化程度很高，生产效率高，电子产品的可靠性高，有利于生产过程的高度自动化。

（5）提高了生产效率，减低了成本。表面安装技术不需要在印制电路板上打孔，无引线和引线极短的表面安装元器件 SMD、SMC 也不需要预成形，因而减少了生产环节，简化了生产工序，提高了生产效率，减低了电子产品的成本。一般情况下，采用 SMT 后可使产品的总成本下降 30% 以上。

3. 表面安装技术存在的问题

（1）表面安装元器件（SMC 和 SMD）的品种、规格不够齐全，元器件的价格较传统的通孔插装元器件要高，且元器件只适合于在小功率电路中使用。

（2）表面安装元器件的体积小，印制电路板布局密集，导致其标识、辨别困难，维修操作不方便，往往需要借助于专门的工具（如显微镜）查看参数、标记，借助于专用工具（如负压吸嘴）夹持元器件进行焊接。

（3）表面安装元器件的保存较麻烦，受潮后元器件易损坏；表面安装元器件与印制电路板的热膨胀系数不一致，受热后易引起焊接处开裂；组装密度大，散热成为一个较复杂的问题。

4.3 电子产品装配工艺

电子产品装配是一个复杂的工艺过程，了解电子产品的装配内容，合理安排其工艺流程，可以减少装配差错，降低操作者的劳动强度，提高工作效率，降低电子产品的成本。

4.3.1 电子产品装配工艺流程

电子产品装配的工艺流程因电子产品复杂程度和特点的不同、装配设备种类和规模的不同，其工艺流程的构成也有所不同，但基本工序大致一样，主要包括：装配准备、整机装配、整机调试、通电调试、检验、装箱出厂几个阶段，如图 4.13 所示为电子产品装配工艺流程图。

1. 装配准备

在装配电子产品之前，要将整机装配所需的各种工艺、技术文件收集整理好，并准备好装配过程中所需的各种装配件（如具有一定功能的印制电路板等）、紧固件、材料及装配工具，做好分类，同时清洁、整理好装配场地。

2. 整机装配

整机装配的内容包括：印制电路板装配、机座面板装配、导线束制作、布线和接线、产品总装等几个部分。

整机装配是指将元器件正确地插装、焊接在印制电路板上，并用加工好的导线，通过螺纹连接、黏接、锡焊连接、插接等手段，将装配好的印制电路板与机座装配在一起，最后进行产品总装的过程。

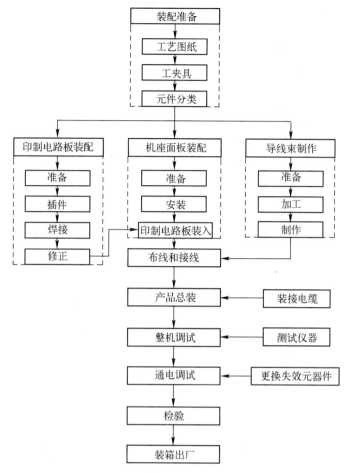

图 4.13　电子产品装配工艺流程图

3. 整机调试

电子整机装配完成后，一般都要进行调试，使整机达到规定的技术指标要求。

整机调试的内容包括调整和测试两部分，即完成对电气性能的调整（调节电子产品中可调元器件）和机械部分的调整（调整机械传动部分），并对整机的电路性能进行测试，使电路性能达到设计要求。

4. 通电调试、检验

通电调试、检验是指在电子产品总装调试完毕后，根据产品的设计要求和工艺要求，对每件电子产品进行通电试验，以发现并剔除早期失效的元器件，提高电子产品的质量和工作可靠性。

整机检验应按照产品的技术文件要求进行。检验的内容包括：整机的各种电气性能、机械性能和外观等。通常按以下几个步骤进行：

（1）对总装的各种零部件的检验。检验应按有关标准进行，剔除废、次品，做到不合格的材料和零部件不投入使用。这部分的检验是由专职检验人员完成的。

（2）工序间的检验。后一道工序的工人检验前一道工序工人加工产品的质量，不合格的产品不流入下一道工序。

工序间的检验点通常设置在生产过程中的一些关键工位或易出现波动的工位处。在整机装配生产中，每个工位后都要设置检验点，以保证各个工序生产出来的产品均为合格的产品。工序间的检验一般由生产车间的工人通过互检完成。

（3）电子产品的综合检验。电子整机产品全部装配完之后，要进行全面的检验。一般先由车间检验员对产品进行电气、机械方面的综合检验，认为合格的产品，再由专职检验员按比例进行抽样检验，全部检验合格后，电子整机产品才能包装、入库。

5. 装箱出厂

装配、调试完成后，经检验合格，电子整机产品就可以包装、入库储存或直接出厂运往销售场所了。电子总装产品的包装，通常着重于方便运输和储存两个方面。

在实际的电子产品装配中，应根据电子产品的复杂程度和特点、装配设备的种类和规模、装配工人的技术力量和技术水平等，适当调整电子产品装配的工序，编制最有效的工艺流程。

总装工艺流程的顺序有时可以做适当变动，但必须符合以下两条：
（1）使上、下道工序装配顺序合理且加工方便。
（2）使元器件损耗最小。

4.3.2 电子产品生产流水线

1. 生产流水线与流水节拍

电子产品的生产流水线是指把整机产品的装联、调试等工作内容划分成若干个简单的操作，每个技术工人完成指定简单操作的过程。

在划分流水操作的工序时，每位操作者完成指定操作的时间应相等，这个相等的操作时间称为流水节拍。

流水操作具有一定的强制性，但由于每位操作人员的工作内容相对固定、简单、便于记忆，故能减少差错，提高工效，保证产品质量，因而在成批制作电子产品时，基本都采用了流水线的生产方式。

2. 流水线的生产方式

目前，许多电子产品大都采用印制电路板插件流水线的生产方式。插件流水线的生产方式分为自由节拍形式和强制节拍形式两种。

（1）自由节拍形式是指由生产流水线上的工人自由控制所在工位的装配时间，上道工序完成后再移到下道工序操作，操作时没有固定的流水节拍，生产装配时间由各道工序的工人自由控制。

自由节拍形式流水线方式的特点：生产装配的时间安排比较灵活，操作工人的劳动强度小，但装配时间长，易造成装配中某些工位的产品积压或某些工位空闲的状况，生产效率低。

（2）强制节拍形式是指每个操作工人必须在规定的时间内把所要求插装的元器件、零件准确无误地插装到印制电路板上。这种方式带有一定的强制性，在选择分配每个工位的工作量时应留有适当的余地，以便既保证一定的劳动生产率，又保证产品质量。

强制节拍形式流水线方式的特点：工作内容简单，动作单纯，记忆方便，差错率低，工效高。

目前有一种回转式环形强制节拍插件焊接线，是将印制电路板放在环形连续运转的传送线上，由变速器控制链条拖动，工装板与操作工人之间角度为15°~27°，其角度可调，工位间距也可按需要自由调节。生产时，操作工人环坐在流水线周围进行操作，每人插装组件的数量可调整，一般取4~6左右，而后进行焊接。

4.3.3 电子产品的总装顺序和基本要求

总装顺序和基本要求

1. 总装顺序

电子产品的总装需经过多道工序，这些工序的顺序是否合理，直接影响产品的装配质量、生产效率和操作者的劳动强度。

无论是机械装配，还是电气装配，电子产品总装顺序都必须符合以下原则：先轻后重、先小后大、先铆后装、先装后焊、先里后外、先平后高，上道工序不得影响下道工序。

2. 总装的基本要求

电子产品的总装是电子产品制作过程中的一个重要的工艺过程环节，是把半成品装配成合格产品的过程。对电子产品的总装有如下基本要求：

（1）总装前组成整机的有关零部件或组件必须经过调试、检验，不合格的零部件或组件不允许投入总装线，检验合格的装配件必须保持清洁。

（2）要根据整机的结构情况，制定合理、经济、高效、先进的装配技术工艺，用经济、高效、先进的装配技术，使产品达到预期的效果，满足产品在功能、技术指标和经济指标等方面的要求。

（3）严格遵守总装的顺序要求，注意前后工序的衔接。

（4）总装过程中，不损伤元器件和零部件，避免碰伤机壳、元器件和零部件的表面涂覆层，不破坏整机的绝缘性；保证安装件的方向、位置、极性正确，保证产品的电气性能稳定，并有足够的机械强度和稳定度。

（5）大批量生产的产品，其总装在流水线上按工位进行。每个工位除按工艺要求操作外，工位的操作人员还要熟悉安装要求和熟练掌握安装技术，保证产品的安装质量。严格执行自检、互检与专职检验"三检"原则。总装中每个阶段的工作完成后都应进行检验，分段把好质量关，提高产品的一次直通率。

4.3.4 总装的质量检查

电子产品的质量检查，是保证产品质量的重要手段。电子整机总装完成后，按电子整机配套的工艺文件和技术文件的要求进行质量检查。质量检查的内容包括：外观检查、装联的正确性检查和安全性检查。

总装的质量检查应始终坚持自检、互检、专职检验"三检"原则，其程序是：先自检，再互检，最后由专职检验人员检验。

1. 外观检查

装配好的整机，应该有可靠的总体结构和牢固的机箱外壳。外观检查内容包括：电子产品的外观是否清洁，电子整机表面有无损伤、划痕或脱落，连接导线和元器件有无损伤或虚焊，金属结构有无开裂、脱焊，电子产品机箱内有无焊料渣、零件、线头、金属屑等残留物，整机的机械部分是否牢固可靠，调节部分是否活动自如。

2. 装联的正确性检查

装联的正确性检查包括：对整机电气性能和机械性能两方面的检查。

电气性能方面的检查包括：根据有关技术文件（如电路原理图和接线图等），检查各元器件是否安装到位，装配件（印制电路板、电气连接线）是否安装正确，连接线是否符合电路原理图和接线图的要求，导电性能是否良好，主要性能指标是否符合设计文件的要求等。

机械性能方面的检查包括：构成电子整机的各个部分是否按设计要求安装到位、整机是否牢固、调节是否灵活、安装是否符合产品设计文件的规定等。

3. 安全性检查

电子产品是给用户使用的，因而对电子产品的要求不仅包括性能良好、使用方便、造型美观、结构轻巧、便于维修，安全可靠才是最重要的。一般来说，对电子产品的安全性检查主要有两个方面，即绝缘电阻和绝缘强度的检查。

（1）绝缘电阻的检查。整机的绝缘电阻是指电路的导电部分与整机外壳之间的电阻值，一般使用兆欧表测量整机的绝缘电阻。整机的额定工作电压大于 100V 时，选用 500V 的兆欧表；整机的额定工作电压小于 100V 时，选用 100V 的兆欧表。

绝缘电阻的大小与外界条件有关：在相对湿度不大于 80%、温度为 25℃±5℃的条件下，绝缘电阻应不小于 10MΩ；在相对湿度为 25%±5%、温度为 25℃±5℃的条件下，绝缘电阻应不小于 2MΩ。

（2）绝缘强度的检查。整机的绝缘强度是指电路的导电部分与外壳之间所能承受的外加电压的大小。

检查方法：在被检测的电子产品上外加试验电压，观察电子产品能够承受多大的耐压。一般要求电子产品的耐压大于电子设备最高工作电压的两倍以上。

注意：绝缘强度的检查点和外加试验电压的具体数值由电子产品的技术文件提供，应严格按照要求进行检查，避免损坏电子产品或出现人身事故。

除上述检查项目外，根据具体产品的具体情况，还可以进行其他项目的检查，如抗干扰检查、温度测试检查、湿度测试检查、振动测试检查等。

4.4 连接装配技术

连接装配技术是指使用专用工具，对连接件施加冲击、强压或扭曲等力，使连接件表面发热，界面分子相互渗透，形成界面化合物结晶体，从而将连接件连接在一起的技术。

通过连接装配技术，可以完成不同金属之间的连接、电路板之间的连接、电路板与接插件之间的连接。

连接装配过程不需要焊料和焊剂，不需要加热，就可获得可靠的连接，因此不会产生有害气体污染环境，避免了焊料和焊剂对连接点的腐蚀，无须清洗，节省了材料，降低了成本。

在电子产品的生产过程中，常用的连接装配技术有压接、绕接、穿刺、螺纹连接等。

4.4.1 压接

压接是指使用专用工具（压接钳），在常温下对导线和接线端子施加足够的压力，使两个金属导体（导线和接线端子）产生塑性变形，达到可靠电气连接的方法。压接适用于导线的连接。

1. 压接工具的种类

压接工具分为手动压接工具、气动压接工具、电动压接工具、液压压接工具及自动压接工具，常见压接工具的外形如图 4.14 所示。

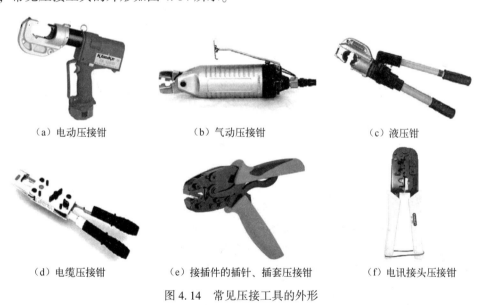

（a）电动压接钳　　　　　　（b）气动压接钳　　　　　　（c）液压钳

（d）电缆压接钳　　　（e）接插件的插针、插套压接钳　　　（f）电讯接头压接钳

图 4.14　常见压接工具的外形

（1）手动压接工具：如压接钳。其特点是：压力小，压接的程度因人而异。

（2）气动压接工具：分为气压手动式压接工具、气压脚踏式压接工具两种。其特点是压力较大，压接的程度可以通过气压来控制。

（3）电动压接工具：其特点是压接面积大，最大可达 325mm²。

（4）自动压接工具：分为半自动压接机和全自动压接机。半自动压接机只用来进行压接，全自动压接机是一种可切断电线、剥去绝缘皮、进行压接的全自动装置。

2. 压接操作

压接是用于导线连接的工艺技术。压接时一般需要压接端子配合完成，常用的压接端子如图 4.15 所示。

铲式　　　　挂钩式　　　　环圈式　　　　对接式

图 4.15　常用的压接端子

压接操作分为准备材料（导线和接线端子）、导线剥线、对接、压接等几个过程。如图 4.16 所示为用手工压接钳完成压接过程的示意图。

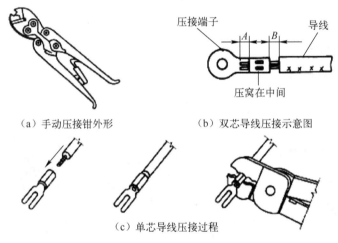

（a）手动压接钳外形　　　（b）双芯导线压接示意图

（c）单芯导线压接过程

图 4.16　用手工压接钳完成压接过程的示意图

3. 压接的特点

（1）工艺简单，操作方便，不受场合、人员的限制。
（2）连接点的接触面积大，机械强度高，使用寿命长。
（3）耐高温和低温，适用于各种场合，且维修方便。
（4）成本低，无污染，无公害。
（5）缺点：压接点的接触电阻大，因而压接处的电气损耗大。

4.4.2　绕接

绕接是先进的电气连接技术，它使用专用工具，将单股实芯导线按规定的圈数紧密地缠绕在带有棱边的接线柱上，使导线和接线端子之间形成牢固的电气和机械连接，常见绕接工具及绕接示意图如图 4.17 所示。

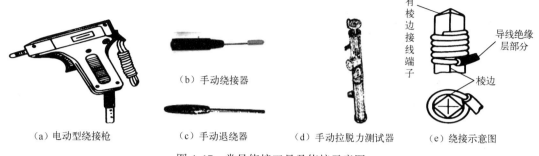

（a）电动型绕接枪　　（b）手动绕接器　　（c）手动退绕器　　（d）手动拉脱力测试器　　（e）绕接示意图

图 4.17　常见绕接工具及绕接示意图

绕接广泛应用于计算机、通信、电气仪表、数控、航空航天行业安装密度大、可靠性要求高的电子产品上。

1. 绕接的机理

绕接的机理：绕接属于压力连接。绕接时，导线以一定的压力与接线柱的棱边相互摩擦挤压，使两个金属（导线和接线端子）接触面的金属层升温并局部熔化，形成连接的合金层，从而使导线和接线端子之间紧密结合，达到可靠的电气连接。

绕接通常用于接线端子和导线的连接。绕接用的导线包括软铜单股线、无氧铜导线、铬铜单股导线和电镀绞合线等，导线的直径通常为 0.4~1.3mm，绕接的圈数取决于线径的大小；接线端子通常由铜或铜合金制成，其截面形状为正方形、矩形、U 形、V 形和梯形，便于导线紧紧地绕在其上面。

绕接的质量与绕接时的压力、绕接圈数有关；有时为了增加绕接的可靠性，将有绝缘层的导线再绕一两圈，并在绕接导线的头尾各锡焊一点。

绕接点要求导线紧密排列，不得有重绕、断绕的现象。

2. 绕接工具与绕接操作

绕接使用绕接器完成，目前常用的绕接器有手动及电动两种。

（1）电动绕接器。电动绕接器内装有 27V/36V 直流电机，并附有交流降压和整流电路。使用 220V 交流电压，可绕 0.25~0.8mm 的各种导线，并可换装各种绕线头，操作简单，使用方便，适用于大批量生产。

（2）手动绕接器。手动绕接器重量轻，使用简便，但要加一定的压力，适用于小批量生产。

台式手动拉脱力测试器及手动退绕器是绕接器的配套件，台式手动拉脱力测试器用来测试绕接点是否合格，可测范围为 0~15kg，可卡 0.5~1.0mm 厚的接线柱。

使用绕接器时，首先应根据绕接导线的线径、接线柱的对角线尺寸及绕接要求选择适当规格的绕线头；然后将去掉绝缘层的单股实芯导线端头或裸导线插入绕接器中，套入带有棱角的接线柱上。启动绕接器，导线即受到一定的拉力，按规定的圈数紧密地绕在接线柱上，形成具有可靠电气性能和机械性能的连接。

绕接操作的步骤如下：

（1）前期准备。准备好绕接的导线和接线端子，根据导线的规格、接线端子的截面积和绕接的圈数，确定导线的剥皮长度，并剥去导线端口的绝缘层。

（2）绕接准备。将去掉绝缘皮的导线端口全部插入绕接器的导线孔内，把绕接工具的接线柱孔套在被绕接的接线柱上。

（3）绕接。对准接线端子，扣动绕接器的扳机，即可将导线紧密地绕接在接线柱上。绕接时每个接点的实际绕接时间大约为 $0.1\sim0.2s$。绕接时应注意导线匝数不得少于5；绕接的导线不能重叠；导线间应紧密缠绕，不能有间隙。

3. 绕接的特点

（1）接触电阻小。绕接电阻大约为 $10^{-3}\Omega$，而锡焊点的接触电阻为 $10^{-2}\Omega$ 左右。

（2）抗振性能好，可靠性高，工作寿命长，达40年之久。

（3）绕接操作简单，无须加温和加辅助材料，因而操作方便，且不会产生热损伤，无污染，生产效率高，成本低。

（4）可靠性高，不存在虚焊及焊剂腐蚀的问题，质量容易控制，检验直观简单。

（5）缺点：对接线柱和绕接线有特殊要求，即接线柱必须有棱角，绕接线必须是单芯线（多股芯线不能用于绕接），且绕接的走线必须按规定方向。

4.4.3 穿刺

穿刺是使用专用工具（穿刺机）将扁平线缆（或带状电缆）和接插件进行连接的工艺技术。

1. 穿刺连接工艺

穿刺的过程：先将需要连接的扁平线缆和接插件置于穿刺机的上、下工装模块之中，再将芯线的中心对准插座每个簧片的中心缺口，然后将上工装模块压下，进行穿刺，如图4.18（a）所示；此时插座的簧片穿过绝缘层，在下工装模块的凹槽作用下将芯线夹紧，如图4.18（b）所示，即完成穿刺过程。

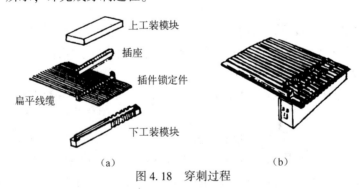

图4.18　穿刺过程

2. 穿刺连接的技术要求

穿刺连接适合于以聚氯乙烯为绝缘层的扁平线缆（或带状电缆）和接插件之间的连接。

（1）穿刺时，扁平线缆（或带状电缆）的切割线必须和扁平线缆（或带状电缆）的长度方向垂直。

（2）接插件的长度方向和扁平线缆（或带状电缆）的长度方向必须垂直，且扁平线缆（或带状电缆）的宽度与接插件的长度一致，或超出接插件0.5mm左右。

（3）穿刺时，扁平线缆（或带状电缆）的芯线中心应该对准接插件簧片中心的线槽缺口处，不能错位。

（4）穿刺的位置、尺寸和极性应符合设计要求。

3. 穿刺检测

先目测检查外观，主要查看扁平线缆（或带状电缆）是否与接插件准确连接，连接有无错位，导线外皮有无损伤，连接位置、机械强度等是否符合设计要求。

目测检查无问题后，可进一步使用万用表检测穿刺连接是否满足电气连接要求。用万用表的电阻挡测量接插件的金属接头与所连接导线芯线的接触电阻，接触电阻≤0.01Ω，说明连接良好；用万用表的电阻挡测量扁平线缆（或带状电缆）各芯线之间的电阻，正常工作时，各芯线之间应该是绝缘的，芯线之间的绝缘电阻应≥500MΩ。

4. 穿刺的特点

（1）节省材料。不需要焊料、焊剂和其他辅助材料，可大大节省材料。

（2）不需加热，无污染，不会产生热损伤。

（3）操作简单，质量可靠。

（4）工作效率高，约为锡焊的3~5倍。

4.4.4 螺纹连接

螺纹连接也称为紧固件连接，是指用螺栓、螺钉、螺母等紧固件，把电子设备中的各种零部件或元器件按设计要求连接起来的工艺技术，是一种广泛使用的可拆卸的固定连接，常用在大型元器件的安装、印制电路板的固定、电子产品的总装中。

螺纹连接具有结构简单、连接可靠、装拆及调节方便等优点，但在受振动或冲击严重的情况下，螺纹容易松动，在安装薄板或易损件时容易产生形变或压裂。

1. 螺纹连接中的常用紧固件

用于锁紧和固定部件的零件称为紧固件。在电子设备中，常用的螺纹连接紧固件有螺钉、螺母、螺栓、垫圈等，如图4.19所示。

（1）螺钉及其连接。螺钉连接是指将螺钉穿过一被连接件的孔，旋入另一被连接件的螺纹孔中，完成被连接件之间的连接。螺钉连接必须先在被连接件之一上制出螺纹孔，再进行连接。

螺钉连接主要用于被连接件较厚且有可能拆装的场合，但经常拆装会使螺纹孔被磨损，导致被连接件过早失效，所以不适用于经常拆装的场合。

常用螺钉按头部结构不同，可分为一字槽螺钉、十字槽螺钉、平圆头螺钉、圆柱头螺钉、沉头螺钉等。一般情况下，选择平圆头螺钉和圆柱头螺钉作为紧固件；当需要平整连接面时，选用沉头螺钉。十字槽螺钉具有对中性好、紧固拆卸时螺丝刀不易滑出等优点，因而较一字槽螺钉的使用范围更广。

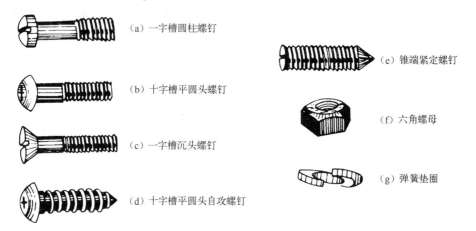

(a) 一字槽圆柱螺钉
(b) 十字槽平圆头螺钉
(c) 一字槽沉头螺钉
(d) 十字槽平圆头自攻螺钉
(e) 锥端紧定螺钉
(f) 六角螺母
(g) 弹簧垫圈

图 4.19　部分常用紧固件

球面圆柱螺钉和沉头螺钉常用于面板的装配固定。

自攻螺钉用于薄铁板或塑料件的固定连接，其特点是装配孔不必攻丝，可直接拧入；常用于一些轻薄的部件或经常拆卸的面板和盖板中，但是不能用于紧固像变压器、铁壳大电容器等相对重量较大的零部件。

（2）螺栓、螺母及其连接。螺栓、螺母的结构如图 4.20 所示，螺栓和螺母通常配合使用，常用于两个或两个以上连接件的连接。这种连接方式，不需要内螺纹就能安装。

螺栓、螺母连接通常有两种形式：普通螺栓连接和双头螺栓连接。

在普通螺栓连接中，螺杆一头带有六角柱形的固定钉头，另一头与螺母连接。连接时，连接通孔不带螺纹，螺杆穿过通孔与螺母配合，完成连接，如图 4.21 所示。其常用于被连接件不是太厚，需要多次拆卸的场合。

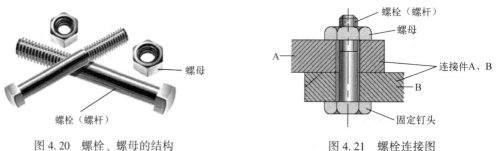

螺母
螺栓（螺杆）

图 4.20　螺栓、螺母的结构

螺栓（螺杆）
螺母
A
连接件A、B
B
固定钉头

图 4.21　螺栓连接图

在双头螺栓连接中，螺杆的两头都没有固定的钉头，且均有螺纹，必须使用螺母来完成固定连接。采用双头螺栓连接时，连接通孔不带螺纹，螺杆穿过通孔，两头用螺母旋紧即完成连接。这种连接主要用于厚板零部件的连接，或用于需要经常拆卸、螺纹孔易损坏的场合。

螺栓、螺母连接的特点是连接件的结构简单，不需要内螺纹就能安装，被连接件的材料不受限制，装拆方便，不易损坏连接件。

（3）垫圈（垫片）。垫圈（垫片）的作用是防止螺纹连接松动。

常用的垫圈有平垫圈、弹簧垫圈、止动垫圈、齿形垫圈等，如图 4.22 所示。各种垫圈的作用如下：

① 平垫圈。其作用是保护被接插件的表面，增大螺母与被接插件之间的接触面积，但不能起到防松作用。

② 弹簧垫圈。其作用是防止螺纹连接在振动情况下松动。它的防松效果好，使用最为普遍，但这种垫圈多次拆卸后，防松效果会变差。

③ 止动垫圈。其防振作用是靠耳片固定六齿螺母来实现的，适用于靠近接插件的边缘，但不需要拆卸的部位。

④ 齿形垫圈。它是一种所需压力较小，但其齿能咬住接插件的表面、防止松动的垫圈。

⑤ 绝缘垫圈。一般用于不需要导电的部件中，或用于连接塑压件、陶瓷件、胶木件等易碎裂的零件。

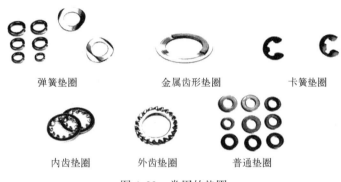

弹簧垫圈　　　　　金属齿形垫圈　　　　卡簧垫圈

内齿垫圈　　　外齿垫圈　　　普通垫圈

图 4.22　常用的垫圈

2. 螺纹连接方式

（1）螺栓连接。用于连接两个或两个以上的被接插件。这种方式需要螺栓与螺母配合使用，才能起到连接作用。

（2）螺钉连接。这种连接方式必须先在被接插件之一上制出螺纹孔，再进行连接。一般用于无法放置螺母的场合。

（3）双头螺栓连接。这种连接方式主要用于厚板零部件的连接，或用于需要经常拆卸、螺纹孔易损坏的场合。

（4）紧定螺钉连接。这种连接方式主要用于各种旋钮和轴柄的固定。

4.4.5　螺纹连接工具及装拆技巧

（1）螺纹连接工具。螺纹连接的工具主要包括不同型号、不同大小的螺丝刀、扳手及钳子等。螺纹连接工具应根据螺钉的大小来选择，以保证每个螺钉都以最佳的力矩紧固，不损坏螺钉。

（2）螺纹连接的紧固顺序。当零部件的紧固需要两个以上的螺纹连接时，其紧固顺序应遵循交叉对称、分步拧紧的原则。目的是防止逐个螺钉一次性拧紧而造成被紧固件倾斜、扭曲、碎裂或紧固效果不好的现象。

拆卸螺钉的顺序与紧固的顺序类似，即交叉对称，分步拆卸。其目的是防止被拆零部件的偏斜，而影响其他螺钉的拆卸。

螺钉的紧固或拆卸顺序范例如图 4.23 所示，按图所示的数字顺序依次分步紧固或拆卸。

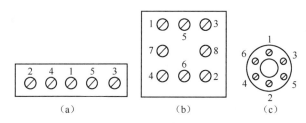

图 4.23　螺钉的紧固或拆卸顺序范例

4.5　电子整机产品的拆卸

在电子产品的检验、维修、调试过程中，有时需要对电子整机产品进行拆卸及重装。

拆卸的主要内容包括：电子整机外包装的拆卸、电子整机外壳的拆卸、印制电路板的拆卸、元器件的拆卸、连接导线及接插件的拆卸。

4.5.1　拆卸工具及使用方法

常用的电子产品拆卸工具有：螺丝刀、电烙铁、吸锡器、镊子、斜口钳、剪刀、扳手等。

1. 螺丝刀

螺丝刀主要用于拆卸紧固印制电路板的螺钉，拆卸固定大型器件（如变压器、双联电容、继电器、机械调谐电位器等）的螺钉和散热片的螺钉等。

（1）手动螺丝刀。

根据螺丝刀头部形状的不同，可分为一字形、十字形两种；根据使用方法的不同，又可分为手动、自动、电动和风动等形式。使用螺丝刀拆卸时，应根据螺钉的大小、规格、类型、使用场合和紧固的松紧程度选用不同规格的螺丝刀。

常用手动螺丝刀的外形结构如图 4.24 所示。

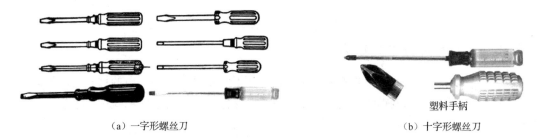

（a）一字形螺丝刀　　　　　　　　　　　　　　（b）十字形螺丝刀

图 4.24　常用手动螺丝刀的外形结构

常用一字形螺丝刀的规格如表4.2所示。

表4.2 常用一字形螺丝刀的规格

（单位：mm）

公称尺寸	全长		公称尺寸	全长		公称尺寸	全长	
	木柄	塑料柄		木柄	塑料柄		木柄	塑料柄
50×3		100	150×4	235	220	100×6	210	190
65×3		115	50×5	135	120	125×6	235	215
65×3		125	65×5	150	135	150×7	270	250
75×3		125	75×5	160	145	200×8	335	310
100×3	185	170	200×5	285	270	250×9	400	370

（2）钟表起子。

钟表起子是通体为金属的小型螺丝起子，它的端头形状不同（一字或十字等），大小也不同，手柄为带竖纹的细长金属杆，其手柄的上端装有活动的圆形压板，如图4.25所示。

图4.25 钟表起子

钟表起子主要用于小型或微型螺钉的装拆，有时也用于小型可调元器件的调整。使用时，用食指按压住圆形压板，用大拇指和中指旋转手柄即可装拆小螺钉。由于钟表起子通体为金属，使用时要特别注意安全用电，必须断电操作。

2. 电烙铁、吸锡器

电烙铁和吸锡器是用于拆卸印制电路板上元器件的最常用的工具。

拆焊时，使用电烙铁对需要拆卸的元器件引脚焊点加热，使焊点熔化，并借助于吸锡器吸掉熔融状的焊料，使元器件与印制电路板分离，达到拆卸元器件的目的。

当然，也可以使用吸锡电烙铁直接完成拆焊元器件的任务。

3. 镊子

拆焊时，利用镊子夹持元器件引脚可以帮助元器件在拆焊过程中散热，避免焊接温度过高损坏元器件或烫伤夹持被拆焊元器件的手，如图4.26所示。有时可借助镊子捅开拆焊后的焊盘孔，为再次安装、更换元器件做准备。

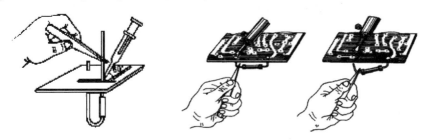

图4.26 用镊子帮助拆焊

4. 斜口钳、剪刀

当被拆卸的元器件需要经过多次更换才能确定时，常使用斜口钳或剪刀先剪断元器件的引脚（需在原来的元器件上留出部分引脚），将元器件拆除，如图 4.27 所示。

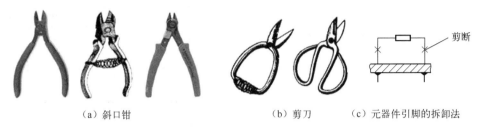

(a) 斜口钳　　　　　　　　　　(b) 剪刀　　　(c) 元器件引脚的拆卸法

图 4.27　剪切元器件引脚

5. 扳手

扳手是紧固或拆卸螺栓、螺母的常用工具，在电子产品制作中，常用于装配或拆卸大型开关或调节旋钮（如指针式万用表的功能转换开关）。

常用的扳手有固定扳手、套筒扳手、活动扳手三种。

（1）固定扳手。固定扳手（呆扳子）用于紧固或拆卸与扳手开口口径配套的方形或六角形螺栓、螺母。如图 4.28 所示为不同类型的固定扳手的外形。

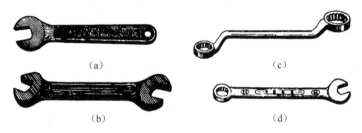

(a)　　　　　　　　　　　　　(c)

(b)　　　　　　　　　　　　　(d)

图 4.28　不同类型的固定扳手的外形

（2）套筒扳手。套筒扳手特别适于在装配空间狭小、凹下很深的部位及不允许手柄有较大转动角度的场合下紧固、拆卸六角螺栓或螺母，其外形如图 4.29 所示。

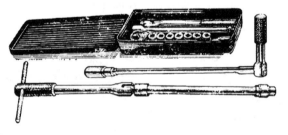

图 4.29　套筒扳手的外形

套筒扳手配套有不同规格的套筒头和不同品种及规格的手柄及手柄连杆，以满足装配和拆卸不同尺寸规格和放置不同位置、深度的螺栓、螺母的需要。

（3）活动扳手。活动扳手的开口宽度可以调节，故能装配或拆卸一定尺寸范围内的六角头或方头螺栓、螺母。使用活动扳手时应注意，其开口宽度应与被紧固件（螺栓、螺母）吻合，切勿在松动的情况下扳动，以防损坏被紧固件；同时要注意扳手的扳动方向，以免损坏扳手的调节螺母或使扳手滑动。活动扳手的外形及扳动方向如图4.30所示。

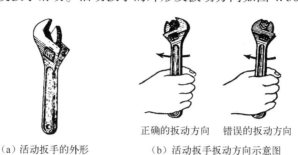

（a）活动扳手的外形　　　　　（b）活动扳手扳动方向示意图

图4.30　活动扳手的外形及扳动方向

4.5.2　拆卸方法与技巧

电子整机的拆卸主要包括：电子整机外包装的拆卸、电子整机外壳的拆卸、印制电路板的拆卸、元器件的拆卸、连接件（包括连接导线或接插件）的拆卸。不同类型的电子产品包装不同，其拆卸方法和步骤也会有所区别，常规的拆卸步骤如图4.31所示。

图4.31　电子整机的常规拆卸步骤

1. 拆卸的一般规则及要求

（1）拆卸前必须熟悉构成电子产品的各部分的结构及工作原理，可以通过查阅有关说明书、技术文件等资料来了解电子产品的结构、原理、性能和特点。

（2）了解应拆卸的位置、零部件，了解拆卸的顺序。一般拆卸顺序：先外后内，先印制电路板后元器件。拆卸时应记住各部件原来装配的位置（顺序和方位）及固定的零部件（螺钉、螺帽、卡子、接插件、导线等），便于电子整机的重装及保证重装的正确性。

（3）拆卸时应先切断电源。拆卸的顺序和装配的顺序相反，先装的后拆，先拆的后装。

（4）必须正确选择和使用拆卸工具，选择型号、大小合适的拆卸工具。拆卸时，严禁猛敲狠打，应保护好电子产品和被拆卸的元器件。

（5）拆卸下来的元器件通过检测，可以判断其好坏，并确定能否继续使用。

2. 拆卸的方法与技巧

（1）外包装的拆卸。合格的电子产品包装内容包括电子整机产品、附件、合格证、使用说明书、装箱单、装箱明细表、产品保修单等，包装箱体上标注了包装产品的名称、型号、数量及颜色，商品的名称、注册商标图案、防伪标志、条形码，包装件的尺寸和重量，出厂日期，生产厂家名称、地址和联系电话，储运标记（放置的方向及层数，"怕潮""小心轻放"等）。

在拆卸前，必须仔细阅读外包装箱体上的内容和要求，查看包装类型及特点（纸箱包装还是木箱包装，胶带封装还是编织绳捆绑），将包装外箱体置于顺序向上的状态，再使用工具拆卸外包装。

对于大型的电子整机，一般在包装纸箱的外面还有木箱，在这种情况下，可借助带撬钉子的榔头、一字取等工具，先拆除木箱，再用剪刀或斜口钳剪切编织绳，划开封装胶带，然后拿出用来固定电子产品的泡沫，小心取出电子整机，拆除包装袋，即完成电子整机的外包装拆卸。

（2）电子整机外壳的拆卸。电子整机外壳一般采用螺钉固定、卡式固定或螺钉加卡式固定。拆除电子整机外壳时，可借助于螺丝刀完成电子整机外壳的拆卸。操作时，先拆卸所有的螺钉，再用一字螺丝刀从外壳的四周多方位地轻轻撬动外壳结合处，直至外壳完全打开。

（3）印制电路板的拆卸。印制电路板是电子整机的核心部件，常采用螺钉或卡式固定，使用螺丝刀拆卸印制电路板。拆卸印制电路板时需注意的是，印制电路板往往与一些装配在印制电路板外的大型器件（如扬声器、电磁表头等）连接，所以拆卸印制电路板时不能破坏这些大型器件；在某些场合，也可先拆除这些大型器件与印制电路板的连接，再拆除印制电路板。

（4）元器件的拆卸。元器件的拆卸应在拆下印制电路板后进行。

① 印制电路板上的元器件，可使用电烙铁、吸锡器进行拆卸。值得注意的是，拆卸时不能长时间加热元器件的引脚焊点，避免损坏被拆焊的元器件及印制电路板；操作时可用镊子帮助元器件引脚散热。

② 用螺钉固定在印制电路板上的大型元器件，先使用电烙铁、吸锡器去除焊盘上的焊锡，再使用螺丝刀拆卸固定大型元器件的螺钉。

③ 对于需要多次调整、更换的元器件，可使用斜口钳剪切引脚，断开元器件进行拆卸。操作步骤：先剪切被拆除的元器件（需留下一部分元器件引脚），再进行调试、调整，待确定合适的元器件后，再用电烙铁拆卸需更换的元器件并换上新的。

④ 对于固定在机箱外壳上的大型元器件，应先断开连接导线或接插件，再拆卸元器件。

⑤ 对于有座架的集成电路，可使用集成电路起拔器拆卸。

（5）连接件的拆卸。

① 对于焊接的导线，使用电烙铁完成拆卸。

② 对于绕接、压接或穿刺的导线，使用斜口钳或剪刀直接剪切掉导线。

③ 对于用螺钉固定的导线，使用螺丝刀完成拆卸。

④ 对于可插、拔的接插件，可直接用手拔下接插件；对于插孔较多且安装脚紧密的接插件，可借助一字螺丝刀轻轻地、多角度地撬动接插件，然后用手拔下接插件。

⑤ 对于焊接在电路板上的插座，可使用电烙铁、吸锡器加热熔化插座引脚，并吸干净熔融状焊料，待插座的各个引脚完全与焊盘脱离后，再取下插座。

⑥ 对于用螺钉连接的插头、插座，使用螺丝刀旋开螺钉，拆卸插头、插座。

项目小结

1. 电子整机产品装配包括机械和电气两大部分，其装配要符合电气性能要求，保证信号的良好传输，具有足够的机械强度，不得损伤电子产品及其零部件，注意电子产品的装配、使用安全。

2. 表面安装技术 SMT 是一种包括 PCB 基板、电子元器件、线路设计、装联工艺、装配设备、焊接方法和装配辅助材料等诸多内容的系统性综合技术，是电子产品实现多功能、高质量、微型化、低成本的手段之一，具有微型化程度高、高频特性好、有利于自动化生产、简化生产工序、降低成本等优点。

3. SMT 的安装方式大体分为三种：完全表面安装、单面混合安装和双面混合安装。

4. 电子产品装配的工艺流程包括装配准备、整机装配、整机调试、通电调试、检验、装箱出厂几个阶段。

5. 电子产品的总装是指：将构成电子产品整机的各零部件、接插件及单元功能整件（如各机电元器件、印制电路板、底座、面板等），按照设计要求，进行装配、连接，组成一个具有一定功能的、完整的电子整机产品的过程。

6. 电子产品总装顺序必须符合以下原则：先轻后重、先小后大、先铆后装、先装后焊、先里后外、先平后高，上道工序不得影响下道工序。

7. 总装的质量检查应始终坚持自检、互检、专职检验"三检"原则，对产品的外观、装联正确性及安全性等方面进行检查。其检查程序是：先自检，再互检，最后由专职检验人员检验。

8. 在电子产品的生产过程中，常用的连接装配技术有：压接、绕接、穿刺、螺纹连接等。

压接是指使用专用工具（压接钳），在常温下对导线和接线端子施加足够的压力，使两个金属导体（导线和接线端子）产生塑性变形，从而达到可靠电气连接的方法。压接适用于导线的连接。

绕接是使用专用工具将单股实芯导线按规定的圈数紧密地缠绕在带有棱边的接线柱上，使导线和接线端子之间形成牢固的电气和机械连接的一种连接技术。它广泛应用于计算机、通信、电气仪表、数控、航空航天行业安装密度大、可靠性要求高的电子产品上。

穿刺是使用专用工具（穿刺机）将扁平线缆（或带状电缆）和接插件进行连接的工艺技术。

螺纹连接也称为紧固件连接，是指用螺栓、螺钉、螺母等紧固件，把电子设备中的各种零部件或元器件按设计要求连接起来的工艺技术，是一种广泛使用的可拆卸的固定连接，常用在大型元器件的安装、印制电路板的固定、电子产品的总装中。

9. 有时需要对电子整机进行拆卸，以完成对电子产品的检验、维修、调试。电子整机的拆卸主要包括：电子整机外包装的拆卸、电子整机外壳的拆卸、印制电路板的拆卸、元器件的拆卸、连接件（包括连接导线及接插件）的拆卸。

自我测试 4

4.1　什么是电子产品的总装？分为哪两大类？

4.2　可拆卸装接和不可拆卸装接有什么区别？

4.3　什么叫整机装配？

4.4　按什么顺序完成元件级、插件级和系统级组装？

4.5　干扰源对电子产品有什么影响？噪声和干扰可以通过什么途径来影响电子产品？

4.6　电子产品是如何进行抗电磁波干扰的？

4.7　什么是表面安装技术？它有何优点？

4.8　SMT 有哪几种安装方式？各有何特点？

4.9　试比较 SMT 和通孔安装技术 THT 的差别。

4.10　对 SMT 的焊接质量有什么要求？

4.11　电子产品装配应满足哪些技术要求？

4.12　电子产品的工艺流程包括哪几个主要环节？

4.13　生产流水线有什么特征？什么是流水节拍？设置流水节拍有何意义？

4.14 简述电子产品总装的顺序。

4.15 总装的质量检查应坚持哪"三检"原则？对"三检"的顺序有何规定？

4.16 应从哪几方面检查总装的质量？

4.17 什么是连接装配技术？连接装配技术有何特点？

4.18 压接、绕接、穿刺各适用于什么场合？

4.19 什么是螺纹连接？螺纹连接有何特点？

4.20 自攻螺钉的连接有何特点？主要使用在什么场合？

4.21 螺栓、螺母的连接有何特点？主要使用在什么场合？

4.22 对螺钉的紧固或拆卸有何规定？

4.23 电子整机在什么情况下需要进行拆卸？拆卸分为哪几种类型？

项目 5   调 试 技 术

项目任务

　　了解电子整机调试的内容及步骤，熟悉常用测试仪器的种类、特点和使用方法，了解调试的工艺流程和安全措施，掌握电子电路的调试方法，掌握故障的查找方法和故障处理步骤。

知识要点

　　调试的内容及步骤；调试的工艺流程；安全措施；调试过程中出现的故障现象。

技能要点

　　(1) 电子产品的静态与动态调试。
　　(2) 电子产品的故障查找及处理。

　　电子产品是由许多元器件组成的，而各元器件性能参数的离散性（允许偏差等）、电路设计的近似性，再加上生产过程中其他随机因素（如存在分布参数等）的影响，使得装配完成之后的电子产品在性能方面有较大的差异，通常达不到设计规定的功能和性能指标，这就是整机装配完毕后必须进行调试的原因。

5.1   调试的基本知识

5.1.1   调试的概念

　　调试由调整和测试（检验）两个部分构成。通过调试可以发现电子产品在设计和装配工艺上的缺陷和错误，并及时进行改进与纠正，确保电子产品的各项功能和性能指标均达到设计要求。

　　(1) 调整。调整是指对电路参数的调整，一般是对电路中可调元器件（如可调电阻、可调电容、可调电感等）进行调整及对机械部分进行调整，使电路达到预定的功能、技术指标和性能要求。

　　(2) 测试。测试是指对电路的各项技术指标和功能进行测量与试验，并与设计的性能指标进行比较，以确定电路是否合格。

　　电子产品的调整和测试是相互依赖、相互补充、同时进行的。在实际操作中，调整和测试必须多次、反复进行。

　　调试分为电路调试和机械调试两部分，在电子整机调试中，机械调试部分相对简单，而电路调试部分较为复杂。本项目所述的调试主要是指电路调试。

5.1.2 整机调试的工艺流程

1. 调试前的准备工作

（1）准备技术文件。技术文件是产品调试的依据。调试前应准备好调试用的文件、图纸（电路原理图、印制电路板装配图、接线图等）、技术说明书、调试工艺文件、测试卡、记录本等相关的技术文件。

在调试前，调试人员要仔细阅读调试用的技术文件，熟悉电子产品的构成特点、工作原理和功能技术指标，了解调试的参数、部位和技术要求。

（2）准备调试仪器仪表。按照技术文件的要求，准备好需要用到的调试仪器仪表，检查调试仪器仪表是否符合调试要求、工作是否正常，调试人员需熟练掌握这些调试仪器仪表的性能和使用方法。

（3）准备被调试电子产品。准备好需要调试的单元电路板、电路部件和电子整机产品，查看被测试件是否符合装配要求，是否有错焊、漏焊及短路问题。

（4）调试场地的布置。调试场地整齐、干净，调试电源及控制开关设置合理、方便，根据需要设置合理的抗高频、抗高压、抗电磁场干扰的屏蔽场所，调试场所地面铺设绝缘胶垫，摆放好调试用的文件、图纸、工具及调试用的仪器仪表。

（5）制定合理的调试方案。电子产品的品种繁多，组装完毕的电路中既有直流信号又有交流信号，既有有用信号又有噪声干扰信号。需根据电子产品的结构特点、复杂程度、性能指标及调试的技术要求，制定合理的调试方案。

对于简单的小型电子产品，可以直接进行整机调试；对于较复杂的电子产品，通常先进行单元电路和功能电路的调试，达到技术指标后，总装成整机，再进行整机调试。

2. 调试工艺流程的工作原则

为了缩短调试时间，减少差错，避免浪费，在调试过程中应遵循"先静后动，分块调试"的原则，具体如下：

（1）先调试电源，后调试电路中的其他部分。电源调试为先空载调试，再加载调试。

（2）先静后动。对调试电路先通电观察，再进行静态测试，没有问题后，加信号进行动态测试。

（3）分块调试。根据不同的功能将完整电路分成若干个独立的模块电路，每个模块电路单独调试，最后进行完整电路的调试。

（4）先调试电路部分，后调试机械部分。

3. 调试的工艺流程

调试的工艺流程根据电子整机的性质不同可分为样机产品调试和整机产品调试。不同的产品其调试流程亦不相同。

（1）样机产品调试。样机产品是指电子产品试制阶段的电子整机、各种试验电路、电子工装及其他电子线路等，即没有定型、可能存在一定缺陷的电子整机产品。

样机产品调试包括样机测试、调整、故障排除及产品的技术改进等。在样机产品调试中，故障存在的范围和概率较大，功能指标偏离技术参数会较多，所以对样机调试人员的理论基础、技术要求及经验要求较高。

样机产品调试的工艺流程如图5.1所示，其中，故障检测与排除是每个阶段不可缺少的环节，占了很大比例。样机产品调试是电子产品设计、制作、完善和定型的必要环节。

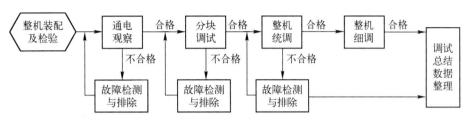

图5.1　样机产品调试的工艺流程

（2）整机产品调试。整机产品是指已定型、可批量投入生产的电子产品，通常是经过了样机调试、修改、完善后，获得的成熟产品。

整机产品调试是整机产品生产过程的一个工艺过程，它是指分多次、多个位置在电子产品生产流水线的工艺过程中进行不同技术参数的调试。整机产品调试的工艺流程如图5.2所示。在各调试工序中检测出的不合格品，应立即交其他工序（如故障检修工序或其他装配工序）进行处理。

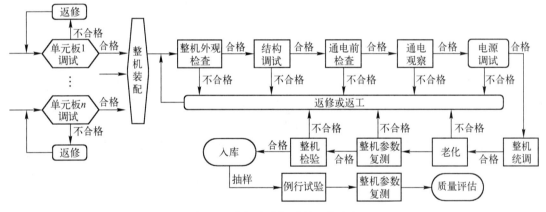

图5.2　整机产品调试的工艺流程

4. 调试的步骤

整机产品调试是在单元部件调试的基础上进行的。调试的步骤如图5.3所示。

（1）外观检查。检查项目按工艺文件而定，例如，收音机一般检查天线、紧固螺钉、电池弹簧、电源开关、调谐指示、旋钮按键、插座、机内有无异物、四周外观等，检查顺序是先外后内。

（2）结构调试。结构调试的主要目的是检查整机装配的牢固可靠性及机械传动部分的灵活性。

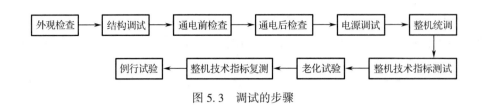

图 5.3　调试的步骤

（3）通电前检查。通电前应先检查电源极性是否正确，电源电压数值是否合适。通电调试前，还必须检查被调试的单元、部件或整机有无短路，观察有无元器件相接触，印制电路板上有无错连，可用万用表（用×1Ω挡）测量电源正负极间是否短路的方法来检查，并应检查各连接线、控制开关的位置是否正确，整机是否接好负载或假负载等。一切正常后方可通电。

（4）通电观察。通电后，应观察被测试件有无打火、放电、冒烟和异味，电源及其他仪表指示是否正常。若有异常应立即按照程序断电，再设法排除故障，并注意如有高压大容量电容器，应先放电。

（5）电源调试。电源调试的一般步骤为：

① 电源空载初调。为了避免电源电路未经调试就加载而造成某些电子元器件损坏，通常先在空载状态下对电源电路进行调试，即切断电源的所有负载。测量通电后电源有无稳定的、数值和波形符合指标要求的，或经调整后能达到指标要求的直流电压输出。但要注意，有些开关型电源不允许完全空载工作，必须接假负载进行调试。

② 电源加载细调。初调正常后加额定负载或假负载，测量并调整电源的各项性能指标，如输出电压、波纹因数、稳压系数等，使其符合指标要求，当达到最佳状态时，锁定有关调整元器件。

有些简单电子产品直接由电池供电，则不需调试电源。

（6）整机统调。调试好的单元部件装配成整机之后，其性能参数会受到一些影响，因此装配好整机后应对其单元部件再进行必要的调试，使其功能符合整机要求。

（7）整机技术指标测试。按照整机技术指标要求及相应的测试方法，对已调整好的整机进行技术指标测试，判断它是否达到质量要求。必要时记录测试数据，分析测试结果，写出调试报告。

（8）老化试验。老化试验是指模拟整机的实际工作条件，使整机连续长时间（由设计要求确定，如4、8、12、24、48小时等）工作后，部分产品存在的故障隐患暴露出来，避免存在故障隐患的产品流入市场。

（9）整机技术指标复测。老化后的产品，由于部分元器件的参数可能发生变化，甚至失效，而造成产品的某些技术指标发生偏差，达不到设计要求，甚至使整机出现故障，不能正常工作，所以老化后的产品必须进行整机技术指标的复测，以便找出经老化试验后不合格的产品。

（10）例行试验。例行试验是生产企业按惯例必须进行的试验，包括环境试验和寿命试验。电子整机一般要进行环境试验，以判断产品的可靠性。由于例行试验对产品是有破坏作用的，可能直接影响产品的使用寿命，故例行试验不采用全验方式，只按要求从合格的产品中抽取一小部分样品进行试验，且试验后的样品不能再作为合格产品出售。即使试验后，其各项性能指标均达到合格标准，也只能另行处理，绝不能按合格产品进入市场。

例行试验是指让整机在模拟的极限条件（如高温、低温、湿热等环境或在振动、冲击、跌落等情况）下工作或储存一定时间后，看其技术指标的合格情况，也就是考验产品在恶劣的条件下工作的可靠性。

例行试验属产品质量检验的范畴，测试只为判明产品质量水平提供依据。

5.1.3 安全措施

在调试过程中，需要接触各种电路和仪器设备，特别是各种电源及高压电路、高压大电容器等，为了保护调试人员的人身安全，防止测量仪器设备和被测电路及产品被损坏，除应严格遵守操作安全规程外，还必须注意调试工作中应遵循的安全措施。调试工作中的安全措施主要有供电安全和操作安全等。

1. 供电安全

在调试过程中，电子产品和调试仪器都必须通电工作，所使用的电源电压较高，有时还会有各种高压电路、高压大电容器等，因而操作人员的供电安全显得尤为重要，供电安全措施有：

（1）装配供电保护装置。在调试检测场所应安装总电源开关、漏电保护开关和过载保护装置。总电源开关应安装在明显且易于操作的位置，并设置相应的指示灯。电源开关、电源线及插头插座必须符合安全用电要求，任何带电导体不得裸露。

（2）采用隔离变压器供电。调试检测场所最好先装
备1：1的隔离变压器，再接入调压器供电，将电网的
较高电压与操作人员、设备隔离开，如图 5.4 所示。使
用隔离变压器供电，既可以保证调试检测人员的人身安
全，又可以防止测试仪器与电网之间产生相互影响。

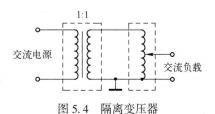

图 5.4　隔离变压器

（3）采用自耦调压器供电。在没有隔离变压器而使
用普通交流自耦调压器供电时，必须特别注意供电安全，因为自耦调压器未与电网隔离，其输入与输出端有电气连接，稍有不慎就会将输入的高电压引到输出端，造成变压器及其后电路烧坏，严重时造成人身触电事故，使用时必须特别小心。

采用自耦调压器供电时，必须使用三线电源插座，相线（火线）L 与零线 N 采用正确的接法，即变压器输出端的固定端作为零线、变压器输出端的调节端作为火线，这样的连接方法才能保证供电安全，如图 5.5 所示。但是这种接法没有与电网隔离，仍然不够安全。

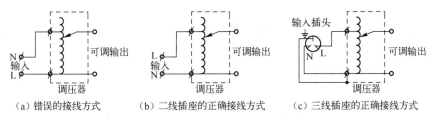

（a）错误的接线方式　　（b）二线插座的正确接线方式　　（c）三线插座的正确接线方式

图 5.5　自耦调压器供电的接线方法

2. 操作安全

调试时，调试人员要了解操作安全事项，注意操作安全（包括操作环境的安全、操作

过程的安全）和人身安全。

（1）操作安全注意事项。调试操作时应注意以下事项：

① 断开电源开关不等于断开了电源。如图 5.6（a）所示，开关 S 接在零线上，当开关 S 断开时，电源变压器的初级 1、2 脚，熔断丝 BX 和开关 S 的 2 脚仍然带电。如图 5.6（b）所示，开关 S 接在相线上，当开关 S 断开时，开关 S 的 1、3 脚仍然带电。

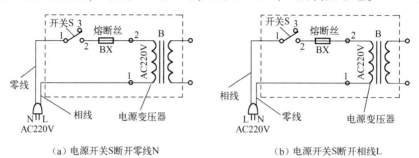

（a）电源开关S断开零线N   （b）电源开关S断开相线L

图 5.6 电源开关断开后电路部分带电示意图

可见，虽然断开了电源开关，但电源电路仍然有部分带电，只有拔下电源插头才可认为真正断开了电源。

② 不通电不等于不带电。对于大容量电容或超高压电容来说（如显像管的高压嘴上的高压电容），充电后即使断电数十天，其两端仍然带有很高的电压。因而对已经充电的大容量电容或高压电容来说，只有进行短路放电操作后，才可以认为其不带电。

③ 电气设备和材料的安全工作寿命是有限的。工作寿命终结的产品，其安全性无法保证。原来绝缘的部位，也可能因使用年限过长，绝缘材料老化变质而带（漏）电了。所以，电气设备和绝缘材料应按规定的年限使用，及时停用、报废旧仪器设备。

（2）操作安全内容。

① 注重操作环境的安全。操作工作台及工作场地应铺设绝缘胶垫，调试检测高压电路时，工作人员应穿绝缘鞋。

② 注意操作过程的安全。进行高压电路或大型电路或电子产品通电检测，必须有 2 人以上才能开展。若发现冒烟、打火、放电、异常响声等异常现象时，应立即断电检查。

③ 调试工作结束或离开时，应关闭调试用电源的开关。

5.1.4 调试仪器设备的使用安全措施

为了正确使用测试仪器，提高测试的准确性，避免不当操作造成测试仪器的损坏，延长测试仪器的使用寿命，在测试过程中，应注意以下几点：

（1）所用的测试仪器设备要定期检查，仪器外壳及可触及的部分不带电。

（2）各种仪器设备必须使用三线插座，电源线采用双重绝缘的三芯专用线，长度一般不超过 2m。若是金属外壳，必须保证外壳良好接地（保护地）。

（3）更换仪器设备的保险丝时，必须完全断开电源线。更换的保险丝必须与原保险丝规格相同，不得更换大容量保险丝，更不能直接用导线代替。

（4）功耗较大（>500W）的测试仪器，往往带有冷却风扇，如工作时风扇出现不转的现象，应立即断电并停止使用。这类测试仪器工作时，断电后，不得立即再通电，应冷却一段时间（一般 3~10min）后再开机，否则容易烧断保险丝或损坏仪器（这是因为仪器的启动电流较大且易产生较高的反峰电压，会造成仪器的损坏）。

（5）电源及信号源等输出信号的仪器在工作时，其输出端不能短路。输出端所接负载不能长时间过载。输出电压明显下降时，应立即断开负载。对于指示类仪器，如示波器、电压表、频率计等输入信号的仪器，其输入端输入信号的幅度不能超过其限值。

5.2 电子产品整机电路调试

5.2.1 整机电路调试的主要内容和步骤

电子产品常规调试的内容包括电路调试和机械调试。电路调试主要是指对整机电路部分进行调试，包括通电前的检查、通电调试和整机调试三个部分。在通电调试前，要先做通电前的检查，没有发现异常现象后再做通电调试，最后进行整机调试，如图 5.7 所示。

图 5.7　电路调试步骤

为了缩短调试时间，减少差错和损失，在调试过程中应遵循"先观察、后调试，先电源、后电路，先电路、后机械，先静态、后动态"的原则。

1. 通电前的检查

通电前的检查是指在印制电路板安装完毕后，在不通电的情况下，对印制电路板进行的检查。

通电前的检查可以发现和纠正比较明显的安装错误，避免盲目通电可能造成的电路损坏。通电前检查的主要内容包括：

（1）用万用表的"Ω"挡，测量电源的正、负极之间的正、反向电阻值，以判断是否存在严重的短路现象，以及电源线、地线是否可靠接触。

（2）元器件的型号（参数）是否有误、引脚之间有无短路。有极性的元器件，如二极管、三极管、电解电容、集成电路等的极性或方向是否正确。

（3）连接导线有无接错、漏接、断线等现象。

（4）印制电路板各焊接点有无漏焊、桥接短路等现象。

2. 通电调试

通电调试的步骤：先通电观察，再进行电源调试，然后进行静态调试，最后完成动态调试。

（1）通电观察。通电观察是指将符合要求的电源正确地接入被调试的电路中，观察有无异常现象，如发现电路冒烟、有异常响声、有异常气味（主要是焦糊味）、元器件发烫等现象，应立即切断电源，检查电路，排除故障后方可重新接通电源进行测试。

（2）电源调试。通电观察没有异常后，就可进行电源部分的调试。电源调试通常分为空载调试和加载调试两个过程，调试的步骤为先空载调试，再加载调试。

① 空载调试。将电源电路与电路的其他部分断开后，对电源电路进行调试。空载通电后，查看电源电路有无稳定的直流电压输出，其值是否符合设计要求；对于输出可调的电源，查看其输出电压是否可调，调节是否灵敏，可调电压范围是否达到了预定的设计值。

② 加载调试。加载调试是指在空载调试合格后，加上额定负载对其输出电压的相关性能指标进行的测试。

（3）静态调试。静态调试是指在不加输入信号（或输入信号为零）的情况下，进行电路直流工作状态的测量和调整。

通电观察无异常现象且电源调试正常后，方可进入静态调试阶段。静态调试的步骤：先静态观察，再静态测试。

通过静态调试，可以及时发现已损坏的元器件，判断电路工作情况并及时调整电路参数，使电路工作状态符合设计要求。

（4）动态调试。静态调试合格后，可进一步完成动态调试。动态调试是指在电路的输入端接入适当频率和幅度的信号，循着信号的流向逐级检测电路各测试点的信号波形和有关参数，并通过计算测量结果来估算电路性能指标，必要时进行适当的调整，使指标达到要求。若发现电路工作不正常，应先排除故障，再进行动态测量和调整。

3. 整机调试

整机调试是指对整机电子产品电路的全方位调试，是在单元部件调试的基础上进行的。

5.2.2　测试仪器的选择与配置

合理选择测试仪器与正确配置各种测试仪器，将直接影响调试的准确性和电子整机的质量。

电子测试仪器的种类很多，总体上可分为通用电子仪器和专用电子仪器两大类。

通用电子测试仪器是指可以测试电子电路的某一项或多项电路特性和参数的仪器，如示波器、信号发生器、电子毫伏表、扫频仪、频谱分析仪、集中参数测试仪、频率计等。

专用电子测试仪器是指用于测试某些特定电子产品性能和参数的仪器，如电视信号发生器、LED 测试仪、网络分析仪、失真度测试仪等。

测试仪器的种类繁多，在电子整机调试中，测试仪器应满足以下要求。

（1）测试仪器种类的确定。必须了解各种测试仪器的测试内容和测试方法，根据电子产品的测试技术指标，选择测试仪器的种类。常规的测试仪器（万用表、示波器、信号发生器）的测试功能如下：

① 万用表。万用表主要用于检测电子元器件、测试静态工作点和频率在 1kHz 以下的正弦波电压的有效值。

② 示波器。示波器主要用于测试各种频率和波形的幅度、频率、相位，以及观察波形的形状、有无失真等。

③ 信号发生器。信号发生器分为低频信号发生器、高频信号发生器、函数信号发生器

等，不同的信号发生器可以产生正弦波、三角波、阶梯波、方波等不同的标准波形和不同的频率范围。

例如，需要测试电视接收机的频率范围、静态工作点、工作波形等技术指标，就应该选择电视信号发生器、扫频仪、万用表、示波器等测试仪器。

（2）测试仪器的接入不能影响被测试电子产品或电路的性能参数。测试电子产品或电路时，应选择输入阻抗高的测试仪器，避免测试仪器的接入改变原电路的阻抗及其他电路的性能参数。

（3）测试仪器的误差应满足被测参数对误差的要求。不同的测试仪器有不同的测试误差，误差大的测试仪器的价格低，精度高的测试仪器的价格高。为了降低测试成本，测试仪器的精度并非越高越好，只要能满足误差要求就行。

5.2.3　静态测试

静态测试
与调试

静态是指没有外加输入信号（或输入信号为零）时，电路的直流工作状态。

静态调试包括静态测试与静态调整。模拟电路的静态测试是指测量电路的静态直流工作点，也就是调整电路在静态工作时的直流电压和电流；数字电路的静态测试是指将输入端设置成符合要求的高（或低）电平，测量电路各点的电位值及逻辑关系等。

1. 直流电流的测试

（1）直接测试法：断开被测电路，将电流表或万用表串联在待测电路中进行电流测试的一种方法，如图 5.8 所示。

直接测试法的特点是测试精度高，可以直接读数，但测试时需要将被测电路断开，测试前的准备工作烦琐，易损伤元器件或电路板。

（2）间接测试法：采用先测量电压，然后换算成电流来间接测试电流的一种方法。当被测电路上串有电阻器 R 时，在对测试精度要求不高的情况下，先测出电阻 R 两端的电压 U，然后根据欧姆定律 $I = \dfrac{U}{R}$，换算成电流。

间接测试法的步骤：如图 5.9 所示，采用间接测试法测试集电极电流 I_c 时，可先测出集电极电阻 R_c 两端的电压 U_{Rc}，再根据 $I_c = \dfrac{U_{Rc}}{R_c}$ 计算出 I_c。实际工程中，先测出发射极电阻 R_e 两端的电压 U_E，由 $I_e = \dfrac{U_E}{R_e}$ 计算出发射极电流 I_e，再根据 $I_c \approx I_e$ 得到 I_c 的值。这样测试的主要原因是，由于 R_e 比 R_c 小很多，并入电压表后，电压表内阻对电路的影响不大，使得测量精度提高。显然，用同一块电压表测量阻值小的电阻器两端的电压，其精度更高；但是当电阻值太小时，对电阻值的测量可能比较困难且测量精度很难保证。

间接测试法的特点：测试操作简单、方便，不需要断开电路就可以测试，但有测试误差，测试精度比直接测试法低。

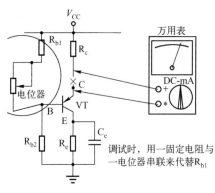

图 5.8　电流的直接测试法

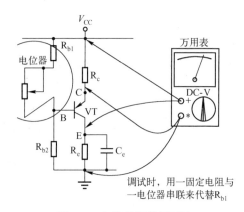

图 5.9　电流的间接测试法

（3）测试直流电流的注意事项。

① 采用直接测试法测试电流时，必须断开电路将仪表（万用表调到直流电流挡）串入电路中；对直流电流的测量还必须注意电流表的极性，应该使电流从电流表的正极流入，负极流出。

② 合理选择电流表的量程（电流表的量程略大于测试电流）。若事先不清楚被测电流的大小，应先把仪表调到高量程测试，再根据实际测得情况将量程调整到合适的位置精确地测试。

③ 根据被测电路的特点和测试精度要求选择测试仪表的内阻和精度。

④ 利用间接测试法测试时必须注意：被测量的电阻两端并接的其他元器件，可能会使测量产生误差。

2. 直流电压的测试

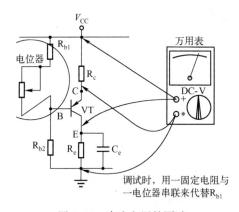

图 5.10　直流电压的测试

（1）测试方法。测试直流电压时，只需要将直流电压表或万用表（直流电压挡）直接并联在待测电压电路的两端点上即可。如图 5.10 所示，使用万用表的直流电压挡测试 R_c 及 R_e 两端电压。

（2）测试直流电压的注意事项。

① 测试直流电压时，应注意将电路中高电位端接表的正极（红表棒），低电位端接表的负极（黑表棒）；电压表的量程应略大于所测试的电压。

② 根据被测电路的特点和测试精度，选择测试仪表的内阻和精度。对测试精度要求较高时，可选择高精度模拟式或数字式电压表。

③ 使用万用表测量电压时，不得误用其他挡，特别是电流挡和欧姆挡，以免损坏仪表或造成测试错误。

5.2.4　静态调整

1. 静态调整的方法、步骤

电路的静态调整是在测试的基础上进行的。调整前，对测试结果进行分析，当测试结果与设计文件要求不符时，对电路直流通路中的可调元器件（如微调电阻等）进行调整，使电路的直流参数符合设计文件的要求，并保证电路正常工作。

根据测试结果，确定静态调整的方法、步骤：

（1）熟悉电路的结构（方框图）和工作原理（原理图），了解电路的功能、性能指标。

（2）分析电路的直流通路，熟悉电路中各元器件的作用，特别是电路中的可调元器件的作用和对电路参数的影响。

（3）当发现测试结果有偏差时，要确立纠正偏差最有效、最方便的调整方案，找出对电路其他参数影响最小的可调元器件，完成对电路静态工作点的调试。

2. 静态调整举例

以如图 5.10 所示的低频放大电路为例，说明电路静态调整的方法和步骤。

（1）在放大电路未接输入信号时（或将输入端对"地"交流短路），接通直流电源 V_{CC}，用直流电压表（或万用表直流电压挡）测量电路中三极管 VT 的 C、B、E 点的直流电位，然后近似估算三极管的静态电流 I_{CQ} 和静态电压 U_{CEQ}。

三极管的静态电流 I_{CQ}：
$$I_{CQ} \approx I_{EQ} = \frac{U_E}{R_e}$$

三极管的静态电压 U_{CEQ}：
$$U_{CEQ} \approx U_C - U_E$$

（2）将 I_{CQ} 和 U_{CEQ} 的计算结果与理论估算值相比较。若有偏差，从理论上说，可调整 R_{b1}、R_{b2}、R_e、R_c 等电阻值或调整直流电源电压 V_{CC}，使静态值达到所需值。但在通常情况下，通过改变 V_{CC} 的大小调整静态工作点时，会影响电路中元器件的耐压、输出信号范围等；而改变 R_e 或 R_c 的大小会影响电路的电压放大倍数和输出阻抗；所以通常通过调节基极偏置电阻 R_{b1} 或 R_{b2} 的大小，来达到调整静态工作点的目的。例如，在放大电路中，U_{CEQ} 一般应在 1V 以上，若 U_{CEQ} 过大（接近电源电压）或过小，则说明 I_{CQ} 过小或过大，应减小或增大 R_{b1}（增大或减小 R_{b2}）。

5.2.5　动态调试及调试工具

动态是指电路的输入端接入适当频率和幅度的信号后，电路各有关点的状态随着输入信号变化而变化。动态调试包括动态测试和动态调整两部分。

测试电路的动态工作情况，通常称为动态测试。在实际工程中，动态测试以测试电路的信号波形和电路的频率特性为主，有时也测试电路中相关点的交流电压值、动态范围、失真情况等。

动态调整是指调整电路的动态特性参数，即调整电路中的交流通路元器件，如电容、电感等，使电路相关点的交流信号的波形、幅度、频率等参数达到设计要求。由于电路的静态工作点对其动态特性有较大的影响，所以，有时还需要对电路的静态工作点进行微调，以改善电路的动态性能。

调试中常用的一种工具为无感起子，它是用非磁性材料（如象牙、有机玻璃或胶木等非金属材料）制成的，用于调整高频谐振回路中可调电感与可调电容的大小。

图 5.11　无感起子

无感起子常用尼龙棒制造，或采用顶部镶有不锈钢片的塑料压制而成，如图 5.11 所示。频率较高时，应选用尼龙棒制成的无感旋具；频率较低时，可选用头部镶有不锈钢片的无感旋具。

使用无感起子，可避免金属体及人体感应对高频回路产生影响，确保高频电路顺利、准确地调整。如可用于收音机和电视机等的高中频谐振回路、电感线圈、可调电容、磁帽、磁芯的调整，以获得满意的调试效果。

5.2.6　波形的测试与调整

电子电路常用于放大信号、产生波形、变换或处理波形等。为了判断电路工作是否正常，是否符合技术指标要求，经常需要观测电路的输入、输出波形并加以分析。因而对电路进行波形测试是动态测试中最常用的手段之一。

1. 波形测试仪器

测试波形的常用仪器是示波器，最好使用衰减探头（高输入阻抗、低输入电容）以减少探头接入示波器时对被测电路的影响，同时注意探头的地端和被测电路的地端一定要连接好，且示波器的上限频率应高于被测试波形的频率，对于微秒以下脉冲宽度的波形，需选用脉冲示波器测试。

2. 测试波形的方法

（1）电压波形的测试。测试时，只需把示波器电压探头直接与被测试电压电路并联，即可在示波器上观测波形。

（2）电流波形的测试。电流波形的测试方法有两种：直接测试法和间接测试法。

① 直接测试法。首先将示波器改装为电流表，简单的办法是并接分流电阻，将探头改装成电流探头，然后断开被测电路，用电流探头将示波器串联到被测电路中，即可观察电流波形。

② 间接测试法。实际工程中，多采用间接测试法，即在被测回路中串入一无感小电阻，将电流变换成电压，由于电阻两端的电压与电流符合欧姆定律，是一种线性、同相的关系，所以在示波器上看到的电压波形反映的就是电流的变化规律。

如图 5.12 所示是用间接测试法观测电流波形的电路图。在没有电流探头的情况下，在偏转线圈电路中串联一只 0.5Ω 无感电阻，用示波器观测 0.5Ω 无感电阻两端的电压波形，测出的波形幅度为电压峰–峰值，

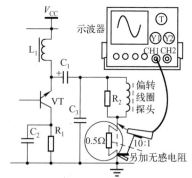

图 5.12　用间接测试法观测
电流波形的电路图

用欧姆定律可算出电流峰–峰值。观测示波器上的被测信号波形，根据示波器面板上 Y(CH) 通道灵敏度（衰减）开关的挡位和 X 通道扫描时间（时基）开关的挡位，可计算出信号的幅度、频率、时间、脉冲宽度等参数。

3. 注意事项

测量波形幅度、频率或时间时，示波器 Y(CH) 通道灵敏度（衰减）开关的微调器和 X 通道扫描时间（时基）开关的微调器应预先校准并置于校准位置，否则测量结果不准确。

4. 波形的调整

波形的调整是指通过调整电路相关参数，使电路相关点的波形符合设计要求。电路的波形调整是在波形测试的基础上进行的。只有在测试到的波形参数没有达到设计要求的情况下，才需要调整电路的参数，使波形达到要求。

调整前，必须对测试结果进行正确的分析。当观测到波形有偏差时，要找出纠正偏差最有效又最方便调整的元器件。从理论上来说，各个元器件都有可能造成波形参数的偏差，但实际工程中却多采用调整反馈深度或耦合电容、旁路电容等来纠正波形的偏差。电路的静态工作点对电路的波形也有一定的影响，故有时还需要微调静态工作点；还可尝试替换放大器件，如三极管，但更换三极管后，必须重新调整静态工作点。

5.2.7 频率特性的测试与调整

对于谐振电路和高频电路，一般进行频率特性的测试和调整，很少进行波形调整。

频率特性又称频率响应（简称频响），是谐振电路和高频电路的重要动态特性之一。频率特性常指幅频特性，是指信号的幅度随频率变化的关系，即电路对不同频率的信号有不同的响应。如放大器的增益随频率变化而变化，使输出信号的幅度（令输入信号幅度不变）随频率变化而变化。

频率特性通常用幅频特性曲线来表达，横坐标表示频率，纵坐标表示信号的幅度，它能直观、清晰地表达电路的频率特性。

1. 频率特性的测试

在工程测量中，频率特性的测试实际上就是幅频特性曲线的测试，常用的测试方法有点频法、扫频法和方波响应测试。

（1）点频法。点频法是指用一般的信号源（常用正弦波信号源），向被测电路提供等幅的输入电压信号，并逐点改变信号源的频率，用电子电压表或示波器监测、记录被测电路各个频率变化所对应的输出电压变化状态的方法。

① 测试仪表。正弦信号发生器、交流毫伏表或示波器。

② 测试方法。如图 5.13 所示，测试方法如下：

测试时，由信号发生器提供等幅的输入信号（通过电子电压表监测输入电压的大小），按一定的频率间隔，将信号发生器信号的频率由低到高逐点调节，同时用毫伏表记录每点频率变化所对应的输出电压值，并在频率–电压坐标上（以频率为横坐标，电压幅度为纵坐标）逐点标出测量值，最后用一条光滑的曲线连接各测试点。这条曲线就是被测电路的频率特性（幅频特性）曲线，如图 5.14 所示。

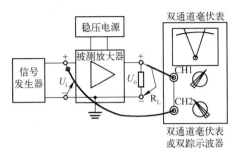 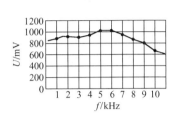

图 5.13　用点频法测试频率特性　　　　　图 5.14　频率特性曲线示意图

测量时，频率间隔越小测试结果就越准确。这种方法多用于低频电路的频响测试，如音频放大器、收录机等。

点频法的特点：测试设备为常规的测试仪器，使用方便，测试原理简单，但测试时间长，工作量大，有时会遗漏被测信号中两测试点之间的某些细节，造成一定的测试误差。

（2）扫频法。扫频法是指使用专用的频率特性测试仪（又称扫频仪），直接测量并显示出被测电路的频率特性曲线的方法。

扫频仪是将扫频信号源和示波器组合在一起的专门用于频率特性测试的仪器。工作时，扫频信号源向被测电路提供一个幅度恒定且频率随时间线性、连续变化的信号（称为扫频信号）作为被测电路的输入信号；同时扫频仪的显示器部分将被测电路输出的信号逐点显示出来，完成频率特性测试。由于扫频信号源的信号频率间隔很小，几乎是连续变化的，所以显示出的曲线也是连续无间隔的。

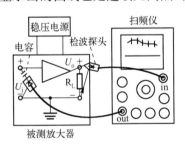

图 5.15　扫频法的测试接线方框图

扫频法的测试接线方框图如图 5.15 所示。测试时，应根据被测电路的频率响应选择一个合适的中心频率，用输出电缆将扫频仪输出信号电压加到被测电路的输入端，用检波探头（若被测电路的输出电压已经检波，则不能再用检波探头，只能用普通输入（开路）探头）将被测电路的输出信号电压送到扫频仪的输入端，在扫频仪的荧光屏上就能显示出被测电路的频率特性曲线。

扫频法的特点：测试简捷、快速、直观、准确。由于扫频信号源的信号频率间隔很小，几乎是连续变化的，所以不会遗漏被测信号的变化细节，显示出的测试曲线是连续无间隔的，测试的准确度高。高频电路一般采用扫频法进行测试。

（3）方波响应测试。方波响应测试是指使用脉冲信号发生器作为信号源，通过观察方波信号通过被测电路后的波形，用示波器观测被测电路频率特性的方法。如图 5.16 所示为方波响应测试接线方框图，使用了双踪示波器同时观测和比较输入、输出波形。

方波响应测试的特点：能更直观地观测被测电路的频率响应和被测电路的传输特性，因为方波信号形状规则，出现失真很易观测到。如果一个放大器接入一个理想音频方波（如接入 2kHz 方波）后，输出的方波仍是理想的，则说明该放大器频响范围可达到基波频率的 9 倍（9×2kHz＝18kHz）左右。

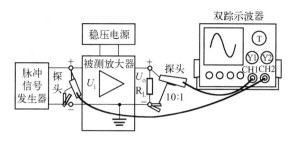

图 5.16 方波响应测试接线方框图

2. 频率特性的调整

频率特性的调整是指对电路中与频率有关的交流参数进行调整，使其频率特性曲线符合设计要求。在频率特性曲线没有达到设计要求的情况下，才需要调整电路的参数。

（1）调整频率特性的思路和方法。调整频率特性的思路和方法，基本上与波形的调整相似，只是频率特性的调整既要保证低频段又要保证高频段，还要保证中频段，也就是说，在规定的频率范围内，各频率的信号幅度都要达到要求。电路中的某些参数，对高、中、低频段都会有影响，故调整时应先粗调，然后反复细调。所以调整的过程要复杂一些，考虑的因素要多一些，对调试人员的要求也要高一些。

（2）频率特性调整的步骤。调整前，首先要了解符合电路结构和设计要求的标准频率曲线，同时正确分析所观测到的频率特性曲线，找出不符合要求的频率范围和特征。

根据电路中各元器件的作用，特别是电路中电容、电感等交流通路元器件的作用和对电路频率特性的影响，确定需要调整的元器件参数和调整的方法。如低频段曲线幅度偏低，从理论上说，可能是电路的低频损耗过大或低频增益不够，也可能是反馈电路有问题，也可能是耦合电容的容量不足等造成的。

在实际工程中多采用调整反馈深度或耦合电容、旁路电容等方法，来实现频率特性的调整，有时还需要对电路的静态工作点进行微调。

对于谐振电路，多采用扫频法调试。一般先调整谐振回路的参数，如可调电感或谐振电容，保证电路的谐振频率和有效带宽符合要求。如调整后仍然达不到要求，再检查电路，查找原因，排除故障。

5.3 调试过程中的故障查找及处理

在调试电子产品的过程中，经常会遇到调试失败的情况，如电路达不到设计的技术指标，或通电后出现烧保险丝、冒烟、打火、漏电、元器件烧坏等情况，造成电路无法正常工作。因此在整机调试过程中，对电子整机进行故障查找、分析和处理是不可缺少的环节。

5.3.1 故障特点和故障现象

1. 故障特点

在电子产品调试过程中出现的故障机均为新装配的整机产品，或是新产品样机等，因此故障有其固有的特点。只有找出这些故障的特点，才能缩小故障范围，及时地找出故障的位置，从而快捷、有效地查找和排除故障。

在整机调试过程中产生的故障往往以焊接和装配故障为主，一般是机内故障，基本上不存在机外故障或使用不当造成的人为故障，更不会有元器件老化故障；对于新产品样机，则可能存在特有的设计缺陷、元器件参数不合理或分布参数造成的故障。

2. 故障现象

在电子产品调试过程中，故障多出现在元器件、线路和装配工艺三方面，常见的故障有以下几类。

（1）元器件安装错误故障。新装配的电子整机易出现元器件安装错误，常见的有元器件位置安装错误，集成电路块装反，二极管、三极管的引脚极性装反，电解电容的引脚极性装反，元器件漏装等。

元器件安装错误，会造成装错的元器件及其相关的元器件烧坏、印制板烧坏、电路无法正常工作等。

（2）焊接故障。在电子整机安装过程中，常出现的焊接故障有漏焊、虚焊、错焊、桥接等。

焊接故障会造成整机电路无法工作，信号时有时无，接触不良，整机电路性能达不到设计要求等，出现桥接、短接故障时还有可能烧坏印制电路板及元器件。

（3）装配故障。常见装配故障有机械安装位置不当、错位、卡死等。装配故障会造成调节不方便、接触不良、产品无法使用等。

（4）连接导线的故障。连接导线的故障主要表现在：导线连接错误、导线漏焊、导线烫伤，多股芯线部分折断等。连接导线的故障会造成电路信号无法连通，或电路短路故障，或接触电阻增大、电路工作电流减少、整机达不到技术要求。

（5）元器件失效故障。电子整机在出厂前要经过老化试验，这时一些不合格的元器件会出现早期老化现象。如过冷、过热时，早期老化的元器件性能变化大，老化试验后集成电路损坏、三极管击穿或元器件参数达不到要求等。元器件失效的故障会造成电路工作不正常。

（6）样机特有的故障。样机是设计试制阶段的产品，有可能出现电路设计不当、元器件参数选择不合理等样机特有的故障，会造成电子整机电路达不到设计的技术参数要求。

对于样机特有的故障，应及时查找原因，及时整改，并将整改结果写成样机调试报告，供设计、生产部门参考。

5.3.2　故障查找方法

在调试电子产品过程中遇到故障时，还需有一定的方法和手段，快速查找故障产生的原因和具体位置，便于及时排除故障。故障查找的方法多种多样，常用的方法有观察法、测量法、信号法、比较法、替换法、加热法和冷却法、智能检测法等。

具体应用时，要针对故障现象和具体的检测对象，交叉、灵活地运用其中的一种或几种方法，以达到快速、准确、有效查找故障的目的。

1. 观察法

观察法是指不依靠测试仪器，仅通过人体感觉器官（如眼、耳、鼻、手等）来查找电路故障的方法。这是一种快捷、方便、安全的故障查找方法，往往作为故障查找的第一步。观察法分为静态观察法和动态观察法两种。

（1）静态观察法。静态观察法也称为不通电观察法，是指在电子产品没有通电时，通过目视和手触查找故障的方法。

使用静态观察法查找故障时，要根据故障现象初步确定故障的范围，有次序、有重点地仔细观察。

静态观察法的步骤是先外后内，循序渐进。

采用静态观察法通常可以查找到一些较粗犷、明显的故障，如焊接故障（如漏焊、桥接、错焊或焊点松脱等），导线接头断开，元器件漏装、错装，电容漏液或炸裂，接插件松脱，电源接点生锈，以及按键、插口电线电缆损坏，保险丝烧断等。对于试验电路或样机，可以结合电路原理图检查元器件有无装错、接线有无连错、元器件参数是否符合设计要求、IC 引脚有无插错方向或折弯等。

实践证明，电子线路故障中的焊接故障（如漏焊、桥接、错焊或焊点松脱等），导线接头断开，元器件漏装、装错、装反等装配故障，电容漏液或炸裂，接插件松脱，电源接点生锈等故障，完全可以通过静态观察发现，没有必要对整个电路进行通电测量，导致故障升级。

（2）动态观察法。动态观察法也称为通电观察法，是指电子产品通电后，运用人体视觉、嗅觉、听觉、触觉检查线路故障。当通过静态观察未发现异常时，可进一步采用动态观察法。

动态观察法的操作要领是：通电后，运用"眼看、耳听、鼻闻、手摸、振动"这一套完整、协调的观察方法检查线路故障。用眼看：电路或电子产品内有无打火、冒烟等现象；用耳听：有无异常声响；用鼻闻：机内有无烧焦、烧糊的异味；用手摸：电路元器件、集成电路等是否发烫（注意：高压、大电流电路需防触电、防烫伤）；有时还要摇振电路板、接插件或元器件等看有无松动、接触不良等现象。发现异常情况要立即断电，排除故障。

动态观察法有时还可借助于一些电子测试仪器（如电流表、电压表、示波器等），监视电路状态，进一步确定故障产生原因及确切位置。

2. 测量法

测量法是指使用测量仪器测试电路的相关参数，并与产品技术文件提供的参数做比较，进而判断故障的一种方法。测量法是使用最广泛、最有效的方法，根据测量的参数特性又可分为电阻测量法、电压测量法、电流测量法和波形测量法。

（1）电阻测量法。电阻参数可以反映各种电子元器件和电路的基本特征。利用万用表测量电子元器件或电路各点之间的电阻来判断故障的方法称为电阻测量法。

通过测量电阻，可以准确地确定开关、接插件、导线、印制电路板导电图形的通断及电阻是否变质、电容是否短路、电感线圈是否断路等，是一种非常有效而且快捷的故障查找方法，但对晶体管、集成电路及电路单元来说，一般不能简单地用对电阻的测量结果来直接判定故障，需要对比分析或兼用其他方法判断。

电阻的测量一般使用万用表进行，分为在线测量和离线测量两种方法。

① 在线测量是指被测元器件没有从电路中断开而直接测量其阻值的方法，因而测量结果需要考虑被测元器件受其他并联支路的影响，通常测量结果会小于标称值。

在线测量的特点：操作方便快捷，不需拆焊印制电路板，对电路的损伤小。

② 离线测量是指将被测元器件从电路或印制电路板上拆焊下来，再进行独立测量的方法。离线测量操作较麻烦，但测量的结果准确、可靠。

使用电阻测量法的注意事项：

① 使用电阻测量法时，应在线路断电、大电容放电的情况下进行，否则结果不准确，还可能损坏万用表。

② 在检测低电压供电的集成电路（≤5V）时，避免用指针式万用表的10kΩ挡（内电池为9V）。

（2）电压测量法。电压测量法是通电检测方法中最基本、最常用，也是最方便的方法。它是指对有关电路的各点电压进行测量，并将测量值与标准值进行比较、判断，确定故障的位置及产生原因的方法。电压的标准值可以通过电子产品说明书或从一些维修资料中获取，也可对比正常工作的同种电路获得各点参考电压值。偏离正常电压较多的部位或元器件，可能就是故障所在。

电压测量法可分为交流电压的测量和直流电压的测量两种形式。

① 直流电压的测量。测量直流电压的步骤：首先测量供电电源输出端电压是否正常；然后测量各单元电路及电路关键点的电压，如放大电路输出端电压、外接部件电源端等处的电压是否正常；最后测量电路主要元器件（如三极管、集成电路）各引脚电压是否正常。偏离正常电压较多的部位或元器件，可能就是故障所在。

② 交流电压的测量。由于指针式万用表只能测量频率为 45～2000Hz 的正弦波交流电压，数字式万用表只能测量频率为 45～500Hz 的正弦波电压，且测量的示值均为有效值，超过测量频率范围或测量非正弦波时，测量结果会出现很大的偏差，测量结果不正确。故测量交流电压时，50Hz 的交流电压可选择普通万用表进行测量；而测量非正弦波或较高频率的交流电压时，可使用示波器进行检测。

（3）电流测量法。电流测量法是指测量电路或元器件中的电流，将测量值与标准值进行比较、判断，确定故障产生的位置及原因的方法。测量值偏离标准值较大的位置，往往是故障所在。电流的测量分为直接测量和间接测量两种方法。

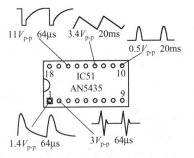

图 5.17　电视机扫描电路的标准波形图

（4）波形测量法。波形测量法是指使用示波器测量、观察电路交流状态下各点的波形及其参数（如幅值、周期、前后沿、相位等），来判断故障的方法。在电子产品的线路中，一般会画出电路中各关键点的波形形状和主要参数。

如图 5.17 所示为电视机扫描电路的标准波形图，如果测得各点的波形形状或幅度没有达标或相差较大，则说明故障可能就发生在该电路上。当观察到不应出现的自激振荡或调制波形时，虽不能确定故障部位，但可从频率、幅值等方面分析故障原因。

应用波形测量法时的注意事项：

① 对电路中高电压和大幅度脉冲部位，一定要注意不能超过示波器的允许电压范围，必要时采用高压探头或对电路观测点采取分压或取样等措施。

② 将示波器接入电路时，其输入阻抗对电路有一定影响，特别是测量脉冲电路时，要采用有补偿作用的 10∶1 探头，否则观测到的波形与实际不符。

（5）逻辑状态的测试。对数字电路而言，只需判断电路各部位的逻辑状态，即可确定电路工作是否正常。数字逻辑主要有高、低两种电平状态，另外还有脉冲串及高阻状态，因而可以使用逻辑笔进行电路检测。

功能简单的逻辑笔可测量单种电路（TTL 或 CMOS）的逻辑状态；功能较全的逻辑笔，除可测量多种电路的逻辑状态，还可定量测量脉冲的个数，有些还具有脉冲信号发生器的作用，可发出单个脉冲或连续脉冲供检测电路使用。

逻辑笔具有体积小、使用方便的优点。

3. 信号法

信号传输电路，包括信号获取（信号产生）、信号处理（信号放大、转换、滤波、隔离等）及信号执行电路，在现代电子电路中占有很大比例。对这类电路的检测，关键在于跟踪信号的传输环节。在具体应用中，根据电路的种类又分为信号注入法和信号寻迹法两种形式。

（1）信号注入法。信号注入法是指从信号处理电路的各级输入端，输入已知的外加测试信号，通过终端指示器（如指示仪表、扬声器、显示器等）或检测仪器来判断电路工作状态，从而找出电路故障的检测方法。

信号注入法适合检修各种本身不带信号产生电路、无自激振荡性质的放大电路、信号产生电路有故障的信号处理电路，如各种收音机、录音机、电视机公共通道及视放电路、电视机伴音电路等。信号注入法不适宜检修电视机的行扫描电路或场扫描电路及晶闸管电路。

检修多级放大器，从前级逐级向后级检查信号，也可以从后级逐级向前级检查，也可以从中间开始，从而缩小故障范围。这样可减少注入信号的次数，节省检查时间。

被检修电路无论是高频放大电路，还是低频放大电路，都可以由基极或集电极注入信号。从基极注入信号可以检查本级放大器的三极管是否良好，本级发射极反馈电路是否正常，集电极负载电路是否正常。从集电极注入信号，主要检查集电极负载是否正常，本级与后一级的耦合电路有无故障。

如检修收音机时，首先从音量电位器注入信号，若扬声器有正常的反应，则说明后面的低频放大器和功放等均正常。故障范围应在电位器之前，包括检波、中放、变频等。

信号注入法举例：如图 5.18 所示是一个使用信号注入法检测超外差收音机的框图。注入信号有两种：检波器之前的注入信号为调幅或调频高频信号，检波器之后的注入信号为音频信号，有时可采用人体感应信号作为注入信号（即手持导电体如镊子碰触相应电路部分），直接使故障机的扬声器或显像管作为监测设备，因此信号注入法又称为干扰法。这种方法简单易行，特别适合于音频放大电路或其他的宽带放大电路。对于使用干电池供电的整机和选频放大电路（如收音机、电视机中的中频电路），用上述干扰法效果不太理想。同理，也必须注意感应信号对外加信号检测的影响。

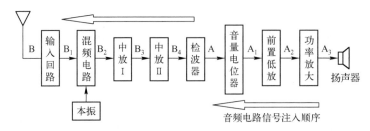

图 5.18　一个使用信号注入法检测超外差收音机信号的框图

检测收音机电路时，先从 A 点或 A_1 点注入信号，以此来判别故障是在音频电路中，还是在检波电路之前的高中频电路中；然后采用反向信号注入法，即按照 $A_3 \rightarrow A_2 \rightarrow A_1 \rightarrow A$ 的顺序，将一定频率和幅度的音频信号从 A_3 开始注入电路，逐渐向前推移，即从 A_2、A_1、A_3、A 等测试点注入信号，并通过扬声器或耳机逐步监听声音的有无、大小及音质的好坏，找出电路的故障点。如果音频电路部分正常，就要用调幅信号源、按照 $B_4 \rightarrow B_3 \rightarrow B_2 \rightarrow B_1 \rightarrow B$ 的顺序，依次向前对电路注入信号，通过扬声器或耳机的监听情况，找出故障点。

采用信号注入法检测时要注意以下几点：

① 根据具体电路可采用正向、反向或从中间注入信号的方式。例如：对收音机，可以先从 A 点注入信号，初步确定故障是在 A 点之前的高、中频电路（含输入回路、变频电路、中放电路和检波等）中，还是在 A 点之后的低频放大电路中；然后在有故障的电路范围内，采用正向或反向注入方式，逐步缩小故障范围。

② 注入信号的性质和幅度要根据电路和注入点变化，如例中在收音机音频部分注入信号，越靠近扬声器需要的信号越强，同样的信号，注入 A_2 点可能正常，注入 A_1 点可能过强使放大器饱和失真。通常可以估测注入点工作信号作为注入信号的参考。

③ 采用人体感应信号作为注入信号的干扰法，一般从后级向前级逐级进行，这样方便使用机器内自带的监测器件，如扬声器、显像管等。越往前，监测到的干扰反应越强越明显，否则电路增益不够或工作不正常。

（2）信号寻迹法。信号寻迹法可以说是信号注入法的逆方法。原理：检查信号是否能一级一级地往后传送并放大。使用信号寻迹检修收音机、录音机，首先要保证收音机、录音机有信号输入，将可调电容调谐到有电台的位置上，或放送录音带，接着用探针逐级从前级向后级，或从后级向前级检查。这样就能很快探测到输入信号在哪一级通不过，从而迅速缩小故障范围。

信号寻迹法是针对信号产生和处理电路的信号流向寻找信号踪迹的检测方法。对于信号处理电路，可从输入端加入一符合要求的信号，然后通过终端指示器（如指示仪表、扬声器、显示器等）或检测仪器从前级向后级，或从后级向前级检查，也可将整机分成几块分别探测在哪一级没有信号，来判断故障部位。如图 5.19 所示是用示波器检测音频功率放大器的示意图。

4. 比较法

有时用多种检测手段及试验方法都不能判定故障所在，但使用并不复杂的比较法却能出奇制胜。常用的比较法有整机比较法、调整比较法、旁路比较法及排除比较法四种。

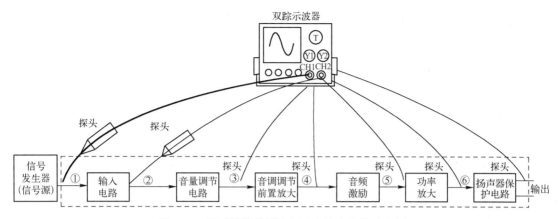

图 5.19　用示波器检测音频功率放大器的示意图

（1）整机比较法是将故障机与同一类型正常工作的机器进行比较来查找故障的方法。这种方法对缺乏资料而本身较复杂的设备，如以微处理器为基础的产品尤为适用。

整机比较法是以测量法为基础的。对可能存在故障的电路部分进行工作点测定和波形观察，或者监测信号，比较好坏设备之间的差别，往往会发现问题。当然由于每台设备不可能完全一致，对测量结果还要分析判断，这些常识性问题需要基本理论基础和日常的积累。

（2）调整比较法是通过调整整机设备可调元器件或改变某些现状，比较调整前后电路的变化来确定故障的一种检测方法。这种方法特别适用于放置时间较长，或经过搬运、跌落等外部条件变化引起故障的设备。

正常情况下，检测设备时不应随便变动可调元器件。若必须调整可调元器件，应在事先做好复位标记的前提下，改变某些可调电容、电阻、电感等，并注意比较调整前后设备的工作状况。如调整某三极管基极偏置电阻时，发现调整前后，该三极管的集电极电流不变，则说明该级电路可能存在问题。又如某收音机音轻，从后向前逐个试调中周时，无任何反应（既不变好也不变差），说明该级可能存在问题。

有时还需要触动元器件引脚、导线、接插件或者将接插件拔出重新接插，或者将印制电路板部位重新焊接等，注意观察和记录状态变化前后设备的工作状况，发现和排除故障。

运用调整比较法时，最忌讳乱调乱动，而又不做标记。调整和改变现状应一步一步进行，随时比较变化前后的状态，发现调整无效或向坏的方向变化应及时恢复。

（3）旁路比较法是指用适当容量和耐压的电容对被检测设备电路的某些部位进行旁路的比较检查方法，适用于检测电源干扰、寄生振荡等故障。

因为旁路比较实际上是一种交流短路试验，所以一般情况下先选用一种容量较小的电容，临时跨接在有疑问的电路部位和"地"之间，观察比较故障现象的变化。如果电路向好的方向变化，可适当加大电容容量再试，直到故障消除，根据旁路的部位可以判定故障的部位。

（4）排除比较法。有些组合整机或组合系统中往往有若干功能和结构相同的组件，调试中发现系统功能不正常时，不能确定引起故障的组件，这种情况下采用排除比较法容易确认故障所在。其步骤是：逐一插入组件，同时监视整机或系统，如果系统工作正常，就可排除该组件的嫌疑，再插入另一块组件进行试验，直到找出故障。

例如，某语音学习系统中有 8 块接口控制插卡分别控制 8 个学生机（共 64 座），调试中发现系统存在干扰，采用排除比较法，当插入第 5 块卡时出现干扰现象，确认问题出在第 5 块卡上，用其他卡代之，干扰排除，说明第 5 块卡有故障。

采用排除比较法查找故障时要注意以下几点：

① 此方法采用了递加排除，显然也可采用逆向方式，即递减排除。

② 这种多单元系统故障有时不是一个单元组件引起的，这种情况下应多次比较才可排除。

③ 采用排除比较法时注意每次插入或拔出单元组件时都要关断电源，防止带电插拔造成系统损坏。

5. 替换法

替换法是指用规格及性能良好的、同一类型的正常元器件或单元电路或部件，代替电路中被怀疑的部分，从而判断故障所在或缩小故障范围的一种检测方法。

在实际应用中，按替换的对象不同，替换法可分为三种，即元器件替换法、单元电路替换法和部件替换法。

（1）元器件替换法主要用在带接插件（座）的 IC、开关、继电器等的电路中。对其余的元器件做替换时需要对被替换的元器件进行拆焊，操作比较麻烦且容易损坏周边电路或印制电路板。因此需要拆焊进行元器件替换时，往往是在其他检测方法难以判别，且较有把握认为该元器件损坏时才采用的方法。

（2）单元电路替换法。当怀疑某一单元电路有故障时，用另一台同型号或同类型的正常电路，替换待查机器的相应单元电路，由此判定此单元电路是否正常。有些整机中有若干相同的电路，如立体声电路左右声道完全相同，可采用交叉替换试验。

当电子设备采用单元电路多板结构时采用替换试验是比较方便的，因此对现场维修要求较高的设备，尽可能采用方便替换的结构，使设备具有良好的维修性。

（3）部件替换法。对于较为复杂且由若干独立功能部件组成的电子产品，检测时可以采用部件替换法。如计算机的硬件检修，数字影音设备 VCD、DVD 等的检修，基本上采取部件替换法。

采用部件替换法时应注意，每次替换组件时都要关断电源，禁止带电操作，避免造成电路的其他部位损坏。部件替换试验要遵循以下几点：

① 用于替换的部件与原部件必须型号、规格一致，或者主要性能、功能兼容，并且能正常工作。

② 要替换的部件接口工作正常，至少电源及输入、输出口正常，不会使新替换部件损坏，这就要求在替换前要分析故障现象并对接口电源做必要检测。

③ 替换时要单独试验，不要一次换多个部件。

④ 对于采用微处理器的系统还应注意先排除软件故障，再进行硬件检测和替换。

替换法虽是一种常用检测方法，但不是最佳方法，更不是首选方法，只是在用其他方法检测的基础上对某一部分有怀疑时才选用的方法。

6. 加热法和冷却法

（1）加热法是指用已加热的电烙铁靠近怀疑有问题的元器件，使故障提前出现，来判断故障产生的原因与部位的方法。特别适合于刚开机工作正常，工作一段时间后才出现故障的整机检修。

加热某元器件时，原工作正常的整机或电路出现故障，不一定就是该元器件本身的故障，也可能是其他故障造成该元器件温度升高而引起的。应进一步检查和分析，找出故障根源。

（2）冷却法。与加热法相反，冷却法是指用酒精对怀疑有问题的元器件进行冷却降温，使故障消失，来判断故障产生的原因与部位的方法。特别适合于刚开机工作还正常，工作很短一段时间（几十秒或几分钟）后就出现故障的整机检修。

当发现某元器件的温升异常时，可以用酒精对其进行冷却降温，若原工作不正常的整机或电路工作变得正常，或故障明显减轻，则说明故障原因可能是该元器件工作一段时间后，温度升高使电路不能正常工作。当然也不一定就是该元器件本身的故障，也可能是其他故障造成该元器件温度升高而引起的。应进一步检查和分析，找出故障根源。

（3）使用加热法与冷却法时应注意的事项。

① 主要用于检查时间性故障（时间性故障是指故障的出现与时间有一定的关系）和元器件温升异常导致的故障。应用时，要特别注意掌握好时间和温度，否则容易使故障范围扩大。

② 在操作过程中，电路已通电工作，酒精又是易燃品，应特别注意安全。

③ 只能初步判断出故障的大概部位和表面原因，还应采用其他方法进一步检查和分析，找出故障的根源。

7. 智能检测法

智能检测法，是指利用计算机强大的数据处理能力并结合现代传感器技术，完成对电路检测的方法。以下几种是目前常见的智能检测法。

（1）开机自检。这是一种初级检测方法，利用计算机 ROM 中固化的通电自检程序（POST）对计算机内部各种硬件、外设及接口等设备进行检测，另外还能自动测试硬件和软件的配置情况，当检出错误（故障）时，进行声响和屏幕提示。

这种检测方法只能检测出电路有故障，但一般情况下不能确定故障的具体部位，也不能按操作者意愿进行深入测试。

（2）检测诊断程序。这是一种专门利用计算机运行检测诊断程序的方法，由操作者设置和选择测试的目标、内容和故障报告方式，对大多数故障可以定位至芯片。

（3）智能监测。这种方法是利用装在计算机内的专门硬件和软件对工作系统进行监测的（如对 CPU 的温度、工作电压、机内温升等不断进行自动测试），一旦被检测点出现异常，智能监测系统立即报警并显示报警信息，便于用户采取措施，保证机器正常运转。这种智能监测方式在一定范围内还可自动采取措施消除故障隐患，如机内温度过高，就自动增大风扇转速强迫降温，甚至强制机器"休眠"；而在机内温度较低时减小风扇转速或停转，以节能和降低噪声。

5.3.3 故障处理步骤

在调试过程中如果发现故障，首先要观察、了解故障现象，然后分析故障产生的原因，测试、判断故障发生的位置，再进行故障排除，最后完成对电子整机的各项性能和功能的复查、检验，写出维修总结并归档。

故障处理流程图如图 5.20 所示。

图 5.20　故障处理流程图

1. 观察故障现象

观察故障现象就是对出现故障的电路或电子整机产品，查看故障产生的直接部位，观察故障现象，粗略判断故障产生的大致范围。

观察故障现象可以在不通电和通电两种情况下进行。

对于新安装的电路，首先要在不通电情况下，认真检查电路中是否有元器件用错、元器件引脚接错、元器件松动或脱焊、元器件损坏、接插件接触不良、导线断线等现象，可借助万用表进行查找。

若在不通电观察时未发现问题，则可进行通电观察。此时注意力要集中，通电后手不要离开电源开关，采取看、听、闻、摸、摇的方法进行查找。即通电时，看：电路有无打火、冒烟、放电现象；听：有无爆破声、打火声；闻：有无焦味、放电臭氧味；摸：集成块、三极管、电阻、变压器等有无过热；摇：电路板、接插件或元器件等有无接触不良等。若有异常现象，应记住故障点并马上关断电源。

2. 测试分析与判断故障位置

故障出现后，一项重要的工作就是查找故障产生的位置和的原因，这是排除故障的关键。

有些故障可以通过观察直接找出故障点，并直接排除故障，如焊接故障（桥焊、漏焊等）、导线连接脱落或松动、装配故障。大多数故障则必须根据故障现象，结合电路原理，并使用测试仪器（如万用表、示波器、扫频仪等），进行测试、分析后，才能找出故障产生的原因和故障位置。例如，稳压电源的保险管突然烧断，不一定是保险管的问题，有可能是后续电路短路、过载，或后续电路及元器件出现故障造成的，这就需要通过测试分析，判断出真正的故障原因，找出故障点。

3. 故障排除

故障产生原因和故障的位置找到后，排除故障就很简单了。排除故障不能只求恢复功能，还要求全部的性能达到技术要求，更不能不加分析，不把故障的根源找出来，而盲目更换元器件，只排除表面的故障，不完全彻底地排除故障，使产品中隐藏着故障出厂。

排除故障时，要细心、耐心。对于简单的故障，如虚焊、漏焊、断线等，可直接修复处理；对于已损坏的元器件，进行更换后，要仔细检查更换的元器件及电路，确认无误后再通电检验，直至电路所有的性能指标均达到设计要求。

4. 电路性能、功能检验

故障排除后，一定要对其各项功能和性能进行检验。通常的做法是，故障排除后，应使用测试仪器对电子整机的性能、指标进行重新调试和检验。调试和检验的项目和要求与新装配的产品相同，不能认为有些项目检修前已经调试和检验过了，就不用重调再检了。

项 目 小 结

1. 电子产品是由许多元器件组成的，而各元器件性能参数的离散性、电路设计的近似性，以及生产过程中的随机因素的影响，使得装配完成之后的电子产品通常达不到设计规定的功能和性能指标，因而电子整机装配完毕后必须进行调试。

2. 调试包括调整和测试（检验）两个部分。通过调整和测试，电子产品的功能、技术指标和性能才能达到预期的目标。

3. 在调试电子产品之前，应做好技术文件的收集、调试仪器仪表和被调试电子产品的准备、调试场地的布置、调试方案的制定等准备工作。

4. 为了保护调试人员的人身安全，防止测量仪器设备和被测电路及产品被损坏，在调试过程中，应严格遵守操作安全规程，注意调试工作中应遵循的安全措施。调试工作中的安全措施主要有供电安全和操作安全等。

5. 电子整机常规的调试内容包括：电路调试和机械调试。其中电路调试包括：通电前的检查、通电调试和整机调试三个部分，一般先进行通电前的检查，再进行通电调试，最后进行整机调试。

6. 静态调试包括静态测试与静态调整。进行静态调试，可以使电路正常工作，有时也能判断出电路的故障所在。

7. 动态测试主要测试电路的信号波形和频率特性。动态调整是指调整电路的动态特性参数（如电容、电感等），使电路的频率特性、动态范围等达到设计要求。

8. 在调试电子产品过程中，经常会遇到调试失败或出现故障不能工作的情况，因此，必须对整机进行故障的查找、分析和处理，使电子产品最终达到设计要求。

9. 整机调试过程中产生的故障往往以焊接和装配故障为主，一般是机内故障，基本上不存在机外故障或使用不当造成的人为故障；对于新产品样机，则可能存在特有的设计缺陷、元器件参数不合理或分布参数造成的故障。

10. 故障查找的方法有很多，常用的方法有：观察法、测量法、信号法、比较法、替换法、加热法和冷却法、智能检测法等。具体应用时，要针对故障现象和具体的检测对象，交叉、灵活地运用其中的一种或几种方法，以达到快速、准确、有效查找故障的目的。

11. 调试过程中如果发现故障，首先要观察、了解故障现象，然后分析故障产生的原因，测试、判断故障发生的位置，再进行故障排除，最后完成对电子整机的各项性能和功能的复查、检验，写出维修总结并归档。

自我测试 5

5.1 电子整机组装完成后，为什么还要进行必要的调试？

5.2 调试可以达到什么目的？

5.3 电子整机产品和样机产品有什么区别？

5.4 调试工作中应特别注意的安全措施有哪些？

5.5 为什么说"断开电源开关不等于断电""不通电不等于不带电"？

5.6 整机调试分为哪几个阶段？其调试步骤如何？

5.7 通电调试包括哪几方面？按什么顺序进行调试？

5.8 调试前要做什么准备工作？

5.9 什么是静态调试？静态调试中常用的测试仪器有哪些？

5.10 什么是动态调试？动态调试有何作用？

5.11 测试频率特性的常用方法有哪几种？各有何特点？

5.12 电子整机调试过程中的故障有何特点？

5.13 电子整机调试过程中的主要故障有哪些？

5.14 简述整机调试过程中的故障处理步骤。

5.15 电子产品故障的查找，常采用什么方法？

5.16 静态观察法和动态观察法有什么不同？

5.17 信号注入法与信号寻迹法最大的区别是什么？适用场合有何不同？

5.18 替换法有哪三种方式？计算机的硬件检修常采用哪种方式？

5.19 加热法与冷却法一般用于什么场合？

项目 6 电子产品的检验、防护与生产管理标准

项目任务

熟悉电子产品检验的概念和流程，掌握检验的方法，熟悉并掌握电子产品的防护方法及技术要求，了解电子产品技术文件的内涵及分类，了解电子产品生产的标准化及新产品开发、试制，熟悉电子产品的质量管理和质量标准。

知识要点

电子产品检验的方法及检验阶段；电子产品防护的方法和技术要求；技术文件的特点、分类；电子产品的生产标准；新产品的开发与试制；电子产品的质量管理与质量标准。

6.1 电子产品的检验

检验是指质量检查和验收。电子产品调试合格之后，要根据产品的设计技术要求和工艺要求，进行必要的检验，检验合格后，电子产品才能出厂投入使用。

电子产品检验是现代电子企业生产中必不可少的质量监控手段，主要起到对电子产品生产进行过程控制、质量把关、判定产品的合格性等作用。

电子产品的检验主要依据是国际标准、国家标准、行业标准、企业标准等公认的质量标准，对电子产品进行必要的检查和验收，做出产品是否合格的判定。

6.1.1 检验的概念和流程

1. 检验的概念

电子产品的检验就是指通过观察和判断，结合测量、试验等对电子产品进行的符合性评价。检验与测量、测试有着本质上的不同。为了保证电子产品的质量，检验工作贯穿于整个生产过程中。

（1）测量。测量是指使用仪器、仪表或量具等，对被测产品的技术参数进行客观的检测，一般只给出检测报告，不一定给出评价评定，测量数据可作为其他人员进行分析判断的客观依据。

（2）测试。测试是指使用仪器、仪表对被测产品的技术参数进行测量，将测试结果与给定的技术参数进行比较，经过调整、测试、调整、测试……这样的循环过程，最终使产品的技术参数达到给定的要求。

（3）检验。检验是指对产品进行品质、数量、质量等方面的检查验收，由此确定被测产品是否达到预期要求，是否合格。

2. 检验的流程

电子产品的检验应执行自检、互检和专职检验相结合的三级检验制度。操作流程：先自检，再互检，最后专职检验。

（1）自检。自检是指操作人员根据本工序工艺指导卡的要求，对自己组装的电路或零部件的装接质量进行检查，对错误的装接、不合格的装接进行调整和更换，避免流入下道工序。

（2）互检。互检是指下道工序对上道工序的检验。操作人员在进行本工序操作前，对上道工序的装接质量进行检查。若检查出问题则反馈给上道工序人员，无问题就可以进行本工序的操作。

（3）专职检验。专职检验是指由专门的检验人员，对照检验标准，对功能单元部件或整机进行综合检验的过程。

6.1.2　检验的方法

为了保证电子产品的质量，检验工作贯穿于整个生产过程中。

1. 检验的方法

检验的方法主要包括全检和抽检。

（1）全检。全检又称为全数检验，是指对所有产品进行逐个检验，根据检验结果对被检的单件产品做出合格与否的判定。全检能够最大限度地降低电子产品的不合格率。

（2）抽检。抽检又称为抽样检验，是指根据数理统计的原则按预先制定的抽样方案，从交验批中抽出部分样品进行检验。根据这部分样品的检验结果，按照抽样方案的判断规则，判定整批电子产品的质量水平，从而得出该批次电子产品是否合格的结论。

抽样方案是按照国家标准 GB/T 2828.1—2012《计数抽样检验程序》和 GB/T 2829—2002《周期检验计数抽样程序及表》制定的。

2. 检验方法确定的原则及使用

检验方法确定的原则：既要保证电子产品的合格率，又要兼顾电子产品的成本。

采用全检还是抽检方法，通常是根据电子产品的生产要求、特点及生产阶段的情况来确定的。在电子产品装配过程中的检验和整机装配完成后入库前的检验一般采取全检方式，采购检验和整机出库时的检验一般采取抽检方式。

6.1.3　检验的三个阶段

检验贯穿于电子产品的整个生产过程，分为以下三个阶段进行。

1. 采购检验

采购检验是指电子产品制作厂家对购入的原材料、元器件、零部件及外协件等物料在入库、装配前进行的检验。

采购检验的目的是筛选新购物料，去除有表面损伤、变形的元器件及几何尺寸不符合装配要求的物件，剔出运输过程中或存放后可能出现变质损坏、有缺陷或不合格的物料，保证装配前物料的完全合格率。采购检验一般采取抽检方式。

2. 过程检验

过程检验是指对生产过程中的各道工序或对半成品及成品进行的检验。电子行业中的过程检验主要有焊接检验、单元电路板调试检验、整机装联及调试检验等。

过程检验采用自检、互检和专职检验相结合的方式进行。检验合格的原材料、元器件、零部件及外协件，在整机装配过程中，会由于允许偏差、装配工艺及过程中的随机因素等，使制作过程中的半成品及成品不能完全符合质量要求，因此过程检验是产品检验不可缺少的环节。过程检验一般采取全检方式。

3. 整机检验

整机检验是指电子产品经过总装、调试合格之后，检查电子产品是否达到预定功能要求和技术指标的过程。整机检验的内容主要包括对电子产品的外观、结构、功能、主要技术指标、安全性、兼容性等方面的检验，还包括对产品进行的考验和环境试验。

整机检验应按照电子产品标准或电子产品技术条件，由企业的专门机构完成。整机检验采取多级、多重复检的方式进行。整机入库前的检验一般采取全检方式，整机出库时的检验一般采取抽检方式。

6.1.4 电子产品的外观检验

外观检验是指用目视法对整机的外观、包装、附件等进行检验的过程。外观检验的具体内容如下：

（1）电子产品的外观及外包装是否清洁、完好，有无损伤或污染，标志、铭牌及装饰件是否齐全、清晰。

（2）电子产品的机械装配部分是否齐全，有无破损、断裂、变形、锈蚀，机械调节是否灵活，控制开关是否操作正确、到位。

（3）电子产品的附件、连接件等是否齐全、完好，且符合装配和包装要求。

6.1.5 电子产品的性能检验

性能检验是指按电子产品技术指标和国家或行业有关标准，对电子产品的电气性能、安全性能和机械性能等方面进行的性能检查，由此确定电子产品是否合格。

1. 电气性能检验

电子产品的电气性能检验，是指按电子产品技术指标和国家或行业有关标准，选择符合标准要求的仪器、设备，采用符合标准的测试方法对电子产品的各项电气性能参数进行测试，并将测试的结果与规定的标准参数进行比较，从而确定被检整机是否合格。

电气性能的检验包括直流性能参数的检验和交流指标参数的检验。电气性能的检验应该采用全检方式。

2. 安全性能检验

电子产品的安全性能检验，主要依据是国家标准 GB/T 8898—1997《电网电源供电的家用和类似一般用途的电子及有关设备的安全要求》或产品的技术要求，电子产品的安全性能试验主要包括电涌试验、湿热处理、绝缘电阻和抗电强度的测试等。

绝缘电阻和抗电强度的测试一般在电源插头与机壳或电源开关之间，有绝缘要求的端子与机壳之间及内部电路与机壳之间进行。耐压要求有 500V、1000V、1500V、2000V、…、5000V 等级别，根据产品使用环境按标准要求进行检测。

（1）绝缘电阻的测试。通常采用摇表进行测试，测试一般在电源插头与机壳或电源开关之间进行。常用的摇表有 500V 和 1000V 两种。

摇表的使用非常简单，只需将摇表的输出线接到被测的有绝缘要求的端子上，摇表的接地线接到被测电子整机的金属外壳上，然后用手快速地摇动摇表的摇柄，摇表的表盘上的指针就会指示出绝缘电阻的值。

使用摇表时，虽然不需要接电源，但它能自己产生高电压，必须注意安全。

（2）抗电强度的测试。抗电强度又称为耐压，一般用耐压测试仪进行测试。抗电强度的测试一般在电源插头与机壳或电源开关之间进行，其耐压要求有 500V、1000V、1500V、2000V、…、5000V 等级别。耐压测试仪能输出可调的高压，还带有定时和报警装置。当被测处的抗电强度达不到要求时，将会出现漏电或击穿、打火等现象，电压会下降，同时报警装置报警。

安全性能的检验应该采用全检方式。

3. 机械性能检验

机械性能的检验项目主要包括面板操作机构及旋钮按键等操作的灵活性、可靠性检验，整机机械结构及零部件的安装紧固性检验。

6.1.6 电子产品的例行试验

电子产品的例行试验是指对定型的电子产品或连续批量生产的电子产品定期进行试验，以确定生产企业能否生产持续、稳定的电子产品。进行例行试验的电子产品应该是从检验合格的电子整机中随机抽取的。例行试验主要包括环境试验和寿命试验。

1. 环境试验

环境试验是指分析、评价环境对电子产品性能影响的试验，用于检验电子产品在各种环境下的适应能力。环境试验通常在被试验产品可能工作的自然环境下进行，试验的内容包括温度试验、气压与湿度试验、机械试验、特殊试验（针对特殊环境下使用的电子产品的试验）等。

（1）温度试验。温度试验分为高温试验、低温试验和温度变化试验三种，用于检验电子产品在高、中、低不同的温度情况下，电子产品的工作是否正常、性能指标是否有偏差、外观是否会损坏等。

（2）气压与湿度试验。气压与湿度试验用于检验电子产品在潮热或低气压的情况下，电子产品的工作是否正常、性能指标是否有偏差、外观是否发生变形、是否有锈蚀现象等。

（3）机械试验。机械试验也称为振动试验，用于检验电子产品在受到振动、冲击、碰撞、摇摆、离心力等机械力作用时，电子产品的元器件、零部件、整机及其连接部分是否产生松动、工作是否正常、性能指标是否有偏差、外观是否发生变形损坏等。

（4）特殊试验。特殊试验是针对特殊环境下使用的电子产品的专项试验，如针对海底探测仪、太空飞船设施等进行的特殊试验。

2. 寿命试验

寿命试验是考察电子产品寿命规律性的试验，是电子产品最后阶段的试验。它是用电子产品的失效率和使用寿命等指标来表述的。

寿命试验分为工作寿命试验和存储寿命试验两种，通常在室温条件下，按文件要求，对产品进行连续工作或存储时间测试，可以检验出产品的可靠性、失效率和平均使用寿命。

6.1.7 电子产品检验的仪器设备

电子测量仪器设备在电子产品检验和测试中是不可缺少的，用于电子产品检验的仪器设备分为通用测量仪器设备和专用测量仪器设备。通用测量仪器设备是指可以对电子产品进行多项性能指标测试检验，也可以用于其他方面测试的仪器设备；专用测量仪器设备是指可以对某些电子产品的某些性能指标进行测试检验的仪器设备。

常用的电子产品测试仪器包括万用表、毫伏表、示波器、扫频仪、信号发生器、频率计、频谱分析仪、兆欧表、接地电阻测量仪、漏电电流测量仪等。

对测量仪器设备的要求如下：

（1）测量仪器设备的精度和测量范围应符合电子产品技术指标的测试需要。

（2）测量仪器设备的使用方法要易学、易懂。

（3）测量仪器设备要定期进行计量检定或校准，保证测量数据的准确性，减少测量误差。

6.2 电子产品的防护

6.2.1 影响电子产品的环境因素

电子产品在生产、使用、运输、储存过程中，会受到各种环境因素的影响，这些环境因素有可能干扰电子产品的正常工作，严重时会影响电子产品的工作可靠性和使用寿命。了解影响电子产品的环境因素，有针对性地对电子产品采取防护措施，可以提高电子产品的工作稳定性，延长其使用寿命。

影响电子产品工作的主要环境因素包括温度、湿度、霉菌、盐雾、雷电等。

1. 温度对电子产品的影响

环境温度的变化会造成材料的物理性能、元器件参数、电子产品整机性能的变化等。高温环境会加速塑料、橡胶材料的老化，元器件性能变差甚至损坏，整机出现故障等；而低温和极低温又能使导线和电缆的外层绝缘物发生龟裂。因而温度的异常变化可能造成电子产品的工作不稳定，外观出现变形、损坏等。

2. 湿度对电子产品的影响

湿度大，称为潮湿；湿度小，称为干燥。过于潮湿和过于干燥的环境对电子产品的工作都会造成不利影响。潮湿会使元器件、材料表面凝聚水雾，使这些元器件、材料吸水，降低元器件及材料的机械强度和耐压强度，造成元器件性能的变化，如电阻值减小、损耗增加、电容漏电、短路或被击穿，绝缘性能下降，半导体元器件的性能变差，甚至造成漏电和短路故障。潮湿的空气还会引起电子产品表面的保护层起泡，甚至脱落，使其失去保护作用。

空气中相对湿度大于65%时，物体表面会附着厚度约为 $0.001 \sim 0.01 \mu m$ 的水膜，如有酸、碱、盐等溶解于水膜中，会使电子产品外露面加速被腐蚀。

干燥的空气容易产生静电，静电放电时，会产生高电压和瞬间的大电流，使电子元器件的性能变坏甚至失效，半导体元器件被击穿，也会干扰电子产品的正常工作。

3. 霉菌对电子产品的影响

霉菌属于细菌的一种，在湿热条件下繁殖极快。霉菌可以生长在土壤里，或在多种非金属材料、有机物、无机物的表面生长，很容易随空气侵入电子设备。

霉菌会降低和破坏材料的绝缘电阻、耐压强度和机械强度，严重时可使材料腐烂脆裂。例如，霉菌会腐蚀玻璃的表面，使之变得不透明；会腐蚀金属或金属镀层，使之表面被污染甚至腐烂；会腐蚀绝缘材料，使其电阻率下降；会腐蚀电子电路，使其频率特性等发生严重变化，影响电子整机设备的正常工作。此外，霉菌的侵蚀，还会破坏元器件和电子整机产品的外观，以及对人身造成毒害等。

4. 盐雾对电子产品的影响

海水与潮湿的大气结合，形成带盐分的雾状气体（雾滴），亦称为盐雾。盐雾只存在于海上和沿海地区离海岸线较近的大气中。

盐雾的危害主要：对金属和金属镀层产生强烈的腐蚀，使其表面产生锈蚀，在电子产品内部的零部件、元器件表面上形成固体结晶盐粒，导致其导电性能改变，绝缘强度下降，出现短路、漏电现象，故障率上升，电子产品的使用可靠性下降；细小的盐粒会破坏产品的机械性能，加速机械磨损，缩短使用寿命。

5. 雷电对电子产品的影响

雷电是大气中常见的电荷放电现象，常伴随着强烈的闪光和巨大的声响。当云层、云际、云空、云地之间的电场强度达到击穿强度时，它们之间就会形成导电通道，出现雷电。

雷电会以直击雷、感应雷、高电位引入与雷电反击的形式串入电子设备中，使电子元器件被击穿，导致电子设备无法正常工作，甚至完全损坏电子设备。

6.2.2 电子产品的防护方法

1. 对温度的防护方法

（1）对高温状态的防护。电子产品的温度与环境温度、电子产品的功率及散热情况等有密切的关系。

在高温环境下，电子元器件的散热，使电子产品及其周围的环境温度不断升高，易造成电子产品内部的元器件在极限状态下工作或超过极限状态工作，导致电子产品的性能变差，使用寿命缩短。在炎热的夏季，温度上升导致室外运行的电子产品工作不稳定、使用寿命缩短的现象尤为严重。因而在极端高温条件下使用电子产品时一定要注意及时对电子产品进行降温处理。

最好的降温办法是散热。电子产品常用的散热方式：元器件加装散热片散热、电子整机外壳打孔散热、自然散热、强迫通风散热（如计算机主机及 CPU 加装风扇散热）、液体冷却散热（如大型变压器的散热）、蒸发制冷（如冰箱制冷）等；对精密电子产品，应使其保持在空调恒温的状态下工作。

（2）对低温状态的防护。在低温或室外环境下工作的电子产品，其连接导线、塑封元器件及塑料外壳易发生龟裂、变形，性能变差，损坏等故障，因而使用时要注意进行保温（或适当加温）处理。

保温常用的办法：采取整体防护结构和密封式结构保持电子产品内部的温度，采用外加保温层等方法保持电子产品的工作温度。

2. 对湿度的防护方法

（1）防潮湿措施。防潮湿措施主要有憎水处理，浸渍、灌封、密封防潮，通电加热驱潮等。

① 憎水处理和浸渍防潮。经过憎水处理和浸渍后的材料不吸水，可提高元器件的防潮湿性能。

② 灌封防潮。为了提高防潮性能，可以对构成电子产品的元器件、零部件进行灌封，即在元器件本身或元器件与外壳之间的空隙处，灌入热熔状态的树脂、橡胶等有机绝缘材料，冷却后自行凝固封闭，在元器件、零部件的外表面形成一层合成材料薄膜，达到防潮的目的。灌封处理后，可提高元器件的抗振能力。可进行这一类处理的元器件有密封插头、小型变压器、中周等。

③ 密封防潮。密封是指将元器件、零部件、单元电路或整机安装在密不透气的密封盒里，防止潮气的侵入，这是一种长期防潮的最有效的方法。密封不仅可以防潮，而且还可以防水、防霉、防盐雾、防灰尘等。密封的防护功能好，但造价高，结构和工艺复杂。

④ 通电加热驱潮。在潮湿的季节，定期对电子产品通电，使电子产品在工作时自动升温（加热）驱潮。

（2）静电防护。在电子产品的设计和制造过程中，注意做好屏蔽设计，并进行良好的接地，防止静电的积累，也就消除了静电对电子产品的危害。

3. 对霉菌的防护方法

霉菌是在温暖潮湿条件下通过酶的作用进行繁殖的，在湿度低于65%的干燥条件下，或温度低于10℃时，霉菌就不会生长。故密封、干燥、低温的环境，可以防止霉菌侵入，阻止霉菌生长。

使用防霉材料或防霉剂，可以增强抗霉性能，但要注意，防霉剂具有一定的毒性，气味难闻，因而不能经常使用。

4. 对盐雾的防护方法

盐雾防护的主要方法：对金属零部件进行表面镀层处理。选用适当的镀层种类、一定的镀层厚度对产品进行电镀处理，或采用密封、喷漆等表面处理防护措施，就可以降低潮湿、盐雾和霉菌对电子产品的侵害。

5. 对雷电的防护方法

（1）对于非必须使用、需电力网供电的电子产品，在强雷电来临时，应及时断开电子设备的电源（拔掉插头，而并非只关开关），暂时不使用电子设备，如家用电子设备（空调、电视等）、计算机等，避免雷电通过电力线串入电子设备击坏电器。

（2）对于可以用电池供电的电子产品，在强雷电来临时也最好不使用，如手机等。避免雷电通过信号通道（有线或无线）串入电子设备中，造成电器的击坏或给使用者带来伤害。

（3）对于必须长期、不间断使用的电子产品，必须将该电子设备所在建筑连接好防雷装置，并连接避雷器、引流线、屏蔽设备。

6.2.3　防护的技术要求

（1）尽量采取整体防护结构。根据产品结构和使用环境，尽可能采用防护效果好的整体防护结构，如采用密封式机壳，并加入干燥剂、防腐剂；而对非密封式结构，应在薄弱部位加强局部防护措施，如通风散热、排潮及喷涂等可以防止霉菌的侵害，减少湿度、温度的变化对产品的不良影响。

（2）金属零件均应进行表面处理。为防止电子产品的金属零件被腐蚀，应根据使用场合及环境，选用适当的镀层种类、一定厚度的镀层对产品进行电镀处理，也可采用喷漆等表面处理防护措施，以降低潮湿、盐雾和霉菌对电子产品的侵害。

（3）非金属材料应尽量采用热固性和低吸湿性的塑料。对产品中易受潮和易受微生物侵蚀的材料，使用前必须进行防腐和杀菌处理。

（4）注意做好接地或屏蔽处理。在电子产品的设计和制造过程中，注意做好屏蔽处理，并进行良好的接地，防止积累静电，也就消除了静电对电子产品的危害。

（5）保持生产过程中的清洁。在装配焊接时，严禁用裸手触摸元器件、印制电路板。对电气接点和印制电路板组装件要进行彻底清洗，产品内的灰尘和多余物应彻底清除。

6.2.4　电子产品的包装

电子产品经总装、调试、检验合格后，就进入了最后一道工序——包装，然后产品就可以出厂或入库，进入流通市场。

1. 包装目的

（1）保护电子产品。在运输过程中，为了方便运输和装卸，便于存储，避免电子产品被损坏，应该对电子产品进行包装。

（2）广做宣传。不同企业的产品包装具有企业自身的特色，可以利用产品的外包装介绍和美化产品、宣传企业形象、吸引顾客、促进销售、增加企业的知名度。

（3）方便使用。设计合理的外包装，便于消费者使用和携带。

对于进入流通领域的电子产品，包装是电子产品制作必不可少的最后工序。

2. 包装要求

对电子产品的包装要求包括：对电子产品自身的要求、电子产品的防护要求、电子产品的装箱要求及电子产品的外包装要求四个方面。

（1）对电子产品自身的要求。电子产品在包装前，应该是经过检验合格的产品，并按要求进行了外表面的清洁处理，如污垢、油脂等的清除。在包装过程中，保证电子产品的外表面不受损伤和污染。

（2）电子产品的防护要求。

① 产品的包装应能承受合理的堆压和碰撞，外包装的强度与内装产品相适应。

② 包装的体积合理。应该在能保护电子产品的基础上，尽量缩小包装的体积。

③ 防振效果好。包装箱内应有缓冲材料（如泡沫）以保护电子产品，在运输过程中，当电子产品受到冲击或振动时，包装箱内的缓冲材料可以将外界的冲击力降到最小，避免产品产生机械损伤或使其性能变差。

④ 具有防尘的功能。包装应具备防尘功能，最简单的办法是内包装袋和外包装箱均封口防尘。

⑤ 具有防潮的功能。在雨天或潮湿的季节，为避免湿气对电子产品产生影响，包装应使用防水材料。

（3）电子产品的装箱要求。

① 装箱时，应清除内包装袋和外包装箱内的异物、尘土。

② 装入包装箱中的产品、附件、合格证、使用说明书、装箱单、装箱明细表、产品保修单等物品必须齐全。

③ 装入包装箱内的电子产品不能倒置。

④ 装入箱内的产品和其他物件要固定好，不能在箱内任意移动。

（4）电子产品的外包装要求。

① 外包装上的标志与包装箱的大小协调一致。

② 标志的内容包括：产品的名称、型号、数量及颜色，商品的名称及注册商标图案，防伪标志及条形码，包装件的尺寸和重量，出厂日期，生产厂家名称、地址和联系电话，储运标记（堆放的方向及层数，标记文字"怕潮""小心轻放"等）。

6.3 电子产品的技术文件

在电子产品设计、开发、制作过程中，形成的反映电子产品功能、性能、构造特点及测试要求的图样和说明性文件，统称为电子产品的技术文件，由于技术文件主要由各种形式的电路图构成，所以技术文件又称为电子工程图。

技术文件是电子产品设计、试制、生产、使用和维修的基本理论依据。在从事电子产品规模生产的制造业中，产品技术文件具有生产法规的效力，必须执行统一的标准，实行严格的管理。技术文件的完备性、权威性和一致性是不容置疑的。

6.3.1 技术文件的特点与分类

电子产品项目确定后，首先就要根据技术要求形成技术文件。与项目相关的各种图纸、技术表格、文字资料等，构成了技术文件。

1. 技术文件的分类

（1）按在制造业中应用的技术，技术文件可分为设计文件和工艺文件两大类。

（2）在非制造业领域里，按电子技术图表本身特性，可分为工程性图表和说明性图表两大类。前者用于产品的设计、生产，具有明显的工程特性；而后者用于非生产方面，如技术交流、技术说明、专业教学、技术培训等，有较大的随意性和灵活性。

2. 技术文件的特点

电子产品技术文件是企业组织生产和实现管理的法规，其构成有严格的要求，形成了技术文件固有的特点。

（1）标准严格。电子产品种类繁多，但其表达形式和管理办法必须通用，即其技术文件必须标准化。标准化是确保产品质量、实现科学管理、提高经济效益的基础，是传递信息、进行交流的纽带，是产品进入国际市场的重要保证。我国电子行业的标准目前分为三级，国家标准、专业（部）标准和企业标准。

电子产品的技术文件要求全面、严格地执行国家标准，要用规范的工程语言（包括各种图形、符号、记号、表达形式等）描述电子产品的设计内容和设计思想，指导生产过程。电子产品文件应符合国家的有关标准，如电气制图应符合国家标准 GB/T 6988.1—2008《电气技术用文件的编制》中的有关规定，电气图形符号应符合国家标准 GB/T 4728—2018《电气简图用图形符号》中的有关规定，电气设备用图形符号应符合国家标准 GB/T 5465 中的有关规定等。

（2）格式严谨。按照国家标准，工程技术图具有严谨的格式，包括图样编号、图幅、图栏、图幅分区等，其中，图幅、图栏等采用与机械图兼容的格式，便于技术文件存档和成册。

（3）管理规范。电子产品的技术文件由技术管理部门进行管理，涉及文件的审核、签署、更改、保密等方面由企业规章制度约束和规范。技术文件中涉及核心技术的资料，特别是工艺文件是一个企业的技术资产，对技术文件进行管理和不同级别的保密是企业进行自我保护的必要措施。

（4）编制技术先进。电子产品的技术文件采用强大的计算机应用软件来实现编制和管理，该过程也称为技术文件的电子编制和管理。

目前，编制技术文件的常用计算机软件有 AutoCAD、Altium Designer、CAD、Multisim、Microsoft Office 等，这些软件可用于设计绘制电路方框图、电路原理图、PCB 图、连线图、零件图、装配图等，并且可以进行仿真实验，调整设计过程和设计结果，编写各种企业管理和产品管理文件，制作各种计划类和财务类表格等。

利用计算机技术可以方便快捷地编制技术文件，方便修改、变更、查询技术文件，大大缩短了编制文件的时间，规范了文件的编制，提高了文件的管理水平和效率。但计算机病毒的侵入会破坏电子文档，带来严重的不良后果，因而在使用计算机编制文件和管理文件的过程中，应注意做好备份。

6.3.2 设计文件

设计文件是产品在研究、设计、试制和生产实践过程中积累而成的图样及技术资料，是指导生产的原始文件。它规定了产品的组成形式、结构尺寸、原理及在制造、验收、使用、维护和修理过程中所必需的技术数据和说明，是组织生产的基本依据。

1. 设计文件的分类

设计文件一般包括各种图纸（如电路原理图、装配图、接线图等）、文字和表格、功能说明书、元器件清单等，常用的分类方法如下：

（1）按设计文件的内容分类，设计文件可分为：

① 图样：用于说明产品加工和装配要求的各种图样，如装配图、零件图、外形图等。它是按投影关系进行绘制的。

② 简略图：用于说明产品电气装配连接，包括各种原理和其他示意性内容的设计文件，如电路原理图、方框图、接线图等，以图形符号为主。

③ 文字和表格：以文字和表格的方式，说明产品的技术要求和组成情况的设计文件，如技术说明书、技术条件、明细表、汇总表等。

（2）按形成的过程分类。

① 试制文件：指在设计性试制过程中所编制的各种文件。

② 生产文件：指设计性试制完成后，经整理修改，供生产（包括生产性试制）所用的设计性文件。

（3）按绘制过程和使用特征分类。

① 草图：设计产品时所绘制的原始图样，供生产和设计部门使用的一种临时性的设计文件。草图可用徒手方式绘制。

② 原图：供描绘底图用的设计文件。

③ 底图：确定产品及其组成部分的基本凭证图样。

④ 载有程序的媒体：载有完整独立的功能程序的媒体，如计算机用的磁盘、光盘等。

2. 设计文件的编制原则

编制电子产品设计文件分为编制技术任务书、编制技术文件、工程图纸设计三个阶段。各个阶段所撰写的文字材料或绘制的图纸，都是设计产品的技术文件。

编制设计文件时，其内容和组成应根据产品的复杂程度、继承性、生产批量、组成生产的方式是试制还是生产等特点区别对待，在满足组织生产和使用要求的前提下编制所需的设计文件。

3. 设计文件的格式

不同的文件采用不同的格式。常用的设计文件有格式（1）、格式（2）…共15种，设计文件格式的规定如表6.1所示。

表6.1　设计文件格式的规定

序　号	文件名称	文件简号	格　式	
			主　页	续　页
1	产品标准	—		
2	零件图	—	格式（1）	与主页相同
3	装配图	—	格式（2）	与主页相同
4	外形图	WX	格式（1）	与主页相同
5	安装图	AZ	格式（2）	与主页相同
6	总布置图	BL	格式（3）	格式（3a）
7	频率搬移图	PL	格式（3）	格式（3a）
8	方框图	FL	格式（3）	格式（3a）
9	信息处理流程图	XL	格式（3）	格式（3a）
10	逻辑图	LJL	格式（3）	格式（3a）
11	电路原理图	DL	格式（3）	格式（3a）
12	线缆连接图	LL	格式（3）	格式（3a）
13	接线图	JL	格式（3）	格式（3a）
14	机械原理图	YL	格式（3）	格式（3a）
15	机械传动图	CL	格式（3）	格式（3a）
16	其他图	TT	根据图种确定	
17	技术条件	JT	格式（4）	格式（4a）
18	技术说明书	JS	格式（4）	格式（4a）
19	使用说明书	SS	格式（4）	格式（4a）
20	说明	SM	格式（4）	格式（4a）
21	表格	TB	格式（4）	格式（4a）
22	整件明细表	MX	格式（5）	格式（5a）
23	整套设备明细表	MX	格式（6）	格式（6a）
24	整件汇总表	ZH	格式（5）	格式（5a）

序　号	文件名称	文件简号	格　式	
			主　页	续　页
25	备附件及工具汇总表	BH	格式（7）	格式（7a）
26	成套运用文件清单	YQ	格式（8）	格式（8a）
27	其他文件	TW	格式（4）	格式（4a）
28	副封面	—	格式（9）	—

4. 设计文件的填写方法

设计文件上必须有主标题栏和登记栏，设计文件中的零件图中还应有涂覆栏，装配图、安装图和接线图中还应有明细栏，其填写都有一定的规定和要求。

（1）主标题栏。主标题栏放在设计文件图样的右下角，用来记录图名（产品名称）、图号、材料、比例、重量、张数、图的作者和有关职能人员的署名及署名时间等。如图6.1所示为主标题栏的格式。

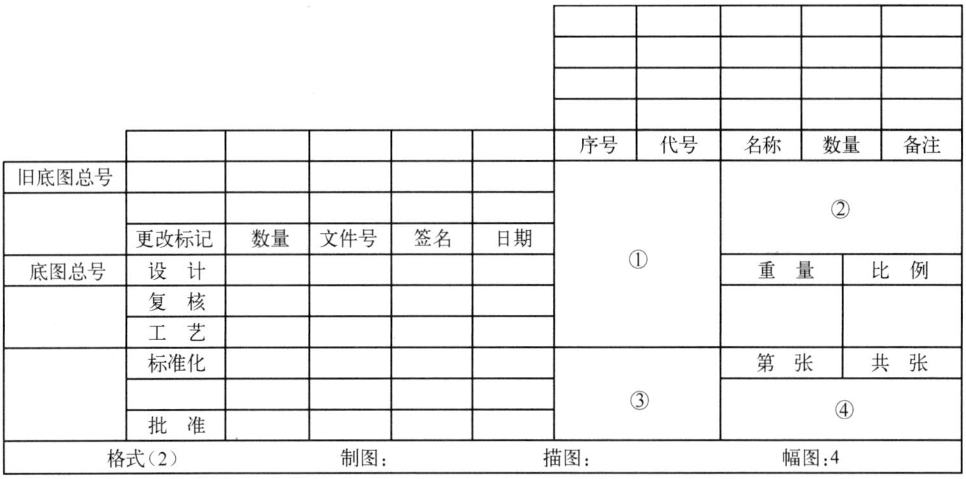

图 6.1　主标题栏的格式

主标题栏的填写说明：

① 栏内填写产品或其组成部分（零件、部件、整件）的名称。

② 栏内填写设计文件的编号和图号。

③ 栏内填写使用的材料名称和牌号。

④ 栏为空白栏。

涂覆栏在主标题栏的右上方，供填写涂覆要求时使用，栏内填写涂覆的标记。

（2）明细栏。明细栏位于主标题栏的上方（如图6.1中的右上方部分），如图6.2所示，用于填写直接组成该产品的零件、部件、整件、标准件、外购件和材料的名称、代号和数量。

序号	代号	名称	数量	备注

图 6.2　明细栏的格式

明细栏的填写方法：依照十进制分类编号，按由小到大、自下而上的顺序填写，当位置不够时，可向上延续填写。

图 6.3　登记栏的格式

当装配图包括两张或两张以上的图纸时，明细栏放在第一张上。复杂的装配图允许用 4 号幅面单独编制明细栏，作为装配图的续页。在单独编制时，明细栏应自上而下填写。

在装配电子产品时，要按照设计文件明细表提出的零件、部件、整件、标准件、外购件和材料配齐，然后按照图样进行装配。

（3）登记栏。登记栏位于各种设计文件的左下方（框图线以外，装订线下面），其格式如图 6.3 所示。

登记栏的填写说明："底图总号"栏内，由企业技术档案部门在收底图时填写文件的基本底图总号。"旧底图总号"栏内，填写被本底图所代替的旧底图总号。

6.3.3　工艺文件

工艺文件是企业组织生产、指导工人操作和用于生产、工艺管理等的各种技术文件的总称。它是电子产品加工、装配、检验的技术依据，也是企业组织生产，进行产品经济核算、质量控制和工人加工产品的主要依据。

工艺文件与设计文件都是指导生产的文件，两者是从不同角度提出要求的。设计文件是原始文件，是生产的依据；而工艺文件是根据设计文件提出的加工方法，实现设计图纸上的要求，并以工艺规程和整机工艺文件图纸指导生产，是生产管理的主要依据。

1. 工艺文件分类

工艺文件分为工艺管理文件和工艺规程文件两大类。

（1）工艺管理文件。工艺管理文件是企业科学地组织生产和控制工艺的技术文件，它规定了产品的生产条件、工艺线路、工艺流程、工艺装置、工具设备、调试和检验仪器、材料消耗定额和工时消耗定额等。

不同企业的工艺管理文件的种类不完全一样，但基本文件都应当具备，主要有工艺文件目录、工艺路线表、材料消耗工艺定额明细表、配套明细表、专用及标准工艺装配表等。

（2）工艺规程文件。工艺规程是规定产品和零件的制造工艺过程和操作方法等的工艺文件，主要包括过程卡片、工艺卡片和工艺守则等，是工艺文件的主要部分。

过程卡片规定了电子产品的全部工艺路线、工艺设备、工艺流程和各道工序的名称等，供生产管理人员和调度员使用。

工艺卡片和工艺守则包括制造电子产品的操作规程、加工的工艺类别，以及产品的作业指导书等。常见的工艺卡片包括机械加工工艺卡、电气装配工艺卡、扎线工艺卡、油漆涂覆工艺卡等。

2. 工艺文件的编制

电子工艺文件的编制，应根据电子产品的特点和生产的具体情况，按照一定的规范和格式完成。要根据产品的生产性质、生产类型、产品的复杂程度和重要程度、企业的装备条件、工人的技术水平及生产的组织形式等进行编制，应以优质、低耗、高产为宗旨，结合企业、产品的实际情况进行编制。

工艺文件的内容应以图为主，做到通俗易读、便于操作，必要时可加注简单的文字说明。对于复杂的产品，工艺文件要完整、细致；对于未定型的产品，可不编制工艺文件，或编写主要部分的工艺文件。

编制的工艺文件应达到以下要求：

（1）应根据产品的具体情况，按照一定的规范和格式要求编制，并按一定的规范和格式要求汇编成册，应符合我国电子行业标准（SJ/T 10324—1992）中对工艺文件的成套性要求。

（2）工艺文件中使用的名称、符号、编号、图号、材料、元器件代号等，要符合国标或部标规定，并有效地使用专用工具、测试仪器设备。书写要规范、整齐，图形要按比例准确绘制。

（3）编制关键工序及重要零、部件的工艺规程时，应详细写出各工艺过程中的工序要求、注意事项、所使用的各种仪器设备工具的型号和使用方法。

（4）工艺文件的编号要求。工艺文件的编号是指工艺文件的代号，简称"文件代号"。它由四个部分组成：企业区分代号、该工艺文件的编制对象（设计文件）的十进制分类编号、工艺文件检验规范的简号及区分号，如图6.4所示。

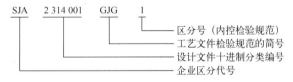

图6.4 工艺文件的编号组成

第一部分：企业区分代号由大写的汉语拼音字母组成，用以区分编制文件的单位。

第二部分：设计文件的十进制分类编号。

第三部分：工艺文件检验规范的简号由大写的汉语拼音字母组成，用以区分编制同一产品的不同种类的工艺文件，如图6.4中的"GJG"是工艺文件"检验规范"的简号。常用的工艺文件的简号如表6.2所示。

表 6.2　常用的工艺文件的简号

序号	工艺文件名称	简号	字母含义
1	工艺文件目录	GML	工目录
2	工艺路线表	GLB	工路表
3	工艺过程卡	GGK	工过卡
4	元器件工艺表	GYB	工元表
5	导线及扎线加工表	GZB	工扎表
6	各类明细表	GMB	工明表
7	装配工艺过程卡	GZP	工装配
8	工艺说明及简图	GSM	工说明
9	塑料压制件工艺卡	GSK	工塑卡
10	电镀及化学镀工艺卡	GDK	工镀卡
11	电化涂覆工艺卡	GQK	工涂卡
12	热处理工艺卡	GRK	工热卡
13	包装工艺卡	GBZ	工包装
14	调试工艺	GTS	工调试
15	检验规范	GJG	工检规
16	测试工艺	GCS	工测试

第四部分：当同一简号的工艺文件有两种或两种以上时，用数字标注脚号的方法来区分，如表 6.3 所示。

表 6.3　工艺文件用各类明细表

序号	工艺文件用各类明细表	简号
1	材料消耗工艺定额汇总表	GMB1
2	工艺装备综合明细表	GMB2
3	关键件明细表	GMB3
4	外协件明细表	GMB4
5	材料消耗工艺定额综合明细表	GMB5
6	配套明细表	GMB6
7	热处理明细表	GMB7
8	涂覆明细表	GMB8
9	工位器具明细表	GMB9
10	工量器件明细表	GMB10
11	仪器仪表明细表	GMB11

3. 工艺文件的成册要求

我国电子行业标准对工艺文件的成套性提出了明确的要求，规定了电子产品在设计定型、生产定型、样机试制或一次性生产时，工艺文件的成套性标准。

（1）工艺文件必须完整、齐全（成套性），汇编成册后，应有利于查阅、检查、更改、归档。

（2）工艺文件可按设计文件中所划分的整件为单元成册，也可按工艺文件中所划分的工艺类型为单元成册，还可以根据其实际情况按上述两种方法混合交叉成册。

（3）工艺文件应根据电子产品的复杂程度编成一册或若干册。

4. 工艺文件册的主要部分

完整、成套的工艺文件应包含封面、工艺文件明细表、材料配套明细表、装配工艺过程卡、工艺说明及简图、导线及线扎加工表、检验卡等。

（1）封面。工艺文件封面装在成册的工艺文件的最外面。封面内容应包含产品类型、产品名称、产品图号、本册内容及工艺文件的总册数、本册工艺文件的总页数、在全套工艺文件中的序号、批准日期等。

（2）工艺文件明细表。工艺文件明细表是工艺文件的目录。成册时，应装在工艺文件的封面之后。明细表中包含零件、部件、整件图号、名称，文件代号，文件名称，页码等。

（3）材料配套明细表。材料配套明细表给出了生产产品所需要的材料名称、型号及数量等。

（4）装配工艺过程卡。装配工艺过程卡又称工艺作业指导卡，它反映了电子整机装配过程中，装配准备、装联、调试、检验、包装入库等各道工序的工艺流程。它是完成产品的部件、整机的机械性装配和电气连接装配的指导性工艺文件。

（5）工艺说明及简图。工艺说明及简图用来编制在其他格式上难以表达清楚的、重要的和复杂的工艺，用简图、流程图、表格及文字形式进行说明。

（6）导线及线扎加工表。导线及线扎加工表为整机产品、分机、部件等进行系统的内部电路连接，提供各类导线、扎线、排线等的材料和加工要求。

（7）检验卡。检验卡提供电子产品生产过程中所需的检验工序，包括检验内容、检验方法、检验的技术要求及检验使用的仪器设备等。

6.4　电子产品生产的标准化与新产品开发

电子产品的生产是指产品从研制、开发到推出的全过程。该过程包括设计、试制和批量生产三个主要阶段。

电子产品的生产过程，无论是社会的、部门的还是企业的，都是一个复杂的、具有内部和外部联系的系统，其各组成部分之间，在数量上存在着比例配套关系，在时间上存在着衔接配合关系，在生产过程中要有一定的标准。由此，电子产品的生产制作才能达到设计要求，实现预期目的，并带来良好的经济效果。

6.4.1　电子产品生产的标准化

1. 电子产品生产中的标准化方法

标准化是组织现代化生产的重要手段，是科学管理的主要组成部分。为达到标准化的目的，在电子产品生产过程中必须使用统一标准的零部件，采用与国际接壤的质量标准。

标准化的具体做法归纳起来有以下 5 种：

（1）简化法。简化法是标准化最基本的方法。它是指通过简化电子产品的品种、规格、参数、安装和连接尺寸，以及安装方法、试验方法和检测方法等，达到简化设计、简化生产、简化管理、方便使用、提高产品质量、降低成本，实现专业化、自动化生产的目的。

通过简化，可以提高电子产品、零部件及元器件的互换性、通用性，促进它们的组合与优化。

（2）互换性。互换性是实现标准化的基础。它是指电子产品或零件、部件、构件之间，在尺寸、功能上可彼此互相替换的性能。互换性技术现已广泛应用于现代电子产品生产的各个领域中，制定互换性标准已成为标准化工作的一个重要方面。

（3）通用性。通用性是指在互换性的基础上，最大限度地扩大同一产品（包括零件、部件、构件）使用范围的一种标准化形式。在已有产品的零件、部件、构件在尺寸和性能可互换的基础上，用到同系列产品中，就可扩大它们的使用范围，使之具有可重复使用的特性。

（4）组合化。组合是指用组件组成一个产品。组合化是指用不同组件构成电子产品的方法。它是组合已有产品、创造新产品的过程，可以先设计各种组件，然后将组件组装成产品。组合是标准化的具体应用，只有标准化的产品才能进行组合。

（5）优选法。优选是指经过对现有同类产品的分析、比较，从多种可行方案中选取具有最佳功能的产品的过程，也叫优化。在标准化的活动中，自始至终都贯穿着优化的思想。

2. 标准的分级

对标准进行分级可以使标准更好地被贯彻实施，也有利于加强对标准的管理和维护。

根据适用范围，标准可以划分为国际标准、区域标准、国家标准、行业标准、地方标准和企业标准等不同的层次。

标准也分为强制性标准和推荐性标准两种。强制性标准是指必须执行的标准，推荐性标准是指鼓励企业自愿采用的标准。

（1）国际标准。国际标准是指由国际标准化组织制定发布的标准，在全球范围内适用。国际标准化组织有很多，如国际电工委员会（IEC）、国际电信联盟（ITU）、世界知识产权组织（WIPO）等。

（2）区域标准。区域标准又称为地区标准，是指由区域性国家或标准化团体所制定发布的标准，该标准在制定这些标准的区域国家中适用。区域性标准化团体包括：CEN——欧洲标准化委员会、ASAC——亚洲标准咨询委员会、ARSO——非洲地区标准化组织、CEN-ELEC——欧洲电工标准化委员会、EBU——欧洲广播联盟等。

（3）国家标准。国家标准是指由国家的官方标准化机构或政府授权的有关机构批准、发布，在全国范围内统一和适用的标准。我国的国家标准是指由国务院标准化行政主管部门（国家市场监督管理总局）编制、发布的标准，适合在我国范围内使用。

按标准的约束性，我国国家标准划分为两类：一类是强制性标准，其代号为"GB"（"国标"的拼音首字母）；另一类是推荐性标准，其代号为"GB/T"（"T"为"推"的拼音首字母）。

（4）行业标准。行业标准是由我国各部、委（局）批准发布，在该部门范围内统一使用的标准。例如，机械、电子、建筑、化工、冶金、轻工、纺织、交通、能源、农业、林业、水利等行业，都有行业标准。

行业标准也分为强制性标准和推荐性标准两种。通常，行业标准的技术要求高于国家标准。

（5）地方标准。地方标准是在没有国家标准和行业标准，又需要在省、自治区、直辖市范围内统一工业产品的安全、卫生要求而制定的标准。地方标准由省、自治区、直辖市标准化行政主管部门制定，并报国务院标准化行政主管部门备案，在公布国家标准或者行业标准之后，该地方标准即应废止。

地方标准的技术要求一般低于国家标准。

（6）企业标准。企业标准是指企业自己制定的产品标准，是企业组织生产、经营活动的依据。企业标准应报当地标准化行政主管部门备案。企业标准仅在该企业内部适用。

通常，企业标准的技术要求高于行业标准。

3. 电子产品生产的管理标准

电子产品生产的管理标准是指运用标准化的方法，对企业中具有科学依据而经实践证明行之有效的各种管理内容、管理流程、管理责权、管理办法和管理凭证等所制定的标准。包括：

（1）经营管理标准：指针对企业经营方针、经营决策及各项经营管理制度等决策性管理内容所制定的标准。

（2）技术管理标准：指对企业的全部技术活动所制定的各项管理标准的总称，包括产品开发与管理制度标准、产品设计管理标准、产品质量控制管理标准等。

（3）生产管理标准：指针对生产过程、生产能力及整个生产中，各种物资的消耗等制定的管理标准，包括生产过程管理标准、生产能力管理标准、物量标准和物资消耗标准。

（4）质量管理标准：对控制产品质量的各种技术等所制定的标准，是企业标准化管理的重要组成部分，是产品预期性能的保证。

（5）设备管理标准：指为保证设备正常生产能力和精度所制定的标准。

此外，管理标准还包括劳动管理标准、物资管理标准、销售管理标准等。

6.4.2 新产品的开发

新产品是指过去从未试制或生产过的产品，或性能、结构、技术特征等方面与老产品有明显区别或提高的产品。新产品可以是全新的发明创造，也可以是对现有产品的改进或创新。

1. 新产品的分类

（1）全新产品。全新产品是指应用新原理、新技术、新工艺设计制造出来的产品。

（2）改进、换代新产品：指对原产品进行了结构、性能等方面的改进或对产品某些功能方面进行了创新的产品。

（3）仿制新产品：指对市场上出现的新产品进行了局部改进和创新，但基本原理和结构是仿制的产品。

2. 开发新产品的意义

（1）新产品是衡量国家科学技术水平和经济发展水平的重要标志，是不断提高人民物质、文化生活水平的基本途径。随着社会的不断进步和发展，人们的消费需求也在不断变化，开发新产品才能适应日益提高的市场需要。

（2）开发新产品是提升企业经济效益、提高企业竞争能力的重要保证。只有不断创新，开发新产品，争取在市场上占据领先地位，才能增强企业竞争力，提高企业的经济效益。

3. 开发新产品的策略

开发新产品是一项艰巨而复杂的任务，不仅需要投入大量的资金、技术力量，花费大量的时间，而且具有很大的风险。因为不是任何新产品的研究、开发都能取得成功，所以企业必须根据市场需求、竞争动态和企业自身的能力，选择开发新产品的策略。

常用的新产品开发策略有如下几种：

（1）对现有产品的改造。依靠现有的设备和技术力量，对现有产品进行改进。如对手机产品，可从提高手机的运行速度，增加手机的存储量等方面进行改进。该策略的特点是开发费用低，取得成功的机率大，但只适用于较小的改进。

（2）增加产品的花色、品种。针对现有产品开发具有不同功效、多样化的新产品。如微波炉可以只有加温功能，也可以既有加温又有烧烤功能；可以是利用机械操作的，也可以是利用电脑板操作的；可以采用不锈钢内胆，也可以采用陶瓷内胆等。

增加产品的花色、品种可以满足不同年龄、不同层次、不同爱好或不同需求的人们对电子产品的要求。

（3）仿制。仿制是指在消化吸收产品的结构、原理、功能的基础上，创新改造出新的产品，而不是简单的抄袭。

仿制竞争者的新产品，是国内外常用的一种产品开发策略。仿制新产品可以大大缩短开发时间，节省开发经费，且开发的成功率很高。

（4）新产品的研制开发。根据市场需求、电子技术发展的趋势，企业组织相关的技术力量，采用新工艺、新理论、新材料、新器件等，有计划地研究设计、创造开发出新产品。

新产品的研制开发策略使新产品能抢先占据市场，扩大企业的知名度，先期利润高，但开发研制的时间长，研制费用高，且要防止盗版给企业带来的不利影响。

4. 开发新产品的原则

开发新产品是影响企业生存与发展的关键性工作，因而不能盲目开发，避免造成不必要的损失。开发新产品应注意遵循以下原则：

（1）根据市场需求，开发适销对路的产品。电子产品的开发是一项具体细致的工作，不仅要注重产品的自身性能，还要善于收集和利用与产品相关的信息，根据市场的需求变化来开发新产品，提高产品在市场上的竞争力，保持产品持续健康发展，这是保证企业经济效益的关键。

（2）根据本企业的能力开发。并不是每个企业对所有市场需求的产品都具备开发能力。开发新产品时，要根据企业自身的技术能力、生产能力、资金能力和管理能力等寻求开发项目。

（3）注意产品开发的动向。电子产品的发展日新月异，电子新技术、新工艺、新材料层出不穷，因而电子产品的开发要及时应用新的科学技术，朝着多功能、多样化、节能的方向发展。

（4）提高产品的质量和工作可靠性。电子产品的工作可靠性是衡量产品质量水平的一个重要指标，要让产品走向市场，必须有提高产品质量和工作可靠性的亮点。

（5）开发新产品还要加强管理工作。要建立企业级的并行工作环境，包括进行与产品相关的项目管理、工作流程管理、设计更改管理等，在各部门间建立起有效可控的协同工作环境，进一步提高企业产品的电子化管理水平，为企业的腾飞打下一个坚实的基础。

6.4.3 新产品的试制

开发新产品的目的是生产出市场需要的产品，在新产品大批量生产之前，首先有一个试制过程。新产品的试制是指按照一定的技术模式，实现产品的具体化和样品化的过程，是为实现产品大批量生产而进行的一种准备性和试验性工作，同时是对产品设计加工方案的可行性和实际操作性的一种真实检验。

新产品试制工作要正确反映客观事物的发展规律，合理地划分阶段。新产品从研究到生产的整个过程可划分为预先研究、设计性试制和生产性试制三个阶段。

1. 预先研究阶段

预先研究工作的任务是根据电子技术发展的趋势，从技术、规格、结构、特征等角度出发，分析、比较国内外同类产品，将先进的技术、材料和器件应用于产品的设计中，为制造出更高水平的电子新产品奠定基础，为确定电子新产品的设计任务书、选择最佳设计方案创造条件。

预先研究阶段的工作，一般按拟定研究方案、试验研究两个阶段进行。

（1）拟定研究方案。该阶段的主要工作内容是搜集国内外有关的技术文献、情报资料，必要时调查研究实际使用中的技术要求，编制研究任务书，拟定研究方案，提出专题研究课题，明确其主要技术要求，审查批准研究任务书和研究方案。

拟定研究方案的目的是确定研究工作的方向和途径。

（2）试验研究。该阶段的主要工作内容是对已确定的研究课题，进行理论分析、计算，探讨解决问题的途径，减少盲目性；对设计制造试验研究需要用到的零件、部件、整件、必要的专用设备和仪器，展开试验研究工作，详细观察、记录和分析试验的过程与结果，掌握第一手资料，整理试验研究的各种原始数据并全面分析，编写预先研究工作报告，包括整理成册的各种试验数据记录、各项专题试验研究报告等原始资料。

试验研究的目的是通过研究探索工作，解决关键技术课题，得到准确的数据和结论。

2. 设计性试制阶段

设计性试制阶段的任务是根据批准的设计任务书进行产品设计，编制产品设计文件和必要的工艺文件，制造出样机，并通过对样机的全面试验，检验鉴定产品的性能，从而确定产品设计的关键工艺。

凡自行设计或测绘试制的产品，一般都要经过设计性试制阶段。设计性试制阶段的工作程序一般分为论证产品设计方案、确定产品的试制方案、技术设计和样机制造、现场试验与鉴定、归纳总结五个阶段。

（1）论证产品设计方案。该阶段的主要任务是确定试制产品的目的、要求及主要的技术性能指标，批准下达设计任务书。主要工作内容是搜集国内外相关产品的设计、试制、生产的情报资料及样品，确定试制产品目标及会同使用部门编制设计任务书草案，同时提出产品设计方案，论证主要技术指标，批准下达设计任务书。

（2）确定产品的试制方案。该阶段的主要工作内容是进行理论计算，按计算结果对电子产品或整个体系的各个部分的分配参数进行必要的试验，落实设计方案，提出线路、结构、工艺技术方面的关键解决方案，再按图样管理制度编制初步设计文件，对需用的人力、物力进行概算。

（3）技术设计和样机制造。技术设计的内容是根据对电子新产品技术指标的修正意见、试制生产电子新产品的数量，进一步调整、分配各部分的参数，拟定标准化综合要求，编制技术设计文件，对电子新产品的结构设计进行工艺性审查，最后制定工艺方案。

样机制造主要包括编制产品设计工作图纸与必要的工艺文件，设计制造必要的工艺装置和专用设备，试验掌握关键工艺和新工艺，制造零件、部件、整件与样机，对样机进行调整，进行性能试验和环境试验，对是否可提交现场试验给出结论。

（4）现场试验与鉴定。通过现场试验，检查产品是否符合设计任务书中规定的主要性能指标与使用要求；编写技术说明书，组织鉴定，对能否设计定型给出结论。

（5）归纳总结。设计性试制工作结束时，应撰写新产品设计方案的论证报告、初步设计文件、技术设计文件（包括产品的设计工作图纸及技术条件）、产品的工艺方案及必要的工艺文件（包括必要的专用工艺装置、设备），并将各种试验的原始资料、试验方法与规程整理成册，撰写出产品结构的工艺性审查报告、标准化审查报告、产品的技术经济分析报告、样机及现场试验报告，以及生产产品需用的原材料、协作配套件及外购件汇总表等。

3. 生产性试制阶段

电子新产品的设计性试制阶段完成后，经过归纳总结，选择设计合理、试制成功、技术资料齐全的电子产品，便可进入小批量生产性试制阶段。

生产性试制阶段的任务是补充编制工艺文件，设计制造生产所需用的工艺装置和设备，通过生产一定批量的产品，全面考验技术文件的正确性，进一步稳定和改进工艺，做好生产组织及定型鉴定工作，为大批量生产做好生产技术的组织工作。

生产性试制工作结束时应提交以下物品和文件：

（1）标准样机与样件。
（2）修改定型的产品设计文件及工艺文件。
（3）能满足成批生产需要的工艺装置、专用设备及其设计图纸。
（4）初步确定成批生产时的流水线和组织。
（5）提交产品的成本概算。

4. 新产品的鉴定和定型

鉴定是试制各阶段结束时的一个必需步骤，其目的是对一个阶段的工作做出全面的评价。新产品的鉴定有利于进一步完善产品的设计，消除可能存在的隐患，并且可以有效避免产品大批量投产后可能造成的损失。

（1）电子新产品的鉴定。电子新产品的鉴定是指从技术和经济两方面对产品进行全面鉴定，即通过对产品功能、成本的分析，对产品投资和利润目标的分析，以及对产品社会效益的评价，来判断该产品全面投产后的效益和发展前景。

对产品的审查鉴定一般应邀请使用部门、研究设计单位的代表参加，重要产品的鉴定结论应报上级机关批准。

（2）电子新产品的定型。电子新产品定型的标准是具备生产条件，生产工艺经过了考验，试制生产的产品符合技术条件且性能稳定，生产与验收的各种技术文件完备。

6.5 电子产品的质量管理和质量标准

在经济全球化的今天，要使我国的电子产品走向世界，不仅要有雄厚的技术力量和技术能力，还要有一套与世界接轨的、先进的质量管理和质量标准体系。当前电子产品执行的质量管理和质量标准体系是每个电子行业从业人员必须了解的知识。

6.5.1 ISO 的含义及 ISO 的主要职责

质量管理和质量标准

1. ISO 的概念

ISO 是指国际标准化组织，该组织成立于 1947 年 2 月，其成员来自世界上 100 多个国家的国家标准化团体，代表中国参加 ISO 的是国家市场监督管理总局。

2. ISO 的主要职责

ISO 负责制定除电工产品以外的国际标准，目前已经制定了一万多项国际技术和管理标准。ISO 与 500 多个国际和区域的组织在标准化方面有联系，特别是与国际电工委员会 IEC、国际电信联盟 ITU 等有密切联系，ISO 是非政府机构。

6.5.2 ISO 9000 质量管理和质量标准系列

1. ISO 9000 标准系列的产生

随着电子制造业的飞速发展，电子产品的全球贸易竞争日益加剧，为了向用户提供满意的产品和服务，提高产品和企业的竞争力，各国都在积极推进全面质量管理。由于各国的经济制度不同，所采用的术语和概念也不相同，各种质量保证制度很难被互相认可或采用，影响了国际贸易的发展。

国际标准化组织 ISO 为满足国际经济交往中对质量保证的客观需要，在总结各国质量保证制度经验的基础上，于 1987 年 3 月首次发布了 ISO 9000 质量管理和质量标准系列。

2. ISO 9000 标准系列的组成

ISO 9000 是一个获得了广泛接受和认可的质量管理标准系列。它提供了一个对企业进行评价的方法，分别对企业的诚实度、质量、工作效率和市场竞争力进行评价。ISO 9000 质量管理和质量标准系列有以下 3 个核心标准：

（1）ISO 9000—2015《质量管理体系　基础和术语》。

（2）ISO 9001—2015《质量管理体系　要求》。

（3）ISO 9004—2018《质量管理　组织的质量　实现持续成功指南》。

ISO 9000 标准系列具有科学性、系统性、实践性和指导性的特点，所以一经问世，就受到许多国家和地区的关注。ISO 9000 系列在最初阶段有 56 个成员国，到目前为止，已经有一百多个国家和地区采用了这套标准系列或等同的标准系列，并广泛用于工业、经济和政府的管理领域。

3. 使用 ISO 9000 标准系列的益处

使用 ISO 9000 标准系列的益处主要有以下几个方面：

（1）ISO 9000 是一个系统性的标准系列，涉及的范围、内容广泛，且强调对各部门的职责权限进行明确划分、计划和协调，使企业能有效地、有序地开展各项活动，保证工作顺利进行。

（2）ISO 9000 标准系列强调管理层的介入，明确制定质量方针及目标，并通过定期的管理评审达到了解公司内部体系运作情况，及时采取措施，确保体系处于良好运作状态的目的。

（3）ISO 9000 标准系列强调采取纠正及预防措施，消除产生不合格产品的潜在因素，防止不合格产品的再发生，从而降低成本。

（4）ISO 9000 标准系列强调不断地审核及监督，达到对企业的管理及运作不断地进行修正及改良的目的。

（5）ISO 9000 标准系列强调全体员工的参与及培训，确保员工的素质满足工作的要求，并使每个员工都有较强的质量意识。

（6）ISO 9000 标准系列强调文化管理，以保证管理系统运行的正规性、连续性。如果企业有效地执行这一管理标准，就能提高产品（或服务）的质量，降低生产（或服务）成本，建立客户对企业的信心，提高经济效益，最终大大提高企业在市场上的竞争力。

6.5.3　GB/T 19000 质量标准系列

1. GB/T 19000 质量标准系列

我国经济现已全面置身于国际市场大环境中，质量管理同国际惯例接轨已成为发展经济的重要内容。为此，原国家技术监督局于 1992 年发布文件，决定采用等同于 ISO 9000 的质量标准系列，即 GB/T 19000《质量管理和质量保证标准》系列，以提高我国企业的管理效能，加速与国际惯例接轨。

GB/T 19000 标准系列由 3 项核心标准组成：

（1）GB/T 19000：《质量管理体系　基础和术语》，与 ISO 9000 相对应。

（2）GB/T 19001：《质量管理体系　要求》，与 ISO 9001 相对应。

（3）GB/T 19004：《质量管理　组织的质量　实现持续成功指南》，与 ISO 9004 对应。

这 3 项标准适用于产品开发、制造和使用，对各行业都有指导作用。所以，大力推行 GB/T 19000 标准系列，积极开展认证工作，提高企业管理水平，增强产品竞争力，具有十分重要的意义。

2. 实施 GB/T 19000 标准系列的意义

实施 GB/T 19000 标准系列，可以促进我国的质量管理体系向国际标准靠拢，对参与国际经济活动、提高组织的管理水平等各方面，都能起到良好的促进作用。概括起来，实施 GB/T 19000 标准系列，有以下几方面的作用和意义：

（1）有利于我国投资环境的进一步改善，提高质量管理水平。
（2）有利于质量管理与国际标准接轨，提高我国企业的管理水平和产品竞争力。
（3）有利于产品质量的提高。
（4）有利于保证消费者的合法权益。

项 目 小 结

1. 电子产品检验是现代电子企业生产中必不可少的质量监控手段，主要起到对电子产品生产进行过程控制、质量把关、判定产品的合格性等作用。

2. 电子产品的检验就是指通过观察和判断，结合测量、试验等对电子产品进行的符合性评价。电子产品的检验应执行自检、互检和专职检验相结合的三级检验制度。

3. 电子产品的检验方法主要包括全检和抽检。全检是指对所有产品进行逐个检验。抽检是指根据数理统计的原则按预先制定的抽样方案，从交验批中抽出部分样品进行检验。

4. 电子产品检验的三个阶段为：采购检验、过程检验、整机检验。在电子产品装配过程中的检验和整机装配完成后入库前的检验一般采取全检方式。采购检验和整机出库时的检验一般采取抽检方式。

5. 电子产品的性能检验包括电气性能、安全性能和机械性能的检验。

6. 影响电子产品工作的主要环境因素包括温度、湿度、霉菌、盐雾、雷电等。

7. 包装是电子产品的保护措施之一，其目的是保护电子产品，为产品和企业做宣传，方便使用。

8. 技术文件是电子产品设计、试制、生产、使用和维修的基本理论依据，包括设计文件和工艺文件。设计文件是指导生产的原始文件，是组织生产的基本依据。

工艺文件是电子产品加工、装配、检验的技术依据，也是企业组织生产，进行产品经济核算、质量控制和工人加工产品的主要依据。

9. 电子产品生产标准化的具体做法有简化法、互换性、通用性、组合化和优选法。

10. 新产品是指过去从未试制或生产过的产品，或性能、结构、技术特征等方面与老产品有明显区别或提高的产品。

常用的新产品开发策略有对现有产品的改造、增加产品的花色和品种、仿制、新产品的研制开发等。

11. ISO 是指国际标准化组织，负责制定除电工产品以外的国际标准。ISO 9000 质量管理体系是全球公认的系统化和程序化的质量管理标准系列。

12. GB/T 19000 标准系列是我国使用的质量管理和质量标准系列，等同于 ISO 9000 标准系列。实施 GB/T 19000 质量标准，有利于我国的质量管理与国际标准接轨，提高我国企业的管理水平和产品竞争力，有利于产品质量的提高，有利于保证消费者的合法权益。

自我测试 6

6.1 电子产品检验的目的是什么？

6.2 什么是电子产品检验的"三检原则"？三检之间有什么关系？

6.3 什么是全检和抽检？各适用于什么场合？

6.4 电子产品的性能检验包括哪些方面？环境试验和寿命试验有何意义？

6.5 为什么要进行电子产品的防护？影响电子产品的主要环境因素有哪些？

6.6 高温对电子产品有什么危害？如何帮助电子产品降温？

6.7 潮湿对电子产品有什么危害？如何防护？

6.8 什么是霉菌？霉菌对电子产品有什么危害？

6.9 如何防止雷电对电子产品的危害？

6.10 电子产品的包装有哪些要求？

6.11 电子产品的外包装标志涉及哪些内容？

6.12 什么是技术文件？有何作用？

6.13 什么是设计文件？有何作用？

6.14 什么是工艺文件？工艺文件和设计文件有何不同？

6.15 说明强制性标准和推荐性标准的区别。

6.16 说明新产品的含义，为什么要开发新产品？

6.17 开发新产品有哪些策略？

6.18 新产品试制分为哪几个阶段？

6.19 什么是 ISO？其工作职责是什么？

6.20 什么是 ISO 9000？它由哪几部分构成？各部分有何作用？

6.21 建立和实施 ISO 9000 质量管理体系有何意义？

6.22 什么是 GB/T 19000 质量标准体系？为什么要实施 GB/T 19000 质量标准体系？

项目 7　技能操作实训

项目任务

通过技能操作实训，进一步巩固和加深对"电子产品制作工艺与实训"课程理论知识的理解，及时将理论知识转化为实践技能，并将"电工基础""模拟电子技术""数字电子技术""电子测量"等课程的知识在实训中得到综合应用，有利于提高学生的动手操作能力、创新能力、综合能力及实际应用能力。

知识要点

技能操作的概念；仿真实验与实际操作的关系与区别；技能操作的安全措施；多门课程的综合应用。

技能要点

（1）常用电子仪器仪表及其使用。

（2）电子元器件的识别与检测。

（3）导线端头的处理与加工。

（4）焊接的技能、技巧。

（5）印制电路板的制作、加工。

（6）常用典型单元电路的设计、制作与调试。

（7）电子电路及电子整机的安装与调试。

（8）电路设计与仿真。

"电子产品制作工艺与实训"是一门技能性很强的课程，以培养懂理论、会操作、能管理的综合性电子应用人才为宗旨，强调理论和实践的结合，在学习一定理论知识的基础上，进行配套的实际技能操作训练，可以达到熟悉并掌握电子产品制作过程中的各种操作技能，体会电子产品制作管理的内容，了解生产管理对电子产品质量影响的目的。

本课程的技能操作实训分为基础技能训练和综合技能训练两大部分。实训内容结合电子产品制作的实际过程、电子大赛的要求和案例，以及职业技能考核的相关知识，选择了一些典型、适用的单元电路或整机电路进行训练，选用了 24 个电子训练项目，包括 12 个基础技能训练项目和 12 个综合技能训练项目。从基础技能训练到综合技能训练，将电子产品化整为零、化繁为简，从易到难、循序渐进地进行操作能力的训练，培养学生的动手能力，使教学更有成效。

7.1 基础技能训练

基础技能训练内容包括：常用检测仪器的使用，电阻、电容、电感和变压器的识别与检测，二极管、三极管的识别与检测，集成电路、桥堆、LED 数码管、晶闸管的引脚识别与检测，机械开关、接插件、熔断器及电声器件的检测，导线端头的处理、加工与检测，元器件的成形与安装，电路图的识读，自制印制电路板，电烙铁的检测及维修，手工焊接，电子元器件的拆卸共 12 个训练项目。基础技能训练的目的：为"电子产品制作工艺与实训"课程的操作实训打好基础。

7.1.1 常用检测仪器的使用

1. 实训目的

（1）学会将检测仪器与测试电路连接起来。

（2）掌握常用检测仪器的使用方法及数据读取方法。

2. 实训器材

（1）实训仪器：数字式万用表、指针式万用表、示波器、信号发生器、直流稳压电源各 1 台。

（2）实训器件与材料：测试电路板 1 块（基本放大电路），连接导线若干。

3. 实训内容与步骤

（1）测试线路及连接。使用万用表、示波器、信号发生器测试电路的静态工作点和波形，测试电路连接框图如图 7.1 所示。图中，信号发生器连接在测试电路的输入端，作为测试电路的信号源；直流稳压电源为测试电路提供能正常工作的稳定的直流电压；示波器用于测试电路的动态波形，由此判断电路的工作是否正常；万用表用于测试电路的静态工作点。测试电路如图 7.2 所示。

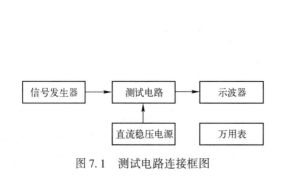

图 7.1 测试电路连接框图

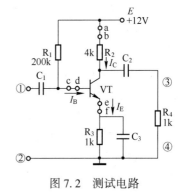

图 7.2 测试电路

（2）实训内容与步骤。

a. 熟悉如图 7.1 所示测试电路连接框图和如图 7.2 所示的测试电路。在测试电路中，

①、②端为输入端，③、④端为输出端，a、b、c、d、e、f为6个测试孔，断开后可以串接万用表测试电流。

b. 检测如图 7.2 所示电路的静态工作电流 I_C、I_B、I_E。将直流稳压电源调到 12V 的输出电压，连接到图 7.2 中的 E 位置；将指针式万用表分别串接在 a 与 b 之间、c 与 d 之间、e 与 f 之间，用于测试静态工作电流 I_C、I_B、I_E，将 I_C、I_B、I_E 的测试结果填写在表 7.1 中。使用数字式万用表按此步骤，重新测试 I_C、I_B、I_E，将测试结果填写在表 7.1 中。

c. 检测如图 7.2 所示电路的动态波形。将信号发生器调到 1kHz 的正弦交流电压，作为信号源接在图 7.2 中的①、②输入端；将示波器连接到图 7.2 中的①、②输入端，观察输入波形，读出输入波形的最大值、频率、周期；输入信号保持不变，再将示波器连接到图 7.2 中的③、④输出端，观察此时的输出波形，读出输出波形的最大值、频率、周期，并比较输入、输出波形；将观察到的输入、输出波形参数记录在表 7.2 中。

d. 将信号发生器调到 20kHz 的正弦交流电压，重复上述步骤，再测试一次动态波形参数，将测试结果填写在表 7.2 中。

表 7.1　静态工作电流的测试数据

稳压电源输出/V				
测量参数		I_C	I_B	I_E
测量读数	指针式万用表			
	数字万用表			

表 7.2　动态参数的测试数据

信号发生器输出的信号		示波器测试的参数			
频率	幅度	输出最大值	频率	周期	波形形状，是否失真
1kHz					
20kHz					

4. 实训课时及实训报告要求

参考课时：2 课时。

(1) 在本次实训中，你认识了哪些电子仪器？它们各有哪些功能？

(2) 使用指针式万用表和数字式万用表测量静态电流有何区别？

(3) 使用示波器测量时要注意哪些问题？

(4) 实训中遇到了什么问题？是如何解决的？

7.1.2　电阻、电容、电感和变压器的识别与检测

1. 实训目的

(1) 熟悉电阻、电容、电感和变压器的外形结构，掌握其标志方法。

(2) 学会用万用表测量电阻的阻值并计算电阻的实际偏差，判断电阻元件的好坏。

(3) 学会用万用表检测电容容量的大小，测量电容的漏电阻及判断电容元件的好坏。

(4) 学会用万用表判断电感和变压器的好坏。

2. 实训器材

（1）指针式万用表一台。

（2）各种不同标志的固定电阻（包括传统的插装电阻和表面贴片元件）、大功率 $\left(\dfrac{1}{2}\text{W 以上}\right)$ 电阻、可变电阻（或微调电阻）、敏感电阻若干。

（3）不同标志的无极性电容（容量>5000pF）、电解电容、可变电容若干。

（4）各种电感线圈、变压器若干。

3. 实训内容与步骤

（1）读出不同标志方法的电阻的标称阻值、允许偏差及其他参数值，并记录在表 7.3 中。

（2）用万用表测量以上电阻的阻值，并计算出其实际偏差，分析实际偏差是否在允许偏差的范围内；用万用表检测可变电阻（或微调电阻）的好坏。将上述结果记录在表 7.4 中，判断电阻元件的好坏。

（3）识别不同类型的电容，识读电容在不同标志方法中的各参数值，并将识读结果记录在表 7.5 中。

（4）用万用表的欧姆挡（$R{\times}10\text{k}$）检测电容的好坏。选择两个容量在 5000pF 以上且大小不等的电容，用万用表检测并判断它们的容量大小；用万用表判断电解电容的极性；将检测电容的各种结果记录在表 7.5 中，判断电容元件的好坏。

（5）识别各种类型的电感和变压器，识读电感和变压器在不同标志方法中的各参数值，用万用表的欧姆挡检测电感和变压器的好坏，并将识读和检测判断的结果记录在表 7.6 中，判断电感和变压器的好坏。

表 7.3　电阻的识读结果

编　号	元件名称	电阻的标志方法	电阻的标志内容	电阻的识读结果			备　注
				标称阻值	允许偏差	其他参数	

表 7.4　电阻的检测与分析

编　号	元件名称	用万用表进行检测的结果			性 能 分 析	备　注
		测量阻值	实际偏差	偏差分析		

表 7.5　电容的识读、检测与分析

编　号	电容的类型	电容的标志方法	电容的识读结果			电容的绝缘电阻	性 能 分 析	备　注
			标称容量	允许偏差	耐压			

表 7.6　电感和变压器的识读、检测与分析

元器件名称	标志方法	标称值识读结果	用万用表进行检测的结果		性 能 分 析	备　注
			直流损耗电阻值	元器件引脚检测		

4. 实训课时及实训报告要求

参考课时：4 课时。

（1）谈谈识读和检测电阻的体会、收获。

（2）谈谈识读和检测电容的体会、收获。

（3）谈谈识读和检测电感和变压器的体会、收获。

（4）谈谈万用表欧姆挡的使用体会。

7.1.3　二极管、三极管的识别与检测

1. 实训目的

（1）熟悉各种二极管、三极管的外形结构和标志方法。

（2）学会用万用表检测常用二极管的引脚极性，并判断二极管性能的好坏。

（3）学会用万用表检测三极管的引脚极性、三极管的类型并判断三极管性能的好坏。

2. 实训器材

（1）万用表一台。

（2）各种类型的二极管（如普通二极管、发光二极管、光电二极管、稳压二极管、光敏二极管等）若干，不同外形、性能好坏的二极管均有。

（3）各种类型的三极管（包括 NPN 型、PNP 型三极管，硅管、锗管，大功率管、小功率管等）若干，不同外形、性能好坏的三极管均有。

3. 实训内容与步骤

（1）二极管的识读与检测。

① 识读二极管的外形结构和标志内容。

② 用万用表的欧姆挡检测二极管的引脚极性与好坏，将测量结果记录在表 7.7 中。

（2）三极管的识读与检测。

① 识读三极管的外形结构和标志内容。

② 用万用表检测出三极管的基极 B，并判断其管型。

③ 用万用表检测并判断集电极 C 和发射极 E，测量 I_{CEO} 的大小及其受温度的影响，判断三极管的质量，将检测结果记录在表 7.8 中。

表 7.7　二极管的检测结果

编　　号	元器件名称	检 测 数 据		万用表的挡位	引脚的判别	二极管的质量判断	备　　注
		正向电阻	反向电阻				

表 7.8　三极管的检测结果

编号	元器件名称	万用表的挡位	检 测 数 据				三极管的管型	三极管的质量判断	备注
			发射结		集电结				
			正向电阻	反向电阻	正向电阻	反向电阻			

4. 实训课时及实训报告要求

参考课时：2 课时。

（1）用万用表检测普通二极管、三极管时，为什么要选择 $R×100$、$R×1k\Omega$ 挡?

（2）简述检测并判断二极管和三极管的引脚极性、管型、好坏的方法和步骤。

（3）稳压二极管、发光二极管、光电二极管的外形有何特点？测得的正、反向电阻值与普通二极管有什么不同？

7.1.4　集成电路、桥堆、LED 数码管、晶闸管的引脚识别与检测

1. 实训目的

（1）熟悉常用集成电路的外形结构和标志方法，并掌握集成电路的引脚识读方法。

（2）学会用万用表判断集成电路的好坏。

（3）学会用万用表测量桥堆、半桥堆的极性，并判断其好坏。

（4）学会检测 LED 数码管好坏的方法。

（5）熟悉晶闸管的外形结构。

2. 实训器材

（1）万用表一台。

（2）常用集成电路若干（包括模拟集成电路和数字集成电路、不同外形的集成电路)。

（3）桥堆和半桥堆若干。

（4）共阴极 LED 数码管和共阳极 LED 数码管若干。

（5）晶闸管若干。

3. 实训内容与步骤

（1）集成电路的识读与检测。

① 识读集成电路的外形结构和引脚序号。

② 用万用表的欧姆挡测量集成电路各引脚的对地电阻，由此初步判断集成电路的好坏，将测量结果记录在表 7.9 中。

表 7.9　集成电路的检测

编号	元器件名称	检测数据														质量判断	集成电路的外形及其引脚排序	备注
		集成电路各引脚的对地电阻																
		1	2	3	4	5	6	7	8	9	10	11	12	13	14			

（2）桥堆和半桥堆的识读与检测。

① 识读桥堆和半桥堆的外形结构和标志内容。

② 用万用表测量桥堆和半桥堆的极性与好坏，将测量结果记录在表 7.10 中。

表 7.10　桥堆的检测结果

编号	元器件名称	检 测 数 据								测试结果分析	备注
		1、2 脚		2、3 脚		3、4 脚		4、1 脚			
		正向电阻	反向电阻	正向电阻	反向电阻	正向电阻	反向电阻	正向电阻	反向电阻		

（3）熟悉 LED 数码管的结构，检测 LED 数码管的好坏。

① 熟悉 LED 数码管的外形结构，了解 LED 数码管 8 个引脚的排列规律及发光显示段的外形特点。

② 用万用表检测 LED 数码管的好坏，并判断数码管是共阴极 LED 数码管还是共阳极 LED 数码管，将检测结果记录在表 7.11 中。

表 7.11　LED 数码管的检测结果

编号	LED 数码管的连接方式	LED 数码管的质量分析	损坏的 LED 数码管的故障现象

（4）熟悉晶闸管的外形结构，并能识别其阴极、阳极、控制极。

4. 实训课时及实训报告要求

参考课时：2 课时。

（1）谈谈识读集成电路、判别引脚序号和进行性能检测的体会、收获。

（2）谈谈检测桥堆和半桥堆的方法、步骤。

（3）共阴极 LED 数码管和共阳极 LED 数码管有什么区别？

7.1.5　机械开关、接插件、熔断器及电声器件的检测

1. 实训目的

（1）熟悉各种机械开关、接插件、熔断器及电声器件的外形结构和标志方法。

（2）学会用万用表检测机械开关、接插件、熔断器的极性与好坏。

（3）学会用万用表检测电声器件（扬声器、话筒、耳机等）的好坏。

2. 实训器材

（1）万用表一台。

（2）各种类型的机械开关、接插件和熔断器若干。

（3）各种电声器件（扬声器、话筒、耳机等）若干。

3. 实训内容与步骤

（1）熟悉机械开关、接插件、熔断器的外形结构，并识读其标志内容。

（2）用万用表测量开关件、接插件、熔断器的参数并判断它们的好坏，将检测结果记录在表 7.12 中。

表 7.12　开关件、接插件、熔断器的检测

元器件名称	测 量 数 据			性能判断	备注
	接触电阻	断开电阻	线圈直流电阻		

（3）熟悉电声器件的外形结构，并识读其标志内容。

（4）用万用表测量电声器件的参数并判断它们的好坏，将检测结果记录在表7.13中。

表 7.13　电声器件的检测

元器件名称	标称电阻	测 量 数 据		性能判断	备注
		线圈直流电阻	万用表挡位		

4. 实训课时及实训报告要求

参考课时：2课时。

（1）谈谈识读和检测机械开关、接插件、熔断器的体会、收获。

（2）谈谈识读和检测电声器件的体会、收获。

7.1.6　导线端头的处理、加工与检测

1. 实训目的

（1）熟悉各种常用线材的外形与结构。

（2）掌握单芯、多芯塑胶绝缘导线的端头的处理方法和技能。

（3）掌握屏蔽导线及同轴电缆的加工方法和技巧。

（4）学会连接导线与有关接插件并检测连接的可靠性。

2. 实训器材

（1）设备、工具：万用表一台，斜口钳（或剪刀），剥线钳，剥皮刀，电烙铁，镊子，

直尺，电热风机（可用家用电吹风机替代），不同规格的一字、十字起子等。

（2）材料：适量的各种单芯、多芯塑胶绝缘导线和具有金属编织屏蔽层的电缆或高频同轴软线等，各种热缩套管、电源插头、同轴电缆插头或其他接插件、焊锡丝、松香焊剂等。

3. 实训内容与步骤

（1）各种单芯、多芯塑胶绝缘导线的端头处理。单芯、多芯塑胶绝缘导线的端头处理步骤如图7.3所示。

图7.3 单芯、多芯塑胶绝缘导线的端头处理步骤

① 剪裁。使用直尺量取导线的长度，用斜口钳或剪刀剪切导线。剪裁时，应先剪较长导线，后剪较短导线，这样可减少线材的浪费。剪裁时，先拉直导线，再量取、剪裁，不允许损伤导线的绝缘层。导线误差（公差）与导线的长度关系如表7.14所示。

表7.14 导线误差（公差）与导线的长度关系

长度/mm	50	50~100	100~200	200~500	500~1000	1000以上
公差/mm	+3	+5	+5~+10	+10~+15	+15~+20	+30

② 剥头。剥头是指从绝缘导线中剥除外绝缘层、露出金属芯线的过程。

方法一：刃截法。用剪刀或斜口钳或剥皮刀或剥线钳将导线两端的绝缘层按要求剥除。剥头时，用剥皮刀或剪刀按要求的尺寸将绝缘层沿横向切一圈，再切一圈，沿纵向削除两横向切圈之间的绝缘层，但不能损坏芯线，然后用手抓住切过的绝缘层，顺芯线旋转方向扭动，并往外拔，这样既可去除导线的绝缘层又可将芯线捻紧，如图7.4所示。

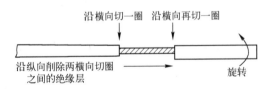

图7.4 用刃截法剥头

方法二：热截法。用烧热的电烙铁去除导线的绝缘层。操作时，用烧热的电烙铁在导线需要切割的地方横向烫一圈，烫掉绝缘材料，露出金属芯线，然后用手抓住绝缘层，顺芯线旋转方向扭动，并往外拔，即可去除导线的绝缘层，如图7.5所示。

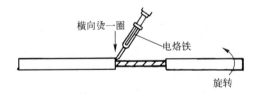

图7.5 用热截法剥头

注意：剥头时不能损伤芯线，多股芯线不能断股。

③ 捻头。对于多股芯线，剥头后应捻头，即顺着芯线旋转的方向将多股芯线旋成单股，

如图 7.6 所示。

④ 导线端头上锡（搪锡）。捻头的导线应即时搪锡，即浸涂焊料，这样可以使导线的机械强度增大，又可防止氧化，便于焊接。

大批量生产时，搪锡多采用浸锡法。这里介绍用电烙铁进行搪锡的方法：先将干净的导线端头上焊剂（如松香），然后在导线端头挂上一层焊锡。导线端头长度小于 5mm 时，线头可全部上锡，也允许端部绝缘层略有热收缩现象。导线端头长度大于 5mm 时，上锡层到绝缘层的距离为 1~2mm，这样可防止导线的绝缘层因过热而收缩或破裂或老化，同时也便于检查芯线伤痕和断股，如图 7.7 所示。

图 7.6　多股芯线的捻线角度　　　　图 7.7　用电烙铁搪锡

⑤ 清洗。若搪锡时使用松香焊剂太多，可在搪锡结束后用无水酒精（酒精浓度在 95% 以上）清洗搪锡后的导线端头。

（2）屏蔽导线及同轴电缆的加工方法和技巧。屏蔽导线及同轴电缆的加工方法、步骤如图 7.8 所示。

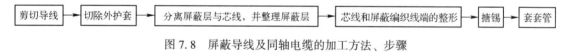

图 7.8　屏蔽导线及同轴电缆的加工方法、步骤

① 剪切导线。使用直尺量取屏蔽导线（或同轴电缆）的长度，用斜口钳或剪刀剪切导线。

② 切除外护套。用斜口钳或剪刀按规定尺寸（如图 7.9 中标注）横向切一圈，然后沿纵向切开，如图 7.10 所示。注意：切割时不能损伤金属屏蔽层。

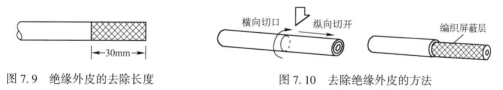

图 7.9　绝缘外皮的去除长度　　　图 7.10　去除绝缘外皮的方法

③ 分离屏蔽层与绝缘芯线，并整理屏蔽层。分离屏蔽层与绝缘芯线方法有两种：开口抽出法和拆散屏蔽层法。

a. 开口抽出法。在靠近外绝缘护套切口处用镊子扒开屏蔽编织线，用镊子抽出芯线并将芯线拉直，使绝缘芯线从外屏蔽层内分离出来，便于对芯线端头进行加工处理及连接，如图 7.11 所示。

b. 拆散屏蔽层法。用镊子从屏蔽层的头部开始，挑散屏蔽层的编织线，一直拆到靠近外绝缘护套切口处，具体位置应根据芯线剥头长度和使用导线时的电压高低确定，如图 7.12 所示。

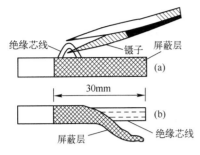

绝缘芯线　镊子　屏蔽层

30mm

屏蔽层　绝缘芯线

图 7.11　用开口抽出法抽出芯线

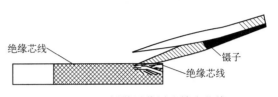

绝缘芯线　镊子　绝缘芯线

图 7.12　用拆散屏蔽层法抽出芯线

无论采用什么方法分离出屏蔽层，都需要对金属屏蔽层进行整形。方法：用镊子以适当的力量将屏蔽编织线拉直。对于拆散的屏蔽编织线应将其整理好，合在一边并顺一个方向旋转，将金属屏蔽线捻在一起，这样可避免屏蔽编织线被折断，并为屏蔽线的连接做好准备。

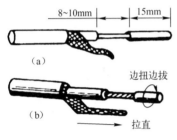

8~10mm　15mm

(a)

边扭边拔

(b)

拉直

图 7.13　芯线与屏蔽层整形

④ 芯线和屏蔽编织线端的整形。在距芯线端头 15mm 处，切去 10mm 长的芯线绝缘层（方法是先用剥皮刀或剪刀在距芯线端头 25mm 处横向切一圈，再在距芯线端头 15mm 处横向切一圈，然后沿纵向削除两横向切圈之间的绝缘层），如图 7.13（a）所示。在距芯线端头 10mm 处，用剥皮刀或剪刀横向切一圈，然后拧掉芯线绝缘层，用镊子以适当的力量将屏蔽编织线拉直，如图 7.13（b）所示。

⑤ 搪锡。由于屏蔽层面积大，导热快，很容易将热量传到导线内部而烫伤导线的内绝缘层，造成内外导体短路。所以焊接屏蔽线时，要特别注意散热问题。

⑥ 套套管。将端头上锡好的屏蔽线的芯线和屏蔽层分别套上合适长度和粗细的热缩套管，再用较粗的热缩套管将芯线和屏蔽层连同其上的小套管套在一起，但大套管只套住小套管的根部，使芯线和屏蔽层能自由分开，如图 7.14（a）所示。如图 7.14（b）所示为在大套管上开一小孔，让芯线从小孔中穿出。套管套好后，用电热风机吹热套管，使其收缩套紧。

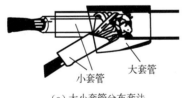

小套管　大套管

（a）大小套管分布套法

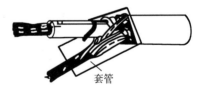

套管

（b）开孔套管的套法

图 7.14　套套管

（3）导线与接插件的连接及检测。使用一字或十字起子，将处理好端头的导线与接插件（插头）进行连接，并用万用表的电阻挡检测导线和插头是否连通，是否有短路或断路故障。

4. 实训课时及实训报告要求

参考课时：2 课时。

（1）单芯、多芯塑胶绝缘导线的端头处理经过了哪些步骤？使用了什么工具？在操作过程中遇到了什么问题？是如何解决的？

（2）在屏蔽导线及同轴电缆的各个加工过程中，使用了什么工具？在操作过程中遇到了什么问题，是如何解决的？

（3）谈谈连接导线与接插件时应注意的事项。

7.1.7 元器件的成形与安装

1. 实训目的

（1）掌握立式和卧式安装的元器件的不同成形方法。

（2）了解立式和卧式安装元器件的特点和安装要求。

（3）学会在印制电路板上安装和焊接元器件、导线。

2. 实训器材

（1）工具：游标卡尺（或直尺）、斜口钳（或剪刀）、剥线钳、镊子、尖嘴钳、电烙铁、烙铁架等。

（2）材料：各种元器件（包括电阻、电容、电感、变压器、分立半导体元器件、集成电路芯片及芯片插座、保险管及插座等）、焊锡丝、松香焊剂、导线、印制万能板等。

3. 实训内容与步骤

安装方式不同，元器件的成形方式也不相同。

（1）卧式安装元器件的成形、安装及焊接。

① 用游标卡尺（或直尺）量取卧式安装元器件在印制万能板上的安装孔距，由此确定卧式安装元器件的成形尺寸 L 和 l，如图 7.15 所示。

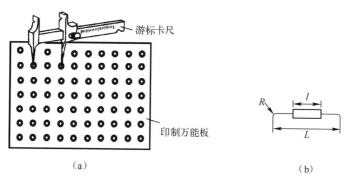

（a）　　　　　　　　　　　　　（b）

图 7.15　用游标卡尺量取尺寸

② 用尖嘴钳或镊子将 2 引脚元器件成形为卧式安装的形状及成形方法，如图 7.16 所示。

③ 将卧式成形的元器件安装在印制万能板上，采用贴板安装及悬空安装（悬空高度 $h=$ 2mm）的方式，每种方式各安装 5 个元器件，并用电烙铁焊接、固定。

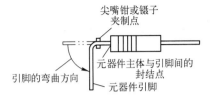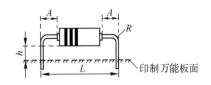

（a）卧式安装元器件的形状

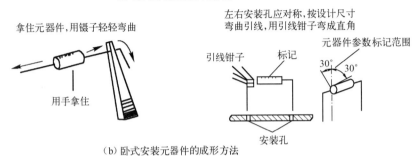

（b）卧式安装元器件的成形方法

图 7.16　卧式安装元器件的形状及成形方法

（2）立式安装元器件的成形、安装及焊接。

① 用尖嘴钳或镊子将立式安装的元器件成形，立式安装元器件的成形要求及成形形状如图 7.17所示，立式安装元器件的成形方法如图 7.18 所示。

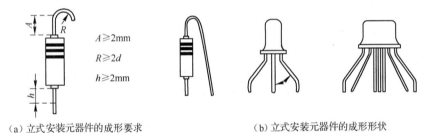

（a）立式安装元器件的成形要求　　　　　　（b）立式安装元器件的成形形状

图 7.17　立式安装元器件的成形要求及成形形状

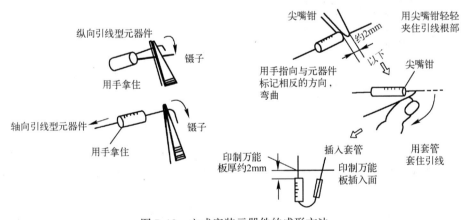

图 7.18　立式安装元器件的成形方法

② 将立式安装的元器件插装在印制万能板上，并用电烙铁进行焊接、固定。注意，采用立式安装时，其元器件主体离焊接的印制万能板需有一定的安装距离，以及 $h \geqslant 2mm$。

注意：无论采用立式还是卧式安装，同一类型元器件的安装高度必须一致。

（3）集成电路引脚的成形、安装。

① 扁平封装的集成电路安装、焊接需要成形，直插式集成电路不需要成形。扁平封装的集成电路可使用尖嘴钳或镊子将其引脚成形，成形要求如图 7.19 所示。

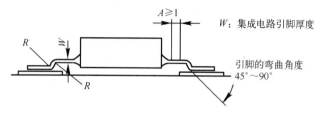

图 7.19　扁平封装集成电路的成形要求

（2）直插式集成电路可插装在印制电路板上直接焊接；或先安装集成电路座，再插装集成电路。后面的安装方式不易损坏集成电路，并有利于更换。

4. 实训课时及实训报告要求

参考课时：2 课时。

（1）元器件的立式和卧式安装方式有什么不同？

（2）通常使用什么工具对元器件进行成形？

（3）同一型号的元器件在成形、安装时，应注意什么？

（4）集成电路的安装方式有哪几种？

7.1.8　电路图的识读

1. 实训目的

（1）学会对照方框图看懂原理图，了解电子整机的结构、原理。

（2）掌握电路原理图和印制电路板图之间的规律及识图方法。

（3）通过对比电路原理图和印制电路板图，提高识读能力。

2. 实训器材

同一产品的电路方框图、电路原理图及印制电路板图一套。可根据实际情况，自选电子产品的种类。

3. 实训内容与步骤

如图 7.20 所示为直流稳压电源电路的方框图、电路原理图和印制电路板图。

（1）看懂如图 7.20（a）所示的方框图，了解稳压电源的基本结构、连接关系和各部分作用。

（2）熟悉如图 7.20（b）所示的电路原理图上元器件的符号、编号及参数。对照如图 7.20（a）所示的方框图识读电路原理图，了解构成每个方框对应的元器件及其连接形式，以及电子整机各部分的组成特点、元器件的作用。

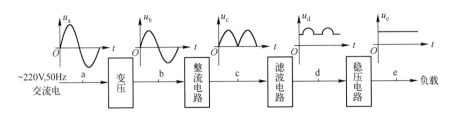

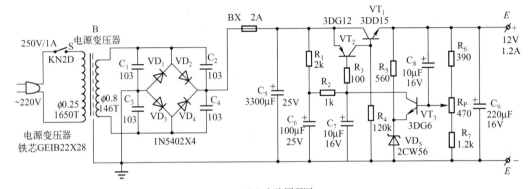

（a）方框图

（b）电路原理图

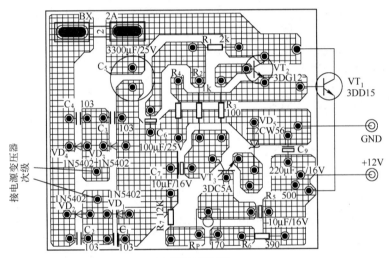

（c）印制电路板图

图 7.20　直流稳压电源电路的方框图、电路原理图、印制电路板图

（3）对照如图 7.20（b）所示的电路原理图，识读图 7.20（c）所示的印制电路板图。常用的方法有两种：一种是以核心元器件（如三极管或集成电路）为中心，向四周扩散进行识读；另一种是以电源、接地线为主要特征，结合电源、接地线在电路中的连线位置，从电路的输入端一级一级地走向输出端进行识读。

（4）注意印制电路板图外连线的元器件在电路原理图上的位置及功能、特点、作用。

4. 实训课时及实训报告要求

参考课时：4 课时。

（1）直流稳压电源由哪几部分构成？

（2）$VD_1 \sim VD_4$ 有何作用？其连接有何特点？电位器 R_P 有何作用？

（3）识图过程中遇到了什么问题？是如何解决的？

7.1.9 自制印制电路板

1. 实训目的

（1）学会根据电路原理图进行手工设计及用 Altium Designer 软件设计印制电路板图。

（2）熟练掌握用描图法手工制作印制电路板的方法。

（3）了解室温和腐蚀液浓度对腐刻印制电路板的影响。

2. 实训器材

（1）设备及工具：计算机、小型台式钻床或手电钻、钻头、小钢锯、小刀、铅笔、鸭嘴笔、尺、软毛刷、腐蚀用的搪瓷容器、竹夹、某电子产品的电路原理图（如声光控延时开关电路或其他电路）等。

（2）材料：单面覆铜板、油漆、无水酒精、松香、复写纸、三氯化铁、砂纸等。

3. 实训内容与步骤

（1）识读电路原理图。如图 7.21 所示为一个声光控延时开关电路原理图。通过识读该电路原理图，熟悉各元器件的编号、分布、参数及电路连线关系，了解电路各部分的组成特点、元器件的作用，领会声光控延时开关电路的工作原理。

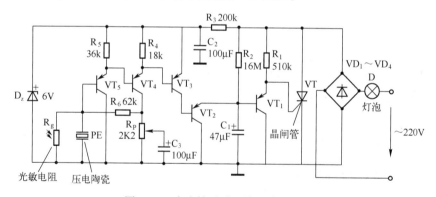

图 7.21 声光控延时开关电路原理图

声光控延时开关电路的功能：该电路以灯泡 D 为控制对象，当光线较强时，无论有无声响，灯泡 D 均不亮；在光线较暗且有声响时，灯泡 D 发光，且保持灯亮一段时间（通过改变 R_2、C_1 的大小，可调节灯亮时间）后自动熄灭。

（2）根据电路原理图手工设计印制电路板图，用 Altium Designer 软件设计印制电路板图；设计时，注意各元器件的大小、摆放位置及对特殊元器件的处理。比较手工设计和用计算机设计的区别，选择最合适的印制电路板设计图。

（3）用描图法对声光控延时开关电路自制印制电路板。步骤如下：

① 下料：根据印制电路板的实际设计尺寸剪裁覆铜板。

② 拓图：用复写纸将已设计好的声光控延时开关电路印制电路板图拓印在覆铜板的铜箔面上。

③ 描漆图：按照拓好的图形，用鸭嘴笔（或硬质头的笔）蘸上油漆描绘电路、焊盘及导线。

④ 修整线条、焊盘：描好的印制电路覆铜板上油漆干透后，检查描图质量，用小刀、直尺等将线条、焊盘修复平整规范。

⑤ 腐蚀：按 1∶2（一份三氯化铁、两份水）的质量比例调好腐蚀用的三氯化铁水溶液，保持浓度为 28%～42%。将修整完毕的印制电路覆铜板全部浸入腐蚀液中，把没有被漆膜覆盖的铜箔腐蚀掉。

⑥ 去漆膜：用热水浸泡后，可将板面上的漆膜剥掉，少量未浸泡掉漆膜的地方，可用香蕉水清洗或用砂纸轻轻打磨干净。

⑦ 清洗：用自来水冲洗干净，并自然晾干。

⑧ 打孔：在印制电路板上需要打孔的地方（元器件插孔或固定孔）打出样冲眼，按样冲眼的定位，用小型台式钻床或手电钻打出焊盘上的通孔，并用干净的软布擦拭干净印制电路板。

⑨ 涂焊剂：把配制好的松香酒精溶液（用 4 份松香加 6 份酒精泡成的焊剂）立即用软毛刷轻轻蘸涂在洗净晾干的印制电路板上，晾干即可。该过程可以防止铜箔表面氧化，便于焊接元器件。

4. 实训课时及实训报告要求

课堂时数：4 课时；课外时数：4 课时；共计 8 课时。

（1）声光控延时开关电路适合在什么场合下使用？有何优点？在如图 7.21 所示的声光控延时开关电路中，PE、R_g、D_z、VD_1～VD_4 有何作用？

（2）如何设计印制电路板图？设计时应注意什么？

（3）如何制作印制电路板？

（4）腐蚀液的浓度和温度对腐蚀过程有何影响？

（5）如何防止制作好的印制电路板氧化？

7.1.10 电烙铁的检测及维修

1. 实训目的

（1）熟悉内热式和外热式电烙铁的外形结构。

（2）学会检测电烙铁好坏的方法。

（3）学会维修电烙铁。

2. 实训器材

（1）万用表 1 台，一字、十字螺丝刀各 1 把，斜口钳 1 把。

（2）35W 内热式电烙铁和外热式电烙铁各一把，两相电源插头 2 个，烙铁头、烙铁芯、电源导线（花线）若干。

3. 实训内容与步骤

（1）熟悉内热式电烙铁和外热式电烙铁的外形结构，比较内热式电烙铁和外热式电烙铁的外形结构特点。将电烙铁拆卸成最小单元，了解电烙铁的组成结构，并学会重新装配电烙铁，学会更换烙铁芯和烙铁头。将结果记录在表7.15中。

（2）用斜口钳剪切长度合适（长1.5~3m）的电源导线，切除导线两端头的绝缘层（长2cm左右）并顺导线朝一个方向旋转成一个导线整体；用螺丝刀把电源导线与电烙铁及电源插头连接好。

（3）用万用表检测电烙铁是否与电源导线、电源插头连接好（想一想，检测时，使用万用表的哪个挡位），是否出现短路、断路故障。根据万用表的检测结果，判断电烙铁的好坏，将检测结果和性能判断记录在表7.16中。

表7.15　内热式和外热式电烙铁的结构特点

器件名称	烙铁头与烙铁芯的位置关系	体积大小	备注
内热式电烙铁			
外热式电烙铁			

（4）用万用表检测出电烙铁正常工作时，将内热式电烙铁和外热式电烙铁同时通电，观察两种电烙铁的升温情况，并将观察结果记录在表7.16中。

表7.16　电烙铁的检测结果与性能判断

器件名称	电烙铁电源插头两端的电阻	电烙铁的状态（正常、短路、断路）	电烙铁的升温情况（快、慢）	备注
内热式电烙铁				
外热式电烙铁				

4. 实训课时及实训报告

参考课时：2课时。

（1）功率相同的内热式和外热式电烙铁，哪一种体积更大？在同时通电的情况下，哪一种电烙铁温度上升更快？

（2）新的电烙铁，在使用之前应怎么处理其烙铁头？

（3）用万用表怎么检测、判断电烙铁是正常的，还是出现了短路或断路故障？

7.1.11　手工焊接

1. 实训目的

（1）掌握去除元器件和印制电路板上氧化层、污垢的方法。

（2）学会在印制电路板上排列元器件的方法。

（3）掌握电烙铁的使用方法与使用技巧。

（4）学会在印制电路板上进行焊接的方法，掌握焊接五步操作法和三步操作法的操作要领。

（5）掌握焊接过程中电烙铁的正确撤离方法。

（6）了解焊接用辅助工具的作用。

2. 实训器材

（1）20~35W 电烙铁一把，烙铁架、镊子、小刀、斜口钳、尖嘴钳等工具各一个。

（2）印制电路板、万能板、松香芯焊料、松香焊剂、橡皮擦、细砂纸等材料若干。

（3）各种插装元器件（电阻、电容、二极管、三极管、集成电路座等）和导线若干。

3. 实训内容与步骤

（1）用橡皮擦擦去印制电路板上的氧化层，用细砂纸、小刀或橡皮擦去除元器件引脚上的氧化物、污垢，并清理好工作台面。

（2）将成形的元器件按要求插装在印制电路板或万能板上。注意，元器件放置在印制电路板或万能板的元件面上，元器件引脚插入面为有焊盘的焊接面，如图 7.22 所示。

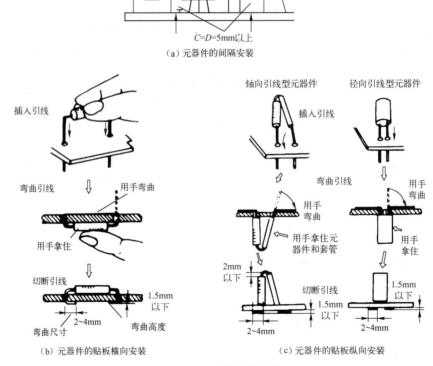

图 7.22　元器件的插装

（3）对导线的端头进行剪切、剥头、捻头、搪锡等处理。

（4）将电烙铁通电进行预热，然后使用五步操作法练习焊接，熟练后再使用三步操作法在印制电路板上练习焊接。

（5）使用单芯裸导线，在万能板上练习连焊，注意每个连焊点之间都必须有导线连通。

4. 实训课时及实训报告要求

参考课时：4 课时。

（1）如何去除元器件和印制电路板上的氧化层及污垢？

（2）在元器件和导线的焊接过程中，遇到了什么问题？是如何解决的？

（3）怎样避免元器件的焊接缺陷？

（4）焊接辅助工具（烙铁架、镊子、小刀、尖嘴钳等）各有何作用？

7.1.12 电子元器件的拆卸

1. 实训目的

（1）学会用电烙铁、吸锡器、吸锡电烙铁等工具进行拆焊。

（2）掌握从印制电路板上拆卸元器件的方法和技巧。

2. 实训器材

（1）20~35W 的电烙铁 1 把，吸锡电烙铁和吸锡器各 1 把，烙铁架、镊子、尖嘴钳等工具各 1 个，金属编织带、松香等材料若干。

（2）安装了元器件、导线的印制电路板。

3. 实训内容与步骤

（1）使用电烙铁、吸锡器、镊子等工具进行分点拆焊。

（2）分点拆焊法使用熟练后，可使用电烙铁、吸锡器等工具练习使用集中拆焊法拆卸元器件。

（3）借助吸锡材料（金属编织带、松香）等进行拆焊训练。

注意，使用以上方法进行拆焊时，必须在拆卸的元器件与印制电路板完全分离后，才能用镊子拔下被拆卸的元器件，避免损伤被拆卸的元器件和印制电路板。

（4）使用断线拆焊法拆卸和更换元器件。

4. 实训课时及实训报告要求

参考课时：2 课时。

（1）什么情况下需要拆焊？

（2）拆焊时，吸锡器与吸锡电烙铁的操作有何不同？

（3）分点拆焊法与集中拆焊法有什么不同？在什么情况下，需要用断线拆焊法拆焊？什么情况下，需要借助吸锡材料拆焊？

7.2 综合技能训练

综合技能训练是以整体功能电路为训练项目，从设计、安装到调试、维修的整体训练过程，可以将实践工作任务化整为零、化繁为简进行整合训练，一方面培养学生掌握从电路的设计、制作到调试、维修等完整的电子产品制作过程的全部技能，另一方面将基础及专业课程如"电工基础""模拟电子技术""数字电子技术""电子测量""Altium Designer""Multisim"等课程的内容进行了综合，并转化为实践技能，达到提高学生的电子综合素质及应用能力的目的。

本书精选了 12 个典型实用的电子产品电路综合技能训练项目。主要包括：万用表的安装与调试，消防车声响报警电路的设计、制作与调试，声光控制照明灯电路的设计、制作与调试，分立可调式直流稳压电源的设计、制作与调试，集成可调式直流稳压电源的设计、制作与调试，直流充电电源的设计、制作与调试，定时开关电路的设计、制作与调试，红外线光电开关电路的设计、制作与调试，触摸式台灯电路的设计、制作与调试，气体烟雾报警器电路的设计、制作与调试，水位自动控制电路的设计、制作与调试，数字频率计电路的设计、制作与调试。

在综合技能训练中，可以采用软件与硬件相结合的方式进行实训。即先在计算机上用 Multisim 软件仿真电路功能，用 Altium Designer 设计电子电路及印制电路板，再制作、调试实物，进行仿真和实物制作的对比。这样的实训教学，既可以增强电路设计的成功率，提高实践教学效果，又可以降低实践教学的成本，同时提高学生运用现代化手段学习的能力。

7.2.1　万用表的安装与调试

1.　实训目的

（1）通过安装与调试万用表，掌握一般电子整机产品的装配与调试过程及方法，了解电子整机产品制作的基本过程。

（2）学会识读电子产品原理图和装配工艺过程中的各种图表，熟悉万用表的工作原理。

（3）掌握元器件及导线与焊片的焊装要求和技巧，熟练掌握焊接技巧。

（4）掌握电子整机的机械装配要求和技巧，熟练掌握常用装配工具的使用方法。

（5）掌握万用表的调试和故障检修方法。

（6）加深对万用表工作原理的理解。

2.　实训线路和器材

（1）实训线路。500 型万用表是使用最普遍的指针式万用表之一，主要有两种类型，多挡旋鼓开关型和电路板型。电路板型装配简单，但使用寿命短；多挡旋鼓开关型则相反，它们的工作原理完全相同。本训练选择多挡旋鼓开关型的 500 型模拟式万用表，其由表头、转换开关、测量电路、刻度盘、表壳、表棒等部分组成，其电路原理图和装配图如图 7.23、图 7.24 所示。

（2）材料清单。

① 多挡旋鼓开关型的 500 型万用表整机套件，包括元器件清单、图纸、技术文件或产品说明书等。如表 7.17 所示为元器件清单，如表 7.18 所示为导线加工表。

② 松香、焊锡、无水酒精等。

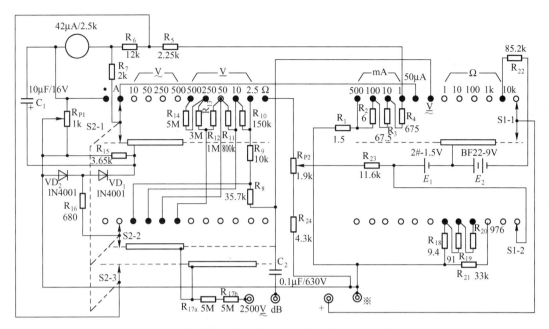

图 7.23 多挡旋鼓开关型的 500 型模拟式万用表电路原理图

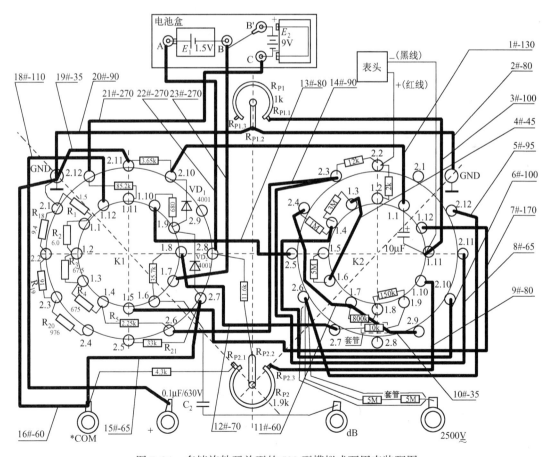

图 7.24 多挡旋鼓开关型的 500 型模拟式万用表装配图

表 7.17　元器件清单

编　号	材料名称及规格	代　号	数　量	备　注
1	电阻 RJ71-2W-1.50Ω±1%	R_1-K1-2.1-1.1	1	
2	电阻 RJ71-0.5W-6.00Ω±1%	R_2-K1-1.1-1.2	1	
3	电阻 RJ71-0.5W-67.5Ω±1%	R_3-K1-1.2-1.3	1	
4	电阻 RJ71-0.25W-675Ω±1%	R_4-K1-1.3-1.4	1	
5	电阻 RJ71-0.25W-2.25kΩ±1%	R_5-K1-1.4-2.6	1	
6	电阻 RJ71-0.25W-12.0kΩ±1%	R_6-K2-2.2-2.3	1	
7	电阻 RJ71-0.25W-2.00kΩ±1%	R_7-K2-1.2-2.2	1	
8	电阻 RJ71-0.25W-35.7kΩ±1%	R_8-K1-1.6-1.8	1	
9	电阻 RJ71-0.25W-10.0kΩ±1%	R_9-K2-1.9-2.7	1	
10	电阻 RJ71-0.25W-150kΩ±1%	R_{10}-K2-1.8-1.9	1	
11	电阻 RJ71-0.25W-800kΩ±1%	R_{11}-K2-1.7-1.8	1	
12	电阻 RJ71-0.25W-1.00MΩ±1%	R_{12}-K2-1.4-2.4	1	
13	电阻 RJ71-0.5W-3.00MΩ±1%	R_{13}-K2-1.3-1.4	1	
14	电阻 RJ71-0.5W-5.00MΩ±1%	R_{14}-K2-1.5-1.6，R_{17ab}-K2-2.6-2500	3	
15	电阻 RJ71-0.25W-3.65kΩ±1%	R_{15}-K1-2.10-2.11	1	
16	电阻 RJ71-0.25W-680Ω±1%	R_{16}-K1-1.9-1.10	1	
17	电阻 RJ71-0.5W-9.40Ω±1%	R_{18}-K1-2.1-2.2	1	
18	电阻 J71-0.25W-91.0Ω±1%	R_{19}-K1-2.2-2.3	1	
19	电阻 RJ71-0.25W-976Ω±1%	R_{20}-K1-2.3-2.4	1	
20	电阻 RJ71-0.25W-33.0kΩ±1%	R_{21}-K1-2.5-2.7	1	
21	电阻 RJ71-0.25W-85.2kΩ±1%	R_{22}-K1-1.11-2.12	1	
22	电阻 RJ71-0.25W-11.6kΩ±1%	R_{23}-K1-2.8-W2.2	1	
23	电阻 RJ71-0.25W-4.30kΩ±1%	R_{24}-COM-W2.1	1	
24	线绕电位器片 WX71-0.25W-1.9kΩ	R_{P2}-Ω-T0	1	
25	线绕电位器片 WX71-0.25W-1.0kΩ	R_{P1}-50ΩA-TZ	1	
26	二极管 1N4001	VD_1-K1-1.9-2.10，VD_2-K1-2.7-1.9	2	
27	电解电容器 CD11-10μF-16V	C_1-K2-1.1-1.11	1	
28	绦纶电容器 CL21-0.1μF-630V	C_2-K1-1.6-dB	1	
29	转换开关 KCT-12W2D	K1-A-Ω	1	
30	转换开关 KCT-12W3D	K2-V_{DC}-V_{AC}	1	
31	"Ω"调零旋钮	500.004.Ω.JM	1	
32	"Ω"调零马蹄形滑动弹片	500.004.Ω.FP	1	
33	"Ω"调零中心接触定片	500.004.Ω.DP	1	
34	铜质内齿垫片 φ4	GB	1	
35	铜质六角螺母 M4	GB52-76	1	
36	校准电位器滑动片	500.006.A.FP	1	

编 号	材料名称及规格	代 号	数 量	备 注
37	校准电位器中心接触定片	500.006.A.DP	1	
38	铜质平垫片 φ3	GB848-76	1	
39	专用螺钉	500.006.A.M3	1	
40	插孔杆 500K	500.007.K1	4	
41	插孔焊片 500H	500.007.H1	4	
42	铜质内齿垫片 φ6		4	
43	插孔胶木套 500J1	500.007.J1	4	
44	插孔胶木垫圈 500J2	500.007.J2	4	
45	铜质六角螺母 M6	GB52-76	4	
46	前面壳 W500M1	500.001.M1	1	
47	后壳 W500.002H1	500.001.H1	1	
48	电池盒盖板 500BTT	500BTT	1	
49	电池夹片 500BTJ	500.BTJ1	4	
50	铜铆钉 φ3×8	GB1011-76	4	
51	塑料提手环	500.005.S1	1	
52	提手环螺母	500.005.M4	2	
53	平垫片 φ4	GB848-76	2	
54	弹簧垫圈 φ4	GB93-76	2	
55	螺钉 M4×6	GB945-76	2	
56	螺钉 M2.5×5	GB66-76	6	
57	螺钉 M2.5×12	GB66-76	1	
58	螺钉 M3×12	GB66-76	2	
59	内齿垫片 φ2.5		1	
60	内齿垫片 φ3		2	
61	玻璃 φ3	500.008.PL	1	
62	玻璃压片	500.008.YP	4	
63	紧定螺钉 M3×12	GB71-76	2	
64	表头 42μA/2.5kΩ	500.002B	1	
65	表头机械调零钮	500.002.N	1	
66	螺钉 M5×60	GB945-76	4	
67	平垫片 φ5	GB848-76	4	
68	内齿垫片 φ5		4	
69	套管 φ4×30		2	
70	套管 φ5×30		1	
71	表头橡胶垫圈	500.002DQ	1	
72	前、后壳橡胶垫圈	500.001DQ	1	

表 7.18　导线加工表

导线编号	导线规格	颜色	长度/mm	剥头长度/mm A端	剥头长度/mm B端	量/根	备　注
1	AVR1×7/0.18	蓝	130	3	3	1	单芯多股线
2	AVR1×7/0.18	黑	80	3	3	1	单芯多股线
3	AVR1×7/0.18	紫	100	3	3	1	单芯多股线
4	AVR1×7/0.18	橙	45	3	3	1	单芯多股线
5	AVR1×7/0.18	棕	95	3	3	1	单芯多股线
6	AVR1×7/0.18	绿	100	3	3	1	单芯多股线
7	AVR1×7/0.18	红	170	3	3	1	单芯多股线
8	AVR1×7/0.18	紫	65	3	3	1	单芯多股线
9	AVR1×7/0.18	橙	80	3	3	1	单芯多股线
10	AVR1×7/0.18	蓝	35	3	3	1	单芯多股线
11	AVR1×7/0.18	黄	60	3	3	1	单芯多股线
12	AVR1×7/0.18	白	70	3	3	1	单芯多股线
13	AVR1×7/0.18	橙	80	3	3	1	单芯多股线
14	AVR1×7/0.18	绿	90	3	3	1	单芯多股线
15	AVR1×7/0.18	黑	65	3	3	1	单芯多股线
16	AVR1×7/0.18	黑	60	3	3	1	单芯多股线
18	AVR1×7/0.18	红	110	3	3	1	单芯多股线
19	AVR1×7/0.18	黑	35	3	3	1	单芯多股线
20	AVR1×7/0.18	黑	90	3	3	1	单芯多股线
21	AVR1×16/0.18	黑	270	4	4	1	单芯多股线
22	AVR1×16/0.18	黄	270	4	4	1	单芯多股线
23	AVR1×16/0.18	红	270	4	4	1	单芯多股线
24	镀银线 1×1/0.58		60				

（3）装配工具：万用表 1 台，电烙铁 1 把，烙铁架 1 个，斜口钳（或剪刀）、尖嘴钳、镊子、大小（一字、十字）螺丝刀各 1 把。

（4）测试仪器：万用表校准仪。

3. 实训内容及步骤

（1）领料：由指导老师将成套材料发给学生。

（2）元器件及材料的清点、检验。对照表 7.17 和表 7.18 清点元器件、材料，核对规格型号，并进行元器件的质量检验。质量检验包括外观检验和参数检查。

① 外观检验。各元器件外观应完整无损，引线不应存在锈蚀或断脚，标志应清晰。

② 参数检查。用万用表电阻挡检查各电阻的阻值，检测电解电容器、二极管的好坏，导线的端头、导线的长度和颜色与对应的线号应符合要求。

（3）读图。看懂原理图和装配图。

① 从原理图中将电流挡、电压挡、电阻挡、交流整流电路、调节电路分离出来，并分析各元器件的作用及对各挡的影响。

② 在图 7.24 所示的装配图中，K1 为"电流-电阻"挡开关，负责电流和电阻的量程选择和电压挡的功能选择；K2 为"交、直流电压"挡开关，负责交流电压、直流电压的量程选择，以及电流和电阻挡的功能选择。

从外观上来区分 K1 与 K2：K1 开关的中心可旋转圆片为白色塑料件，K2 开关的中心可旋转圆片为透明塑料件。另外，K1 的上层焊片均在支架片的上面，而 K2 的上层焊片中 1.1 号焊片在支架片的下面，其余均在支架片的上面。

在 500 型万用表的装配图中，开关的内细线圆为开关的上层，外细线圆为开关的下层（开关的调节轴朝下）。

装配图左、右上方各有一个接地端（GND），对应的实物是开关支架的螺栓上的焊片。从接地端（GND）到"Ω"调零电位器的中心点各连一条直线（虚线），作为两开关装配到面壳上的基准线。

（4）装配。装配的过程分为装配 K1 组件、装配 K2 组件、装配外壳和总装四个部分。

① 装配要求。

a. 各元器件要排列整齐、美观，不要装错位置。

b. 注意二极管的极性、位置，不要装反极性。

c. 注意电解电容器的正、负极，不要装反极性。

d. 元器件引脚要尽可能短，元器件尽可能靠近开关体，位置不得超出开关焊片的外缘。

e. 导线的端头尽可能短，绝缘层尽可能靠近焊片，但又不能烫伤导线的绝缘层。

f. 焊点要求：焊料均匀、饱满，表面无杂质、光滑，无拉尖等。

② S_1 开关组件的装配。

a. 装镀银导线：在开关接地焊片（0 号焊片）与 GND 与焊片 2.1 之间插入一段 30mm 长的镀银线，两焊片处绕两圈。

b. 装电阻：14 只。其规格见表 7.19。

表 7.19　K1 开关组件中电阻的规格

元器件序号	规　　格	安装方式	A 端去向	B 端去向
R_1	1.5Ω	竖立	K1-2.1	K1-1.1
R_2	6.0Ω	平装	K1-1.1	K1-1.2
R_3	67.5Ω	平装	K1-1.2	K1-1.3
R_4	675Ω	平装	K1-1.3	K1-1.4
R_5	2.25kΩ	平装	K1-1.4	K1-2.6
R_{18}	9.4Ω	平装	K1-2.1	K1-2.2
R_{19}	91Ω	平装	K1-2.2	K1-2.3
R_{20}	976Ω	平装	K1-2.3	K1-2.4
R_{21}	33kΩ	平装	K1-2.5	K1-2.7
R_{22}	85.2kΩ	斜立	K1-1.11	K1-2.12
R_8	35.7kΩ	平装	K1-1.6	K1-1.8

元件序号	规 格	安装方式	A端去向	B端去向
R_{15}	3.65kΩ	平装	K1-2.10	K1-2.11
R_{16}	680Ω	平装	K1-1.9	K1-1.10
R_{23}	11.6kΩ	竖立	K1-2.8	W2.2（暂不装接）

电阻的安装顺序：

先插入 R_1、R_2、R_3、R_4、R_5，焊接焊片：1.1、1.2、1.3、1.4；然后插入 R_{18}、R_{19}、R_{20} 和 R_{21}，焊接焊片：接地端 GND、2.1、2.2、2.3、2.4、2.5、2.6；再插入 R_8、R_{16}、R_{15}、R_{22} 和 R_{23}，焊接焊片：1.6、1.8、1.10、1.11、2.12、2.11、2.8；最后剪去多余引脚。其中，1.9、2.7、2.10 焊点暂不焊，等二极管插入后再一起焊接。R_{23} 电阻 A 端引脚长度留 20mm，B 端暂不剪。

c. 装二极管 VD_1、VD_2。将 VD_1、VD_2 焊接在焊孔 1.9、2.10、2.7 上。

d. 焊装导线。其规格见表7.20。除 19#线（A、B 端均焊）外，各线只焊装 A 端，而 B 端以后再焊。

导线采用搭焊方式，先在焊片上焊上适量的焊锡，然后将导线搭焊到相应焊片上。

将 21#、22#、23#线用 $\phi4\times30$ 套管套在一起，将 7#、12#、1#线，用另一 $\phi4\times30$ 套管套在一起。

表7.20　导线的规格

线 号	导线规格	颜色	长度/mm	A端去向	B端去向
7#-170	AVR1×7/0.18	红	170	K1-1.5	K2-1.12（暂不装接）
12#-70	AVR1×7/0.18	白	70	K1-1.8	K2-2.7（暂不装接）
1#-130	AVR1×7/0.18	蓝	130	K1-2.10	K2-1.1（暂不装接）
15#-65	AVR1×7/0.18	黑	65	K1-2.7	孔"*"（暂不装接）
16#-60	AVR1×7/0.18	黑	60	K1-GND	孔"*"（暂不装接）
18#-110	AVR1×7/0.18	红	110	K1-1.12	孔"+"（暂不装接）
19#-35	AVR1×7/0.18	黑	35	K1-2.11	K1-GND（内联线）
20#-90	AVR1×7/0.18	黑	90	K1-GND	W1.2（暂不装接）
21#-270	AVR1×16/0.18	黑	270	K1-2.12	C（电池夹）（暂不装接）
22#-270	AVR1×16/0.18	黄	270	K1-2.8	A（电池夹）（暂不装接）
23#-270	AVR1×16/0.18	红	270	K1-1.7	B（电池夹）（暂不装接）

③ K2 开关组件的装配。

a. 装镀银短线：在开关的 1.8 和 2.8 之间采用绕焊方式装上短路线，只绕不焊，线不要太短，使其向里藏入。

b. 装电阻：8 只。其规格如表7.21所示。R_9 应先套 $\phi4\times30$ 套管，全部电阻一次插装完，一次焊接。

表 7.21 K2 开关组件中电阻的规格

元器件序号	阻　　值	安装方式	A 端去向	B 端去向
R_7	2kΩ	立装	K2-1.2	K2-2.2
R_6	12kΩ	平装	K2-2.2	K2-2.3
R_{13}	3kΩ	平装	K2-1.3	K2-1.4
R_{12}	1MΩ	立装	K2-1.4	K2-2.4
R_{14}	5MΩ	立装	K2-1.5	K2-1.6
R_{11}	800kΩ	平装	K2-1.7	K2-1.8
R_{10}	150kΩ	平装	K2-1.8	K2-1.9
R_9	10kΩ	斜平装	K2-2.7	K2-1.9

c. 电解电容器的焊装。将 10mF 电解电容器的正极插入 1.1 焊片，负极插入 1.11 焊片，焊接 1.1、1.11 焊片。

d. 导线的连接：导线规格与连线位置如表 7.22 所示。内连线应尽可能绕着开关走线，A 端、B 端均焊在同一开关 K2 的焊片上。外连线只有一端在本开关上。

表 7.22　K2 的导线规格与连线位置

线　　号	导线规格	颜　色	长度/mm	A 端去向	B 端去向	备　注
4#-45	AVR1×7/0.18	橙	45	K2-1.3	K2-1.6	内连线
8#-65	AVR1×7/0.18	紫	65	K2-2.3	K2-2.11	内连线
11#-60	AVR1×7/0.18	黄	60	K2-2.4	K2-1.7	内连线
10#-35	AVR1×7/0.18	蓝	35	K2-1.7	K2-2.9	内连线
6#-100	AVR1×7/0.18	绿	100	K2-1.4	K2-2.10	内连线
5#-95	AVR1×7/0.18	棕	95	K2-2.6	K2-2.12	内连线
2#-80	AVR1×7/0.18	黑	80	K2-GND	W1.2（暂不装接）	外连线
3#-100	AVR1×7/0.18	紫	100	K2-1.11	W1.1（暂不装接）	外连线
9#-80	AVR1×7/0.18	橙	80	K2-1.10	W2.3（暂不装接）	外连线
13#-80	AVR1×7/0.18	橙	80	K2-2.5	K1-1.10（暂不装接）	外连线
14#-90	AVR1×7/0.18	绿	90	K2-2.3	K1-2.6（暂不装接）	外连线

④ 总装。

a. 插孔（共 4 个）的装配。将插孔杆（500K）插入插孔胶木套（500J1）中，然后一起从前面壳正面（下方）的插孔安装孔内插入，再在前面壳的里面依次装上插孔胶木垫圈（500J2）、插孔焊片（500H）、铜质内齿垫片（φ6）、铜质六角螺母（M6），并用 M6 套筒扳手将其装紧，插孔装配图如图 7.25 所示。

b. "Ω"调零电位器的装配。先将线绕电位器片 WX71-0.25W-1.9kΩ（W_2-Ω-T0）装入前面壳里面的"Ω"调零电位器安装模内，焊片卡入出线缺口内，且焊片在下。从前面壳正面（下方）的"Ω"调零旋钮的安装孔内插入"Ω"调零旋钮，再在前面壳的里面依次装上"Ω"调零中心接触定片（500.004.Ω.DP）、"Ω"调零马蹄形滑动弹片（500.004.

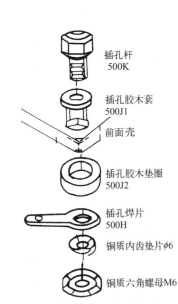

插孔杆 500K

插孔胶木套 500J1

前面壳

插孔胶木垫圈 500J2

插孔焊片 500H

铜质内齿垫片 $\phi6$

铜质六角螺母 M6

图 7.25　插孔装配图

Ω. FP）、铜质内齿垫片 $\phi4$、铜质六角螺母 M4，并用 M4 套筒扳手将其装紧。

c. 电池盒的装配、电池弹片的铆接。用铜铆钉 $\phi3\times8$ 分别将四个电池夹片（500BTJ）铆接在电池盒的相应位置上。

d. 塑料提手环的装配。将一提手环螺母（500.005.M4）插入塑料提手环（500.005.S1）一端部的孔内，然后一起由外向里插入后壳侧面的安装孔内，再从后壳里面用已依次套上弹簧垫圈 $\phi4$、平垫片 $\phi4$ 的螺钉 M4×6 装入提手环螺母（500.005.M4）上的螺孔中，并用扳手与螺丝刀配合，将其装紧。用同样的方法和步骤安装塑料提手环（500.005.S1）的另一端。

e. 安装 K1 开关。将焊装好元器件和导线并检验合格的开关的旋钮杆上的螺母和大内齿垫片取下后，将旋钮杆插入表盒（里面朝上）左边的安装孔（K1）内，在表盒正面孔内的旋钮杆上套上内齿垫片（刚取下的）的螺母，拧紧固定。

注意：开关的方位与装配图中所示一致，即两个装配螺钉的连线与装配图上的基准线重合，且接地焊片在左上方。

f. 安装 K2 开关。方法同 K1 开关，只是开关的接地焊片应位于右上方。

g. 安装开关旋钮盘。首先用钢丝钳或扳手将旋钮杆上的 D 形圆弧面旋至朝表盒的两侧（外侧），目的是方便安装紧定螺钉。

将带有 "$\underline{V}$" 和 "50μA" 等符号的旋钮盘套在 K1 开关杆上，旋钮盘侧面的固定螺钉孔对准开关杆的圆弧面纹孔。用 M3×15 紧定螺钉穿过旋钮盘侧面的小孔，将螺钉从圆弧面旋入，将开关旋杆与旋钮盘固定在一起。

用相同的方法将带有 "A" "Ω" 等符号的旋钮套固定在 K2 开关杆上。

注意：开关杆圆弧面与旋钮盘侧面的固定螺钉孔对齐，保证紧定螺钉从圆弧面旋入。

h. 前面壳上的元器件焊接，如表 7.23 所示。

表 7.23　元器件的焊接

元器件序号	规　　格	安 装 方 式	A 端去向	B 端去向
R_{24}	4.3kΩ	平装	孔 "*"	W2.1
C_2	0.1μF/630V	斜立装	孔 "dB"	K1-1.6
R_{17}	5MΩ+5MΩ	斜平装	孔 2500V	K2-2.6
R_{23}	11.6kΩ	立装	K1-2.8（已装接）	W2-2

i. 连接各导线，如表 7.24 所示。K1 与 K2 之间的导线在连接前应先穿过一小段 $\phi4\times30$ 套管，可以使连线不散乱，也可以在连接后将线扎在一起。21#、22#、23#导线也应扎在一起或用套管套在一起。

表 7.24 总装导线的连接表

线 号	导线规格	颜色	长度/mm	A端已焊接	B端去向
1#-130	AVR1×7/0.18	蓝	130	K1-2.10	K2-1.1
7#-170	AVR1×7/0.18	红	170	K1-1.5	K2-1.12
9#-80	AVR1×7/0.18	橙	80	K2-1.10	W2.3
13#-80	AVR1×7/0.18	橙	80	K2-2.5	K1-1.10
14#-90	AVR1×7/0.18	绿	90	K2-2.3	K1-2.6

j. 表头的安装。将表头橡胶垫圈（500.002DQ）套在表头外壳的外边缘上，然后一起安装在前面壳的内侧，并使表头机械调零杆插入表头的调零片上的长条形孔内。用螺钉 M2.5×12 和内齿垫片 ϕ2.5 各一个、紧定螺钉 M3×12 和内齿垫片 ϕ3 两个，将表头固定安装于前面壳的内侧。

将表头上的红线（+）焊接于 K2-2.2 焊片上，黑线（-）焊接于 K2-1.11 焊片上。

（5）总装自检。所有元器件导线装焊完后，对照装配图进行认真全面的自检。

① 直流电压挡自检：在正式调试万用表前，可将选择直流 2.5V 挡，先测量2#干电池的电压，看其指示值是否在 1.5V 附近。可以通过试调 W_1，使万用表指示在 1.5V 附近（一般新电池的端电压在 1.6V 左右）。若指示值相差太大，或无指示、指针反偏等，说明万用表有故障，应仔细检查。

② 电阻挡自检：给万用表装上电池，选择电阻挡，将两表笔短路，调节"Ω"调零旋钮，看能否使表针指在"Ω"零位（表针满偏）。各电阻挡分别试一试。若各电阻挡均不能使"Ω"调零，或某电阻挡不能使"Ω"调零，说明万用表有故障，应仔细检查。

（6）调试万用表。万用表的调试方法是比较法，即用被调万用表去测量一个已知的电压、电流或电阻，使其指示的值与已知的值相同。而这个已知值，一般是由比被调表的精度更高的标准表测得的。

① 调试参数。

a. 调试电流：将被调表与标准表串联到电路中，使两表测得的值相同。若不同，则调整被测表，使其与标准表相同。

b. 调试电压：将被调表与标准表并联后去测同一电压值，使两表测得的值相同。

c. 调试电阻：用被调表去测量阻值已知的电阻。

② 调试方法。工程中使用万用表校准仪来校准万用表。

万用表校准仪实际上是一台能输出可调恒定电流的恒流源和输出可调恒定电压的恒压源，还带有标准电阻器的综合仪器，使用非常方便简单。调试方法如下：

a. 选择需要的功能挡，如直流电流、直流电压、交流电流、交流电压或电阻挡。

b. 选择输出挡位为需要的数值，如 50μA、100μA、1mA、10mA 等及 1V、2.5V、10V、50V、250V、500V、2500V、10kΩ、1kΩ、100Ω、10Ω、1Ω 等。

c. 将万用表调到需要检测的挡位上，如 50μA 挡、10V 挡等。

d. 用连接线将仪器的输出端与万用表的对应的端子连上。

e. 观看万用表的指示值与仪器的指示值是否一致。

③ 调试步骤。

a. 仪器调至直流 50μA 挡。

b. 万用表左开关旋至"A"，右开关旋至"50μA"。

c. 连接两表。

d. 调 W_1 使万用表指针指在满刻度处，即 50μA。

e. 调仪器为空挡，即不输出。

f. 调万用表左开关至"2.5V"挡，右开关至"$\underline{V}$"挡。

g. 调仪器为直流 2.5V 挡。此时，万用表指针也应指在满刻度处，即 2.5V，若偏差大，说明万用表有故障或装配有错误等，检查 R_8、R_9 等电阻的装配位置和阻值情况。重复 e~g 步。

其中，第 f 步是对万用表挡位的选择，应分别选定各挡。包括直流电压挡：10V、50V、250V、500V、2500V；交流电压挡：10V、50V、250V、500V、2500V；直流电流挡：1mA、10mA、100mA、500mA；电阻挡：1Ω、10Ω、100Ω、1kΩ、10kΩ。

第 g 步是调节仪器挡位，应调到对应的万用表各挡位上。万用表指针均应指在满刻度处，误差不应超过各挡的精度要求。

（7）万用表的故障分析与检修。根据安装、调试的过程，针对出现的故障，自行分析故障，并排除故障。

4. 实训课时及实训报告要求

课堂时数：6 课时；课外时数：6 课时；共计 12 课时。

（1）万用表装配的步骤、方法。

（2）装配万用表时，使用的各种图表的名称及其作用。

（3）万用表调试的内容、步骤，调试中出现的故障现象及如何排除。

7.2.2　消防车声响报警电路的设计、制作与调试

1. 实训目的

（1）了解消防车声响报警电路的基本原理。

（2）熟悉 555 定时器的使用方法。

（3）掌握用电压控制调制振荡器的频率实现消防车声响报警功能的方法。

（4）熟练掌握使用万能板设计与制作电路的方法。

2. 实训线路及器材

（1）实训线路。本设计利用 2 片 555 集成电路 U_1 和 U_2 构成的多谐振荡器电路，模拟消防车声响报警，其电路如图 7.26 所示。

（2）工作原理：使用 2 片 555 集成电路，设计成多谐振荡器模式，第一级集成电路 U_1 振荡器频率约为 900Hz。通电后，经过 R_1、R_2 两个电阻对电容 C_1 充电，此时充电时间较长，而 C_1 放电时仅经过电阻 R_2，放电时间较短。C_1 上的充放电电压经过三极管 VT 整形后，通过 R_6 去控制集成电路 U_2 的 5 脚电压；而 U_2 的 5 脚电压是集成电路 U_2 内部的比较电压；当 VT 的发射极电压 U_e 较低时，集成电路 U_2 的输出电压 U_o 的振荡频率随之升高，当电压 U_e 较高时，集成电路 U_2 的输出电压的 U_o 的振荡频率随之下降，因此，接在集成电路 U_2 输出端的

扬声器会发出"呜、呜……"的高、低音调，类似于消防车的报警声。

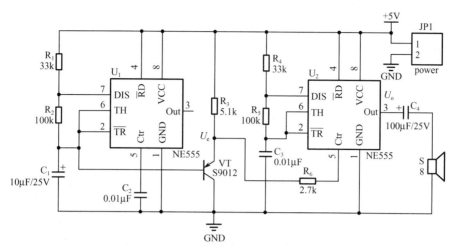

图 7.26 消防车声响报警电路

（3）元器件清单。消防车声响报警电路元器件清单如表 7.25 所示。

表 7.25 消防车声响报警电路元器件清单

序　号	名　称	规　格　型　号	代　号	数　量	备　注
1	电阻	RT14-0.125-b-2.7kΩ±10%	R_6	1	
2	电阻	RT14-0.125-b-5.1kΩ±10%	R_3	1	
3	电阻	RT14-0.125-b-33kΩ±10%	R_1、R_4	2	
4	电阻	RT14-0.125-b-100kΩ±10%	R_2、R_5	2	
5	电容	陶瓷电容 0.01μF	C_2、C_3	2	
6	电解电容器	10μF/25V	C_1	1	
7	电解电容器	100μF/25V	C_4	1	
8	三极管	S9012	VT	1	
9	IC	NE555	U_1、U_2	2	
10	扬声器	8Ω	S	1	
11	接插件	0.254	JP1	1	

（4）主要材料。万能板、消防车声响报警电路套件、细导线、松香、焊锡等。

（5）实训工具。电烙铁、斜口钳（或剪刀）、尖嘴钳、镊子、烙铁架、万用表等。

3. 实训内容及步骤

（1）识图。读懂如 7.26 所示电路，了解各元器件的作用。

（2）根据图 7.26 设计万能板排版图。

（3）清点元器件，使用万用表检测元器件的好坏。

（4）元器件整形、插装并焊接。

（5）性能检测调试。接通电源，扬声器如发出"呜、呜……"的高、低音调，说明电路是正常工作的。

4. 实训课时及实训报告要求

课堂时数：2 课时；课外时数：2 课时；共计：4 课时。

（1）简述消防车声响报警电路的工作原理。

（2）在实际调试中，如果扬声器发出"鸣、鸣……"的高、低音调效果不明显，该如何调试？

7.2.3　声光控制照明灯电路的设计、制作与调试

1. 实训目的

（1）了解声光控制照明灯电路的基本原理。

（2）熟悉驻极体传声器、光敏电阻的使用方法。

（3）熟练使用 Altium Designer 软件设计声光控制照明灯的印制电路板图。

（4）掌握声光控制照明电路的设计、制作、调试的基本技能。

2. 实训线路及器材

（1）实训线路。声光控制照明灯电路常用于楼道路灯，能自动控制实现白天关灯、夜晚亮灯、人走灯灭，并能提供约 30s 延时亮灯功能。其电路如图 7.27 所示。

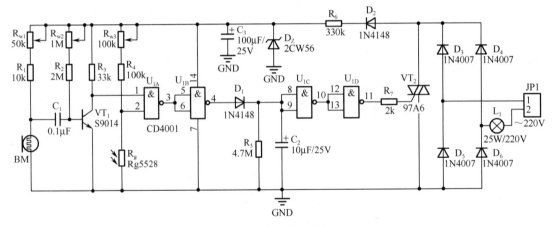

图 7.27　声光控制照明灯电路

（2）工作原理。白天，光敏电阻 R_g 受光线照射，电阻较小，与非门 U_{1A} 的 2 脚输入为低电位，此时，不管 U_{1A} 的 1 脚为何状态，U_{1D} 的 11 脚输出为 0，晶闸管 VT_2 不导通，路灯 L_1 不亮。

夜晚，光敏电阻 R_g 随着光线变暗而阻值增大，U_{1A} 的 2 脚为高电位。若无脚步声或其他声响，驻极体话筒 BM 无动态信号，三极管 VT_1 导通，U_{1A} 的 1 脚为低电位，U_{1D} 的 11 脚输出为 0，晶闸管 VT_2 不导通，故路灯 L_1 不亮。当有脚步声或其他声响时，驻极体话筒 BM 有动态波动信号输入到放大电路中的 VT_1 的基极，由于电容 C_1 起隔直通交作用，输入到 VT_1 基极的信号相对静态时有正、负波动信号，使 VT_1 的集电极输出高电位，此时，门 U_{1A} 的 1、2 脚输入均为高电位，门 U_{1A} 输出为低电位，门 U_{1B} 输出为高电位，二极管 D_1 导通，C_2 充电到阈值电压，门 U_{1C} 输出低电位，U_{1D} 输出高电位，晶闸管 VT_2 导通，路灯点亮。当脚步声或其他声响消失后，门 U_{1B} 输出为低电位，二极管 D_1 截止，电容 C_2 经 R_5 放电，放电初始 U_{1C} 输入仍

为高电位，故路灯 L_1 继续点亮，直到放电使 U_{1C} 电压小于与非门阈值电压，VT_2 截止，路灯熄灭，延时时间由 R_5、C_2 决定。由于晶闸管 VT_2 导通后正向电压降为 2V 左右，此时 D_2 截止，可用来防止 VT_2 电压下降，避免影响控制电路的供电电源。

（3）元器件清单。声光控制照明灯电路元器件清单如表 7.26 所示。

表 7.26　声光控制照明灯电路元器件清单

序　号	名　称	规格型号	代　号	数　量	备　注
1	电阻	RT14-0.125-b-2kΩ±10%	R_7	1	
2	电阻	RT14-0.125-b-10kΩ±10%	R_1	1	
3	电阻	RT14-0.125-b-33kΩ±10%	R_3	1	
4	电阻	RT14-0.125-b-100kΩ±10%	R_4	1	
5	电阻	RT14-0.125-b-330kΩ±10%	R_6	1	
6	电阻	RT14-0.125-b-2MΩ±10%	R_2	1	
7	电阻	RT14-0.125-b-4.7MΩ±10%	R_5	1	
8	电位器	卧式蓝白可调电位器 50kΩ±10%	R_{w1}	1	
9	电位器	卧式蓝白可调电位器 1MΩ±10%	R_{w2}	1	
10	电位器	卧式蓝白可调电位器 100kΩ±10%	R_{w3}	1	
11	电容器	陶瓷电容 0.1μF	C_1	1	
12	电解电容器	10μF/25V	C_2	1	
13	电解电容器	100μF/25V	C_3	1	
14	二极管	1N4148	D_1、D_2	1	
15	二极管	1N4007	D_3、D_4、D_5、D_6	1	
16	三极管	S9014	VT_1	1	
17	晶闸管	97A6	VT_2	1	
18	稳压二极管	2CW56（0.5W/7.5V）	D_Z	1	
19	灯泡	25W/220V	L_1	1	
20	IC	CD4011	U_1	1	
21	传声器		BM	1	
22	光敏电阻	Rg5528	R_g	1	
23	接插件	0.254	JP1	1	

（4）主要材料。敷铜板、环保腐蚀液、无水酒精、松香、焊锡等。

（5）实训设备及工具。计算机、打印机、热转印机、钻孔器、电烙铁、斜口钳（或剪刀）、尖嘴钳、镊子、烙铁架、万用表等。

3. 实训内容及步骤

（1）识图。读懂如图 7.27 所示电路，了解各元器件的作用。

（2）根据图 7.27，使用 Altium Designer 设计印制电路板图，并用敷铜板制作印制电路板。

（3）清点元器件，使用万用表检测元器件的好坏。

（4）元器件成形、插装并焊接。

（5）性能检测调试。接通电源检测声光控制照明灯电路能否正常工作，调节 R_{w1}、R_{w2}、

R_{w3} 的大小，选取合适的开关灵敏度。

注意：由于该电路使用了 220V 交流电压，在调试、测试和使用中应注意用电安全，防止触电。

4. 实训课时及实训报告要求

课堂时数：4 课时；课外时数：4 课时；共计：8 课时。

（1）简述声光控制照明灯电路的工作原理。

（2）如果声控、光控不灵敏，该如何调试？

（3）人过声熄后，如果路灯立即熄灭，没有延时 30s，该如何解决？

7.2.4 分立可调式直流稳压电源的设计、制作与调试

1. 实训目的

（1）了解分立可调式直流稳压电源的组成结构。

（2）学会用 Altium Designer 设计分立可调式直流稳压电源的印制电路板图，并用 Multisim 软件仿真直流稳压电源的输出可调范围。

（3）学会制作稳压电源的印制电路板，安装分立可调式直流稳压电源。

（4）掌握稳压电源的装配、调试。

2. 实训线路及器材

（1）直流稳压电源线路。直流稳压电源是将 220V、50Hz 的交流电压转换为稳定直流电的装置，是电子仪器设备中的重要组成部分，其方框图如图 7.28（a）所示，电路原理图如图 7.28（b）所示。

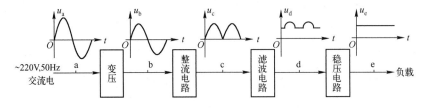

（a）直流稳压电源方框图

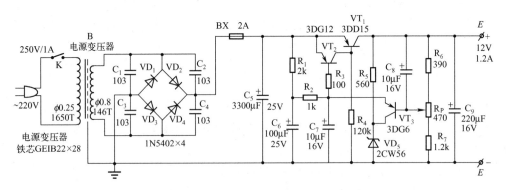

（b）直流稳压电源电路原理图

图 7.28 直流稳压电源

（2）直流稳压电源元器件清单。直流稳压电源元器件清单如表 7.27 所示。

表 7.27　直流稳压电源元器件清单

序号	名　称	规格型号	代　号	数量	备　注
1	电源变压器	GEIB22×28-220V/19.5V	B	1	
2	三极管	3DD15（$I_{CM}>5A$、$V_{(BR)CEO}>30V$、$P_{CM}>50W$）	VT_1	1	2N3055
3	三极管	3DG12（$I_{CM}>300mA$、$V_{(BR)CEO}>30V$、$P_{CM}>500mW$）	VT_2	1	8050
4	三极管	3DG6（$I_{CM}>100mA$、$V_{(BR)CEO}>30V$、$P_{CM}>100mW$）	VT_3	1	9014/C945
5	二极管	1N5402（2A、100V）	VD_1，VD_2，VD_3，VD_4	1	
6	稳压二极管	2CW56（0.5W/7.5V）	VD_5	1	7.5V, 0.5W
7	电源开关	250V/1A	K	1	
8	保险丝座	φ3×20	BX	1	
9	保险丝管	φ3×20-250V/2A	BX	1	
10	电源线	AVVR2×18/0.3-2m		1	带两芯插头
11	电阻	RT14-0.125W-b-2kΩ-±10%	R_1	1	SJ75-73
12	电阻	RT14-0.125W-b-1kΩ-±10%	R_2	1	SJ75-73
13	电阻	RT14-0.125W-b-100Ω-±10%	R_3	1	SJ75-73
14	电阻	RT14-0.125W-b-120kΩ-±10%	R_4	1	SJ75-73
15	电阻	RT14-0.125W-b-560Ω-±10%	R_5	1	SJ75-73
16	电阻	RT14-0.125W-b-390Ω-±10%	R_6	1	SJ75-73
17	电阻	RT14-0.125W-b-1.2kΩ-±10%	R_7	1	SJ75-73
18	可调电阻	WTW1-470Ω-5×6	R_P	1	
19	电容	CT1-63V-b-0.01μF	C_1，C_2，C_3，C_4	4	
20	电容	CD11-25-3300μF-SJ803-74	C_5	1	
21	电容	CD11-25-100μF-SJ803-74	C_6	1	
22	电容	CD11-16-10μF-SJ803-74	C_7，C_8	2	
23	电容	CD11-16-220μF-SJ803-74	C_9	1	
24	接线柱			2	红、黑各一只
25	散热片	100×80×3mm³		1	
26	底板	自制		1	
27	外壳	自制		1	
28	导线	AV1×16/0.16-0.5m		1	
29	电路板	DY11.1-75×65mm²		1	
30	螺钉	M3×12		2	装散热片
31	螺钉	M3×8		4	
32	螺钉	M4×12		4	

序 号	名 称	规 格 型 号	代 号	数量	备 注
33	绝缘片			1	
34	平垫片	$\phi3.2$		1	
35	平垫片	$\phi4.2$		6	
36	弹簧垫圈	$\phi3.2$		2	
37	弹簧垫圈	$\phi4.2$		8	
38	接线焊片			3	
39	螺母	M3		6	
40	螺母	M4		6	

（3）实训设备与材料。

设备：计算机1台，小型台式钻床或手电钻、电烙铁、斜口钳、尖嘴钳、镊子、小钢锯、小刀各1把，小型一字、十字螺丝刀各1把，烙铁架1个。

材料：焊锡丝、单面覆铜板、钻头、铅笔、鸭嘴笔、尺、软毛刷、腐蚀用的搪瓷容器、竹夹、油漆、无水酒精、松香、复写纸、环保蚀刻剂、砂纸等。

3. 实训内容与步骤

（1）读懂如图7.28所示直流稳压电源方框图和电路原理图。

（2）用 Multisim 软件画出如图7.28（b）所示直流稳压电源电路原理图，并仿真。在稳压电源输出端开路时，调节电位器 R_P，测试稳压电源的输出可调范围；在稳压电源电路的输出端并联一个 $10\Omega/15W$ 的电阻，重新调节电位器 R_P，测试此时的输出电压可调范围，将仿真数据记录在表7.28中。

表7.28　直流稳压电源电路的测试数据

测 试 方 式		输出电压可调范围
仿真测试	负载开路时	
	负载端接 $10\Omega/15W$ 的电阻时	
实际测试	负载开路时	
	负载端接 $10\Omega/15W$ 的电阻时	

（3）清点、识别元器件，并使用万用表检测各元器件的好坏。

（4）根据实际元器件的大小、特征，用 Altium Designer 软件设计如图7.29所示的直流稳压电源印制电路板。

（5）制作如图7.29所示的直流稳压电源印制电路板。

（6）元器件成形、插装。

（7）电路板上元器件的焊接。装配焊接的顺序：先焊装小型、普通的元器件，即先焊装电阻、二极管、稳压二极管、可调电阻、电容（$C_1 \sim C_4$）、保险丝座、电解电容器等，再焊装大元器件及特殊的元器件，即焊装调整管 VT_1，调整管 VT_1 要装在散热片上，其安装示意图如图7.30所示，散热片（$100\times80\times3mm^3$）可以用铝板制作。

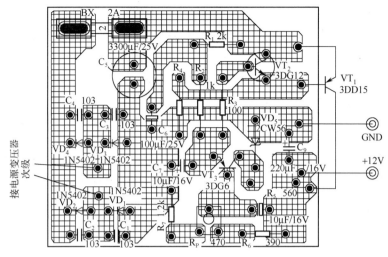

图 7.29   直流稳压电源印制电路板图

（8）接线柱的装配：将接线柱装配在外壳正面板的左下方，装配前应在安装位置打好孔。接线柱装配示意图如图 7.31 所示。

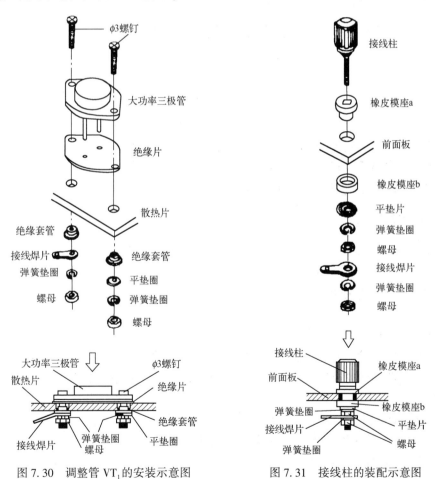

图 7.30   调整管 VT_1 的安装示意图   图 7.31   接线柱的装配示意图

（9）电源变压器的装配：用 M4×12 的螺钉将变压器装在金属底板上，保险丝管可以用两个铜片固定在印制电路板上，也可用保险丝盒装在机箱上。

（10）调试：装配完成后，要仔细审查电路连接，确认安装正确后，可进行测量。

① 调节电位器 R_P，在输出端开路时，测试输出电压的大小、可调范围，将测试数据记录在表 7.28 中。

② 在输出端并上一个 10Ω/15W 的电阻，重新调节电位器 R_P，测试输出电压的大小、可调范围，将测试数据记录在表 7.28 中。

③ 在额定负载下通电 2 小时，整机各部分温度不很高，无异常状态，稳压电源就算合格。

（11）故障分析与排除。在安装、调试的过程中，针对出现的故障，自行分析故障产生的原因，排除故障。

4. 实训课时及实训报告要求

课堂时数：8 课时；课外时数：6 课时；共计：14 课时。

（1）分立可调式直流稳压电源的构成特点。

（2）分立可调式直流稳压电源的仿真测试和实际测试有什么区别？为什么？

（3）分立可调式直流稳压电源的调试内容和步骤。

7.2.5 集成可调式直流稳压电源的设计、制作与调试

1. 实训目的

（1）学会设计、制作集成可调式直流稳压电源的印制电路板。

（2）学会用 Multisim 软件仿真调试集成可调式直流稳压电源。

（3）熟练掌握集成可调式直流稳压电源的安装和调试。

（4）学会识别 W317 的引脚及连接方法。

（5）掌握直流输出电压大小的调试方法。

2. 实训线路及器材

（1）实训线路。集成可调式直流稳压电源电路原理图如图 7.32 所示，该电路采用桥式整流、电容滤波的形式，稳压部分采用了 W317 可调式三端集成稳压器。W317 的内部设置了保护电路，因而该集成稳压器可以实现直流电压稳定输出，输出电压在一定范围内连续可调、工作安全可靠。

（2）技术、安装要求。

① 图 7.32 所示集成可调式集成稳压电源中，稳压的最大输入电压必须满足 $U_I \leqslant 40V$。

② 电阻 R_1 两端的电压作为该电路的基准电压，接在集成稳压器 W317 的输出端 2 和调整端 1 之间。

③ 调节可变电阻 R_2，可以使输出电压在一定范围内连续可调。

④ VD_5 和 VD_6 为保护二极管，用以防止稳压输入短路（$U_I = 0$）或稳压输出短路（$U_O = 0$）时，可能造成的 W317 稳压器的损坏。

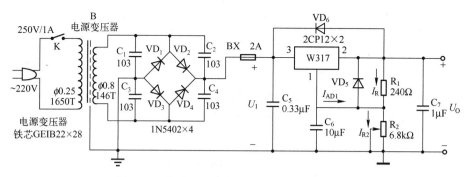

图 7.32 集成可调式集成稳压电源电路原理图

（3）元器件清单。元器件清单如表 7.29 所示。

表 7.29 元器件清单

序号	名 称	规 格 型 号	代号	数量	备注
1	电源变压器	GEIB22×28-220V/19.5V	B	1	
2	整流二极管	1N5402（2A，100V）		4	
3	电源开关	250V/1A	K	1	
4	保险丝座	φ3×20	BX	1	
5	保险丝管	φ3×20-250V/2A	BX	1	
6	电源线	AVVR2×18/0.3-2m		1	带两芯插头
7	滤波电容	103	C_1，C_2，C_3，C_4	4	
8	可调式三端集成稳压器	W317		1	
9	电阻	240Ω（高精度电阻）	R_1	1	
10	电位器	6K8	R_2	1	
11	二极管	2CP12	VD_5，VD_6	2	
12	电容器	0.33mF/100V	C_5	1	
13	电容器	1μF/100V	C_7	1	
14	电容器	10μF/100V	C_6	1	

（4）材料清单、设备及工具。

单面覆铜板一块、松香、焊锡、无水酒精、油漆、环保蚀刻剂、铅笔、复写纸、软毛刷、小刀、钻头等。

计算机 1 台，万用表 1 台，电烙铁 1 把，烙铁架 1 个，小型台式钻床或手电钻、斜口钳、尖嘴钳、镊子、大小（一字、十字）螺丝刀各 1 把，鸭嘴笔、尺、腐蚀用的容器、竹夹、小钢锯等。

3. 实训内容及步骤

（1）熟悉如图 7.32 所示的集成可调式直流稳压电源电路原理及组成特点。

（2）用 Multisim 软件画出如图 7.32 所示电路原理图，并仿真测试输出电压可调范围，将仿真数据记录在表 7.30 中。

表 7.30　集成可调试直流稳压电源的测试数据

测试方式	输出电压可调范围
仿真测试	
实际测试	

（3）清点、识别各种元器件，借助万用表检测元器件的好坏，并将检测结果记录在表 7.31 中。

表 7.31　集成可调式直流稳压电源元器件检测表

检测项目		技术参数	质量好坏	备　注
元器件名称	二极管			
	电阻			
元器件名称	电位器			
	保险丝管			
	电源变压器			
	电容			
	电解电容			

（4）用 Altium Designer 软件设计直流稳压电源的印制电路板。

（5）手工制作直流稳压电源的印制电路板。

（6）使用尖嘴钳、镊子等工具，对元器件进行整形，并将元器件插装在印制电路板上，装配、焊接。

（7）借助万用表，检测稳压电源电路的功能，并调试输出电压的可调范围。

4. 实训课时及实训报告要求

课堂时数：6 课时；课外时数：4 课时；共计：10 课时。

（1）简述稳压原理，计算输出电压的可调范围。

（2）当桥式整流二极管中的一个二极管被击穿或断路时，稳压电源的输出电压将发生什么变化？

（3）比较集成稳压电路与晶体管稳压电路的异同。

7.2.6　直流充电电源的设计、制作与调试

1. 实训目的

（1）了解直流充电电源的结构、工作原理和功能。

（2）学会用 Altium Designer 设计直流充电电源的印制电路板图，并用 Multisim 仿真直流充电电源的功能。

（3）用实际元器件制作和调试直流充电电源。

2. 实训线路及器材

（1）实训线路。直流充电电源是一种用途广泛的实用电器。本例中的充电电源可以将

220V 的交流电转换为 3~6V 的直流电，并对 1~5 节 5 号镍铬或镍氢充电电池同时进行恒流充电，充电时间为 10~12 小时。其电路原理图如图 7.33 所示。

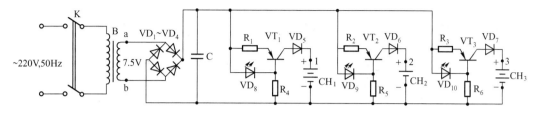

图 7.33　直流充电电源电路原理图

（2）元器件清单。元器件清单如表 7.32 所示。

表 7.32　元器件清单

序号	名　称	规格型号	代　号	数量	备　注
1	电阻	24Ω	$R_1 \sim R_3$	3	1/8W
2	电阻	560Ω	$R_4 \sim R_6$	3	
3	二极管	1N4001	$VD_1 \sim VD_4$，$VD_5 \sim VD_7$	7	
4	发光二极管	$d = 3mm$，红色	$VD_8 \sim VD_{10}$	3	
5	三极管	8550	$VT_1 \sim VT_3$	3	
6	电解电容器	47μF/16V	C	1	
7	电源变压器	220V/7.5V，12W	B	1	
8	电源开关		K	1	

（3）主要材料。敷铜板、环保蚀刻剂、无水酒精、松香、焊锡等。

（4）实训设备与工具。计算机 1 台，万用表 1 台，电烙铁、斜口钳（或剪刀）、尖嘴钳、镊子、烙铁架等。

3. 实训内容及步骤

（1）读图。在图 7.33 中，电池充电电路由 $VT_1 \sim VT_3$ 及其相应的元器件构成的三路完全相同的恒流源电路组成。其中，$VD_8 \sim VD_{10}$ 在电路中具有稳压和充电双重作用，$VD_5 \sim VD_7$ 用于防止电池极性接错，改变 $R_1 \sim R_3$ 阻值的大小可以调节输出电流的大小。减小电流即可对 7 号电池充电，增大电流可以将该产品改为大电流快速充电器（但用大电流充电会影响电池的使用寿命）。当增大输出电流时，可在 $VT_1 \sim VT_3$ 的 C、E 之间并接一个几十欧的电阻，以减小 $VT_1 \sim VT_3$ 的功耗。CH_1、CH_2、CH_3 是 5 节充电电池。

（2）用 Multisim 软件画出如图 7.33 所示的直流充电电源电路，并仿真该电路的充电功能。

（3）根据图 7.33，用 Altium Designer 软件设计其印制电路板图，用敷铜板制作印制电路板。

（4）清点并检测元器件。

（5）元器件成形、安装并焊接。

（6）性能检测、调试。电路的输入电压为220V，充电电流应稳定在（60±6）mA。进行充电检测时，使用万用表的 DC100mA 或 DC500mA 挡替代充电电池，如图7.34所示。这时 $VD_5 \sim VD_7$ 应发光，万用表的电流读数应为（60±6）mA。

注意：检测时，万用表的表棒不能接反，也不能接错位置，否则测不出电流。

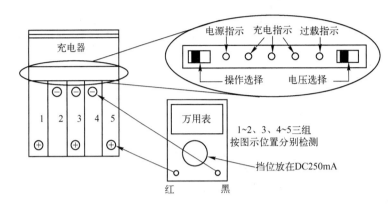

图 7.34　直流充电电源的检测

4. 实训课时及实训报告要求

课堂时数：4课时；课外时数：4课时；共计：8课时。
（1）直流充电电源的工作原理。
（2）仿真的充电电源与实物制作的充电电源在功能上有什么区别？

7.2.7　定时开关电路的设计、制作与调试

1. 实训目的

（1）了解定时开关电路的构成、功能。
（2）学会设计、安装、调试定时开关电路。

2. 实训线路及器材

（1）实训线路及工作原理。定时开关电路如图7.35所示。该电路主要由与非门 IC 和三极管开关电路组成，图中，VD_2、VD_3 和 C_2、C_3 组成半波整流电容滤波稳压电路，继电器 K 有两处控制触点 K_1 和 K_2。被控家用电器的插头插在插座 XS 里。平时，由于开关 SB 和继电器控制触点 K_2 都处于打开状态，所以电路不工作，整个电路不消耗电能，插座 XS 也无 220V 交流电输出。当电器需要工作时，只要按下按钮开关 SB，插座 XS 就对外送电。

按下 SB 时，整流电路开始工作，C_2 两端输出约12V的稳定直流电为与非门 IC 和三极管开关电路供电。刚接通电源时，继电器还未工作，触点 K_1 接地，与非门 IC 输出高电位；随即 VT 导通，继电器 K 线圈通电动作，导致触点 K_1 接入 R_1 连接点，K_2 接通220V输入电压。这时即使松开 SB 开关，电源仍可以为电路和用电器供电，同时电源通过 R_p 和 R_1 向电容 C_1 充电。由于充电需要一定时间，故与非门的输出端保持高电平，维持 VT 的导通。随着充电不断进行，C_1 两端电压不断升高，当达到 $1/2V_{DD}$ 时，与非门的两个输入端均为高电位，

使与非门的输出端转为低电位 0，所以三极管 VT 截止，继电器 K 失电释放，K_2 断开，插座 XS 停止对用电器送电，同时 K_1 接地，C_1 通过 K_1 放电，为下次定时做准备。由于 K_2 已断开，整个定时开关就不再消耗电能。

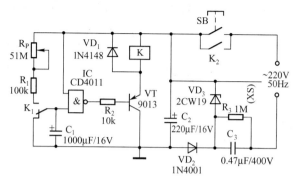

图 7.35　定时开关电路

该电路可通过调节 R_P 的大小来控制定时时间的长短，该电路的定时时间可在 1 小时内连续可调。

（2）元器件清单如表 7.33 所示。

表 7.33　元器件清单

序　号	名　　称	规格型号	代　号	数　量	备　注
1	电阻	100kΩ	R_1	1	1/8W
2	电阻	10kΩ	R_2	1	
3	电阻	1MΩ	R_3	1	
4	电位器	51MΩ（WH15）	R_P	1	电位器要配相应的旋钮
5	电解电容器	1000μF/16V	C_1	1	
6	电解电容器	220μF/16V	C_2	1	
7	聚苯电容器	0.47μF/400V	C_3	1	
8	二极管	1N4148	VD_1	1	
9	二极管	1N4001	VD_2	1	
10	稳压二极管	2CW19	VD_3	1	12V，1/2W
11	三极管	9013	VT	1	$\beta \geqslant 100$
12	与非门	CD4011	IC	1	
13	小型继电器	JRX-13F，DC 12V	K（K_1，K_2）	1	220V/7.5V，12W
14	电源插座		XS	1	250V，2A
15	按键开关		SB	1	
16	白炽灯	25W/220V			用电器

（3）主要材料。敷铜板、环保蚀刻剂、无水酒精、松香、焊锡等。

（4）实训工具。电烙铁、斜口钳（或剪刀）、尖嘴钳、镊子、烙铁架、万用表等。

3. 实训内容及步骤

（1）读图。读懂如图 7.35 所示电路，了解各元器件的作用。

（2）根据图 7.35 设计印制电路板图，并用敷铜板制作印制电路板。

（3）按元器件清单清点元器件，使用万用表检测元器件的好坏。

（4）元器件成形、插装及焊接。

（5）性能检测调试。按下开关检测电路能否正常为用电器供电，调节 R_P 的大小，测试定时的时间范围。

注意：由于该电路使用了 220V 的交流电压，在调试、测试和使用中应注意用电安全，防止触电。

4. 实训课时及实训报告要求

课堂时数：4 课时；课外时数：4 课时；共计：8 课时。

（1）简述定时开关的工作原理。

（2）在实际操作中，定时开关可否采用调节 C_1 进行？

（3）C_3 的耐压可否选择 250V，为什么？

（4）在定时开关电路的安装、调试中遇到了什么问题？是如何解决的？

7.2.8 红外线光电开关电路的设计、制作与调试

1. 实训目的

（1）熟悉红外发射、光电接收管的使用方法。

（2）熟悉光电转换电路的构成和应用。

（3）学习组装一种红外线光电开关电路。

2. 实训线路及器材

（1）实训线路及工作原理。红外线光电开关电路如图 7.36 所示。该电路由红外发射管 RLED 和光电接收管 VTG 组成红外线光电开关，继电器 K（常开）控制所需驱动的电气设备（被控制的设备电路中没画出来），施密特触发器（CD40106）用于波形整形，提高开关电路的稳定性，VD 用于保护三极管 VT_1 和 VT_2。

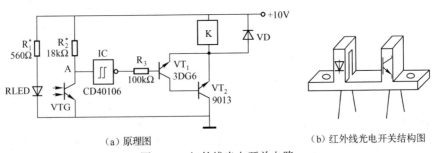

（a）原理图 　　　　　　　　　　（b）红外线光电开关结构图

图 7.36　红外线光电开关电路

接通电源，红外发射管 RLED 发出不可见的红外光束，照射在光电接收管 VTG 上，VTG 导通，A 点输出低电位；由此施密特触发器输出高电位，使 VT_1 和 VT_2 导通，继电器 K 吸合，常开触点闭合。若在发射管和接收管之间遮挡光线，则 VTG 截止，A 点输出高电位；施密特触发器输出低电位，使 VT_1 和 VT_2 截止，继电器 K 的常开触点断开。

（2）元器件清单如表 7.34 所示。

表 7.34　元器件清单

序　号	名　称	规格型号	代　号	数　量	备　注
1	电阻	560Ω	R_1	1	1/8W 碳膜电阻
2	电阻	18kΩ	R_2	1	1/8W 碳膜电阻
3	电阻	100kΩ	R_3	1	1/8W 碳膜电阻
4	二极管	1N4148	VD	1	
5	三极管	3DG6	VT_1	1	NPN 小功率管
6	三极管	9013	VT_2	1	NPN 小功率管
7	施密特触发器	CD40106	IC	1	
8	红外线光电开关	RLED，VTG		2	

（3）主要材料。敷铜板、环保蚀刻剂、无水酒精、松香、焊锡等。

（4）实训设备与工具。万用表 1 台，电烙铁、斜口钳（或剪刀）、尖嘴钳、镊子、烙铁架等。

3. 实训内容及步骤

（1）读图。读懂如图 7.36 所示电路，了解各元器件的作用。

（2）根据图 7.36 设计印制电路板图，并用敷铜板制作印制电路板。

（3）按清单清点元器件，使用万用表检测元器件的好坏。

用万用表测量红外发射管的好坏，方法与检测普通二极管相同。

测量光电接收管的方法：使用万用表的 $R×1k$ 挡测量 VTG 的两引脚，取测得电阻值大的一次，黑表棒接的引脚是集电极，红表棒接的引脚是发射极。此时用强光（手电筒光线即可）照射接收管 VTG，如果电阻值明显下降，说明接收管 VTG 是好的。

（4）元器件成形、插装及焊接。

（5）性能检测调试。接通电源，继电器吸合；在发光管和接收管之间遮挡光线，继电器的触点断开，这时电路是正常工作的。

注意：由于红外线有一定的穿透能力，所以遮挡物以金属片为宜。

4. 实训课时及实训报告要求

课堂时数：4 课时；课外时数：2 课时；共计：6 课时。

（1）简述红外线光电开关电路的工作过程。

（2）调节 R_1 或 R_2 的大小对电路有什么影响？

（3）VD 在什么情况下需要保护三极管 VT_1 和 VT_2？怎样保护？

（4）在安装、调试中遇到了什么问题？是如何解决的？

7.2.9 触摸式台灯电路的设计、制作与调试

1. 实训目的

(1) 了解双向晶闸管的性能和应用。

(2) 了解触摸开关的工作特性，熟悉触摸开关的使用方法。

(3) 学会用 Altium Designer 设计触摸式台灯电路的印制电路板图，并用 Multisim 仿真触摸式台灯电路。

(4) 学会安装、调试、使用触摸式台灯。

2. 实训线路及器材

(1) 实训线路及工作原理。触摸式台灯电路如图 7.37 所示。该电路的构成特点：电路的核心器件是一种专门为双向晶闸管设计的无线调光集成电路 CS7232。CS7232 可以把灯光从最亮到最暗划分为 83 个不同的亮度等级，每引入一个时钟信号，灯光便产生一个级别的亮度变化，相邻两个级别之间的亮度差异很小，因而基本实现了无级调光。同时 CS7232 采用了 CMOS 工艺，耗电很少、性能稳定、使用方便，是组装调光电路的首选 IC，与市场上常见的 L57232 兼容。

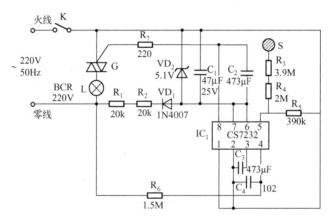

图 7.37 触摸式台灯电路

CS7232 各引脚的功能如表 7.35 所示。

表 7.35 CS7232 各引脚的功能

引脚序号	功　　能	引脚序号	功　　能
1	V_{DD} 端	5	触摸控制器，低电平有效
2	渐变控制端	6	同步信号输入端，高电平有效
3	内部锁相环路的外接电容端	7	V_{SS} 端
4	同步信号输入端，低电平有效	8	晶闸管导通角的控制输出端

工作时，接通电源，220V、50Hz 的交流电作为时钟信号输送到 CS7232 渐变控制端 2 脚，当人体触摸 S 端时，触摸信号经过 R_3、R_4，CS7232 芯片开始工作。这时，每引入一个

时钟信号，灯光便产生一个级别的亮度变化，由于 CS7232 把灯光从最亮到最暗划分为 83 个不同亮度的等级，相邻两个级别之间的亮度差异很小，因而基本实现了无级调光。若手指离开 S 端，CS7232 芯片停止工作，即使有时钟信号输入 2 脚，也无法调节灯光的亮度。

如图 7.37 所示电路中，稳压管 VD_2 的稳压值可在 3.6~18V 任选；当稳压值较高时，应适当减小 R_1、R_2 的阻值。R_3、R_4 有隔离市电的作用，为安全起见，特意设计成由 2 个串联电阻组成，以防一个失效时（特别是阻值变小、短路时），另一个仍能起隔离作用，R_3、R_4 的阻值之和不宜小于 $6M\Omega$。出于同样的考虑，电源降压电路也是由 R_1、R_2 串联而成的。R_5 用于调整触摸灵敏度，R_5 的阻值越大，灵敏度越高，反之越小。R_5 的阻值可由实际使用环境决定（如温度、湿度等），一般可在 330~560$k\Omega$ 选取，推荐使用 $390k\Omega$。

（2）元器件清单如表 7.36 所示。

表 7.36 元器件清单

序 号	名 称	规格型号	代 号	数 量	备 注
1	电阻	$20k\Omega$	R_1，R_2	2	1/4W 碳膜电阻
2	电阻	$3.9M\Omega$	R_3	1	1/4W 碳膜电阻
3	电阻	$2M\Omega$	R_4	1	1/4W 碳膜电阻
4	电阻	$390k\Omega$	R_5	1	1/4W 碳膜电阻
5	电阻	$1.5M\Omega$	R_6	1	1/4W 碳膜电阻
6	电阻	220Ω	R_7	1	1/4W 碳膜电阻
7	电解电容器	$47\mu F/25V$	C_1	1	
8	瓷片电容器	$473\mu F$	C_2，C_3	2	
9	瓷片电容器	102	C_4	1	
10	二极管	1N4007	VD_1	1	
11	稳压二极管	5.1V	VD_2	1	
12	双向晶闸管	1A/400V	G	1	
13	调光集成电路	CS7232	IC_1	1	
14	电灯泡	60W/220V	BCR	1	
15	开关	250V/2A	K	1	

（3）主要材料。敷铜板、环保蚀刻剂、无水酒精、松香、焊锡、导线等。

（4）实训设备与工具。计算机 1 台，万用表 1 台，电烙铁、斜口钳（或剪刀）、尖嘴钳、镊子、烙铁架、螺丝刀等工具。

3. 实训内容及步骤

（1）读图。读懂如图 7.37 所示电路，了解各元器件的作用。

（2）用 Multisim 软件画出如图 7.37 所示电路，并仿真该电路的触摸开关效果。

（3）根据图 7.37，用 Altium Designer 软件设计其印制电路板图，并用敷铜板制作印制电路板。

（4）按清单清点元器件，使用万用表检测元器件的好坏。

（5）元器件成形、插装及焊接。

（6）性能检测调试。

① CS7232 有两种不同的工作状态：开关状态和调光状态。接通电源及开关，当用手触摸 S 端（触摸时间小于 500ms）时，亮着的灯泡熄灭，关闭的灯泡打开，即 CS7232 工作于开关状态。当用手触摸 S 端的时间大于 500ms 时，CS7232 工作于调光状态，即灯光由亮变暗，再逐渐由暗变亮，直到手松开 S 端为止。

② CS7232 具有记忆功能，它能将关灯时的亮度等级存入电路中，并保持到下一次开灯，因此当重开电灯时，电灯能保持上一次打开时的亮度。

③ 如出现开关失控、调光失败，一般有三个可能原因：一是晶闸管的三只脚焊错了，晶闸管处于失控状态，灯光当然无法控制；二是电源的火线、零线相位搞错了，IC 由于得不到触发信号而无法工作；三是部分元器件焊错、失效。

注意： 由于印制电路板直接连接市电，调试时要谨防触电，最好使用隔离变压器。但用手触摸 S 端时不会有麻的感觉，因为已采取大电阻 R_3、R_4 进行了隔离。

4. 实训课时及实训报告要求

课堂时数：4 课时；课外时数：4 课时；共计：8 课时。

（1）简述晶闸管在电路中的作用。

（2）R_3、R_4 串联接在 CS7232 芯片和触摸端之间有什么意义？

（3）芯片的 2 脚不接信号会出现什么情况？

（4）仿真和实物制作的触摸式开关电路有什么不同？

7.2.10 气体烟雾报警器电路的设计、制作与调试

1. 实训目的

（1）了解气体烟雾报警器的结构和应用。

（2）了解气敏元器件的工作性质，熟悉气敏元器件的使用方法。

（3）学会用 Altium Designer 设计触摸式台灯电路的印制电路板图。

（4）学会安装、调试气体烟雾报警器电路。

2. 实训线路及器材

（1）实训线路及工作原理。气体烟雾报警器电路如图 7.38 所示。

该电路主要由直流电源、气体传感器及报警电路三部分构成。其中，采用半导体气敏元器件 QM 作为传感器，实现"气"→"电"的转换，555 时基电路组成触发电路和报警音响电路。由于气敏元器件 QM 工作时要求其加热电压稳定，所以利用 7805 三端集成稳压器对气敏元器件加热灯丝进行稳压，使报警器能稳定地工作在 180~260V 的电压范围内。本电路具有省电、可靠性及灵敏度高的特点。

工作过程：当气敏传感器 QM 接触到可燃气体时，其阻值降低，使 555 时基电路复位端 4 端的电位上升，当 4 端的电位达到集成块 1/3 工作电压时，555 时基电路的 3 脚输出信号，扬声器就发出报警信号。

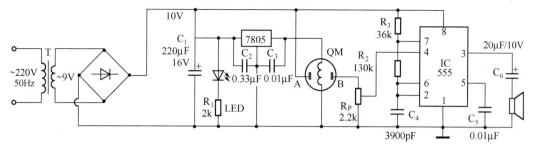

图 7.38　气体烟雾报警器电路

（2）元器件清单如表 7.37 所示。

表 7.37　元器件清单

序　号	名　　称	规　格　型　号	代　号	数　量	备　　注
1	电源变压器	220V/9V，>5W	T	1	电源变压器
2	二极管	1N4001		4	整流二极管
3	电解电容器	220μF/16V	C_1	1	
4	电解电容器	0.33μF/10V	C_2	1	
5	电解电容器	0.01μF/10V	C_3	1	
6	电解电容器	3900pF	C_4	1	
7	电解电容器	0.01μF/10V	C_5	1	
8	电解电容器	20μF/10V	C_6	1	
9	发光二极管		LED	1	
10	电阻	2kΩ	R_1	1	1/8W 碳膜电阻
11	电阻	130kΩ	R_2	1	1/8W 碳膜电阻
12	电阻	36kΩ	R_3	1	1/8W 碳膜电阻
13	电位器	2.2kΩ	R_P	1	
14	气敏元器件（传感器）	QM-N5，或 MQ211	QM	1	适用于天然气、煤气、液化气、汽油、一氧化碳、氢气、烷类、醇类、醚类挥发气体，以及火灾形成之前的烟雾报警
15	三端集成稳压器		7805	1	
16	时基电路	NE555	IC	1	
17	扬声器			1	

（3）主要材料。敷铜板、环保蚀刻剂、无水酒精、松香、焊锡等。

（4）实训设备与工具。计算机、万用表各 1 台，电烙铁、斜口钳（或剪刀）、尖嘴钳、镊子、烙铁架等。

3. 实训内容及步骤

（1）读图。读懂如图 7.38 所示电路，了解各元器件的作用。

（2）根据图 7.38 用 Altium Designer 设计印制电路板图，并用敷铜板制作印制电路板。

271

（3）清点元器件，使用万用表检测元器件的好坏。

（4）元器件成形、插装及焊接。

（5）性能检测调试。接通电源，预热3分钟左右，调节 R_p 的值使报警器进入报警临界状态，把上述气体接近气敏元器件，此时应发出报警声。

4. 实训课时及实训报告要求

课堂时数：6课时；课外时数：2课时；共计：8课时。

（1）简述该电路预热后才能正常工作的原因。

（2）调节 R_p 的大小对报警电路的工作有何影响？

（3）报警的灵敏度时间是多少？

（4）在安装、调试中遇到什么了问题？是如何解决的？

7.2.11 水位自动控制电路的设计、制作与调试

1. 实训目的

（1）熟悉由555时基电路组成的自激多谐振荡器。

（2）学习双向可重复触发单稳态触发器4098的应用。

（3）学习用自动控制电路控制强电设备的基本方法。

（4）学会一种检测水位的方法。

2. 实训线路及器材

（1）实训线路及工作原理。水位自动控制电路是用于水塔、水箱、锅炉等的自动蓄水装置。要求：当蓄水容器的储水量降至某一低水位时，水泵自动抽水注入容器中；而当容器蓄水量达到某一高水位时，水泵停止注水。检测水位的方法很多，通常把两个金属电极置于容器的不同深度处，电极间有水时导电，无水时不导电，以此确定水位，并产生开关信号来控制继电器的通断，再由继电器的触点控制交流接触器线圈的通断，而接触器的触点则控制着水泵电动机的转停。

水位自动控制电路如图7.39所示。电路中，用555时基电路和双向可重复触发单稳态触发器构成水位检测控制电路，其中，555时基电路（IC_1）接成多谐振荡器形式，每隔约0.2s从3脚输出一个宽度很窄的低电平脉冲。IC_2是双向可重复触发单稳态触发器4098，延时脉宽大于多谐振荡周期。

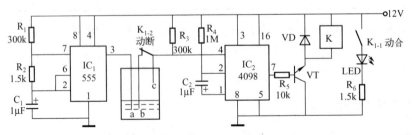

图 7.39　水位自动控制电路

272

工作时，当水位低于电极 a、b 所在位置时，电极 a、b 间的电阻为无穷大，IC_2 的 4 脚输入高电平，IC_2 处于稳态，7 脚为高电平，三极管饱和导通，继电器 K 吸合，动合触点 K_{1-1} 闭合，控制水泵电动机回路通电工作（参见图 7.39），抽水注入容器中，同时，动断触点 K_{1-2} 断开。当水位高于电极 a、b 所在位置，但低于电极 c 所在位置时，因 K_{1-2} 断开，电极 a、b 与电极 c 间的电阻仍为无穷大，IC_2 仍处于稳态，水泵继续向容器中注水。一旦水位达到电极 c，电极 a、b 和 c 接通，当电极 a 的低电平脉冲经电极 c 加至 IC_2 的 4 脚时，触发 IC_2 进入暂稳态，7 脚输出低电平，三极管截止，继电器释放，K_{1-1} 断开，电动机停转，水泵停止注水，同时，K_{1-2} 闭合，电极 b 和 c 接通，电极 a 的低电平触发脉冲不断触发 IC_2，使之保持暂稳态。当水位降到低于电极 c 所以位置时，由于 K_{1-2} 闭合，IC_2 仍保持暂稳态，水泵不注水。只有当水位下降到电极 a、b 以下位置时，a、b 间开路，不再有负脉冲触发 IC_2，单稳态触发器回到稳态，继电器 K 重新吸水，水泵又开始注水，进入下一轮循环，故水位始终保持在电极 a、b 和电极 c 之间。

如图 7.40 所示为水泵电动机控制电路，图中，KM 为交流接触器，KM_1 和 KM_2 为 KM 的触点。当继电器通电时，动合触点 K_{1-1} 闭合，KM 得电，使 KM_1 和 KM_2 闭合，电动机 M 转动，水泵工作；反之，水泵不工作。

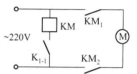

图 7.40　水泵电动机控制电路

（2）元器件清单如表 7.38 所示。

表 7.38　元器件清单

序　号	名　　称	规 格 型 号	代　号	数　量	备　注
1	电阻	300kΩ	R_1、R_3	2	1/8W 碳膜电阻
2	电阻	1.5kΩ	R_2、R_6	2	1/8W 碳膜电阻
3	电阻	1MΩ	R_4	1	1/8W 碳膜电阻
4	电阻	10kΩ	R_5	1	1/8W 碳膜电阻
5	二极管	1N4148	VD	1	
6	发光二极管		LED	1	
7	三极管	9013	VT	1	NPN 型小功率管
8	电容	1μF/25V	C_1、C_2	2	
9	时基电路	NE555	IC_1	1	
10	双向可重复触发单稳态触发器	4098	IC_2	1	
11	继电器	JRX-13F/012	K	1	小型电磁继电器

（3）主要材料。敷铜板、环保蚀刻剂、无水酒精、松香、焊锡等。

（4）实训设备与工具。万用表、示波器各 1 台，电烙铁、斜口钳（或剪刀）、尖嘴钳、镊子、烙铁架等。

3. 实训内容及步骤

（1）读图。读懂如图 7.39 所示电路，了解各元器件、多谐振荡器和双向可重复触发单稳态触发器 4098 单元电路的功能、作用。

（2）根据图 7.39 用 Altium Designer 设计印制电路板图，并用敷铜板制作印制电路板。

（3）清点元器件，使用万用表检测元器件的好坏。

（4）元器件成形、插装及焊接。

（5）用示波器检测多谐振荡电路的输出波形和双向可重复触发单稳态触发器的输出信号。

（6）检测、调试水位自动控制电路的性能。用一个玻璃瓶代替水箱，用硬质长导线代替电极 a、b、c，接通电路，缓慢注水到电极 c 位置，观察继电器的动作和 LED 发光情况，再用虹吸管使水位逐渐降低，观察 LED 是否按要求亮与灭，由此判断水位自动控制电路的工作是否正常。

4. 实训课时及实训报告要求

课堂时数：4 课时；课外时数：4 课时；共计：8 课时。

（1）用示波器检测电路的输出波形，并画出检测的波形。

（2）根据测试过程，简述水位控制过程。

（3）在安装、调试中遇到了什么问题？是如何解决的？

7.2.12　数字频率计电路的设计、制作与调试

1. 实训目的

（1）了解数字显示电路的构成、功能。

（2）熟悉 CD40110、CD4017 芯片的功能和应用。

（3）熟悉由 555 时基电路组成的方波脉冲振荡电路。

（4）掌握用 Altium Designer 设计 PCB 电路的方法。

（5）学习使用 Multisim 仿真数字电路。

（6）学会设计、安装、调试数字频率计。

2. 实训线路及器材

（1）实训线路及工作原理。数字频率计电路如图 7.41 所示，可完成计数、保持、清零的功能。该电路主要由 555 时基电路组成的方波脉冲振荡电路、CD40110（带译码、锁存、驱动的十进制加减计数器）、CD4017（十进制计数/分配器）和数码管组成。

555 时基电路组成的方波脉冲振荡电路产生频率为 1kHz 的矩形波信号，矩形波信号的高电平持续时间长、低电平持续时间短。

如图 7.41 所示，555 时基电路的 3 脚输出的振荡信号经门电路 F_3 反相后，作为控制信号加到 CD4017 的 CP 输入端（14 引脚），产生一个时序控制信号，从而实现 1s 内的脉冲计数（即频率检测）、数值保持及自动清零。

当 F_3 输出端输出第一个高电平脉冲信号时，CD4017 的 Q_1 输出端（2 脚）由低电平变为高电平，因此 F_1、F_2 组成的"与"门控制电路打开，从 F_2 的另一个输入端输入的被测信号通过 F_2 和 F_1，进入 CD40110 的 CPU 端进行脉冲计数。调节电位器 R_{P1} 的大小，可改变 555 方波脉冲振荡电路的振荡频率，将 CD4017 的 Q_1 输出端高电平的持续时间调整为 1s，则 1s 内的计数值即为被测信号的频率。该电路完成计数功能。

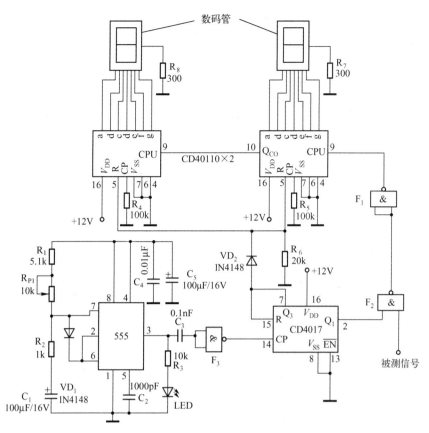

图 7.41　数字频率计电路

当 F_3 输出端输出第二个高电平脉冲信号时，CD4017 的 Q_1 输出端（2 脚）由高电平变为低电平，Q_2 端由低电平变为高电平。Q_1 端输出的低电平使 F_1、F_2 组成的"与"门控制电路关闭，F_2 的另一个输入端输入的被测信号不能通过 F_2 和 F_1，计数器停止计数，显示器显示的为前一时刻被测信号的频率。该电路完成保持功能。

当 F_3 输出端输出第三个高电平脉冲信号时，CD4017 的 Q_2 端由高电平变为低电平，Q_3 端输出端（7 脚）由低电平变为高电平。CD4017 的 Q_3 端与清零端 R 相连，Q_3 端的高电平使 CD4017 清零，$Q_1 Q_2 Q_3 = 000$；同时 Q_3 端的高电平通过二极管 VD_2 使两块 CD40110 和数码管显示清零，以便下一次计数。电路完成清零的功能。

该数字频率计的检测周期为 3s，每检测一次，计数时间为 1s，保持时间为 1s，清零后又保持 1s；然后又开始计数、保持、清零的循环。若需要延长保持时间，以便于读数，可将 CD4017 的 Q_3 端与清零端 R 断开，将 CD4017 的 Q_4 端与清零端 R 相连，即可将数据保持时间延长为 2s。

（2）元器件选用。

数码管：采用小型共阴极 BS201 或 BS202。

二极管 VD_1、VD_2：选用 1N4148 型硅二极管。

发光二极管 LED：选用 $\phi = 5mm$ 的红色发光二极管。

门电路 F_1、F_2、F_3：选用一块 CD4011B。

其他元器件可参考电路图中的参数进行选择。

（3）主要材料。敷铜板、环保蚀刻剂、无水酒精、松香、焊锡等。

（4）实训仪器与工具。

仪器：万用表 1 块，计算机 1 台。

工具：电烙铁、斜口钳、尖嘴钳、镊子、烙铁架等。

3. 实训内容及步骤

（1）读图。读懂如图 7.41 所示电路，了解各元器件的作用、芯片的引脚及功能，读懂电路的工作原理。

（2）用 Multisim 软件画出如图 7.41 所示数字频率计电路，并仿真频率计的功能。

（3）使用计算机和 Altium Designer 设计如图 7.41 所示数字频率计电路的印制电路板图，并用敷铜板制作印制电路板。

（4）清点元器件，使用万用表检测元器件的好坏。

（5）元器件成形、插装及焊接。

（6）调试并检测性能。

4. 实训课时及实训报告要求

课堂时数：8 课时；课外时数：4 课时；共计：12 课时。

（1）简述数字频率计的工作原理。

（2）在实际操作中，如何调节计数、保持、清零时间？

（3）如何完成加法计数？如何完成减法计数？

（4）在数字频率计电路的安装、调试中遇到了什么问题？是如何解决的？

附录 A　常用模拟和数字集成电路芯片介绍

A.1　模拟集成电路芯片介绍

模拟集成电路是产生、放大、处理、加工随时间连续变化的模拟电信号的集成电路。它具有工作频率范围较宽（从直流到高频电信号），信号较小（输出级除外），内部电路结构复杂，电路功能强大等特点，是现代电子产品中不可缺少的器件。常用的模拟集成电路有集成运算放大器、集成稳压器、音响/电视电路、接口电路及非线性电路等。下面介绍一些常用的集成电路。

1. 集成运算放大器

集成运算放大器（简称"运放"）是由许多电子元器件组成的，具有很高的开环增益和深度负反馈，高输入电阻、低输出电阻，直接耦合的模拟集成电路，常用于电路运算、信号大小的比较、模拟信号转换为数字信号等场合，是自动控制电路中最常用的单元电路。

（1）通用型单运算放大器 F007（μA741）或 8FC7。F007 是一个 8 引脚（端）的集成电路，其引脚排列如图 A.1（a）所示。8FC7 也是一个 8 引脚（端）的集成电路，其中 1、5、8 为空脚，其他引脚和 F007（μA741）相同。

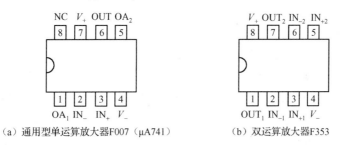

（a）通用型单运算放大器F007（μA741）　　　（b）双运算放大器F353

图 A.1　集成运算放大器的引脚排列图

（2）双运算放大器 F353。它是一个 8 引脚（端）的集成电路，其引脚排列如图 A.1（b）所示。

2. 集成稳压器

集成稳压器是直流稳压电源的核心部分，其作用是将不稳定的直流电压转换成稳定的直流电压，具有精度高、连接简单、无须调试、使用方便的特点，因而被广泛应用。

电路中常用的集成稳压器主要有输出电压不可调的固定式三端集成稳压器、输出电压在一定范围内连续可调的可调式三端集成稳压器、精密电压基准集成稳压器等。

（1）固定式三端集成稳压器。固定式三端集成稳压器包括 W7800 系列（输出正电压）和 W7900 系列（输出负电压）两种类型，如图 A.2 所示。该集成稳压器具有输入端、输出端和公共端三个引脚端，在使用时，W7800 和 W7900 系列不需外接元器件，且其内部设置了过流保护、芯片过热保护及调整管安全工作区保护电路，使用方便，安全可靠。

固定式三端集成稳压器芯片又分为 W78L00（W79L00）、W78M00（W79M00）和 W7800（W7900）三种，主要区别在于输出电流的大小不同，如表 A.1 所示。

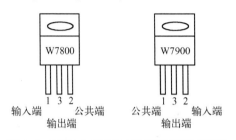

图 A.2　固定式三端集成稳压器引脚示意图

表 A.1　不同类型的固定式三端集成稳压器输出电流的区别

型　　号	输出电流/A
W78L00（W79L00）	0.1
W78M00（W79M00）	0.5
W7800（W7900）	1.5

W7800 系列的输入、输出电压性能如表 A.2 所示，W7900 系列的参数与之类似，不同之处在于其输入、输出值均为负值。

表 A.2　W7800 系列的输入、输出电压性能

稳压器型号	输出电压/V	输入电压/V	最大输入电压/V	最小输入电压/V
W7805	5	10	35	7
W7806	6	11	35	8
W7809	9	14	35	11
W7812	12	19	35	14
W7815	15	23	35	18
W7818	18	26	35	21
W7824	24	33	40	27

（2）可调式三端集成稳压器。可调式三端集成稳压器包括 W317（正电源）和 W337（负电源）两种类型，该集成稳压器具有输入端、输出端和调整端三个引脚端，如图 A.3 所示。W317（W337）稳压器为悬浮式结构，其内部设置了保护电路，工作安全可靠。W317（W337）稳压器的性能如表 A.3 所示。

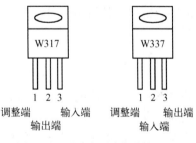

图 A.3　可调式三端集成稳压器

表 A.3　W317（W337）稳压器的性能

参 数 名 称	性 能 指 标	
输出电压可调范围	W317	1.2~35V
	W337	−（1.2~35）V
基准电压	1.25V	
输出电流	0.5~1.5A	
最小负载电流	5mA	
纹波抑制比	65dB	
输出噪声	0.003%	
输入与输出的最大电压级差	40V	

3. 555 时基电路

555 时基电路是一种采用双极性工艺制造的单时基 8 引脚集成电路，该集成电路可组成脉冲发生器、方波发生器、定时电路、振荡电路和脉宽调制器等，用途广泛。555 时基电路的引脚排列如图 A.4 所示。

（1）555 时基电路的引脚含义。555 时基电路各引脚含义如表 A.4 所示。

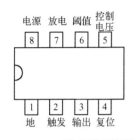

图 A.4　555 时基电路引脚排列

表 A.4　555 时基电路各引脚含义

1	2	3	4	5	6	7	8
GND	触发端	输出端	复位端	控制电压	阈值端	放电端	$+V_{CC}$

（2）555 时基电路的性能指标。电源工作范围：+5～+18V，可与数字电路、集成运放兼容。最大输出电流：200mA，最高工作频率：300kHz，最大功率损耗：600mW。

A.2　数字集成电路芯片介绍

数字集成电路是处理、加工在时间和幅值上离散变化的数字电信号的集成电路。由于常用的数字信号是用二进制信息（即 0 和 1）表示的，因而数字集成电路具有电路结构及电路状态简单、抗干扰能力强、工作可靠性高、功耗低、成本低、通用性强、保密性好等特点。

数字集成电路有多种形式，根据导电方式的不同，可分为双极性 TTL、DTL、HTL 等集成电路和单极性 CMOS、JFET 等集成电路；根据用途可分为加法器、编/译码器、存储器电路、微处理器电路等。下面介绍常用的 TTL 系列和 CMOS 系列数字集成电路的芯片类型和用途。

1. TTL 系列数字集成电路

TTL 电路是一种由"双极性晶体管-晶体管"组成的数字集成门电路，是控制电流的器件。它具有结构简单、开关速度快、带负载能力强、抗干扰能力强、功耗适中的特点。TTL 电路为正逻辑系统，其高电平（"1"）一般为 3.6V、低电平（"0"）一般为 0.2～0.35V。

TTL 门电路有 54 系列和 74 系列两种，54 系列的工作温度范围为-55℃～+125℃，74 系列的工作温度范围为 0℃～+70℃。TTL 系列门电路的型号含义如表 A.5 所示。

表 A.5　TTL 系列门电路的型号含义

TTL 门电路的系列名称	TTL 系列门电路的型号含义
54/74×××	早期的标准系列，工作频率达 20MHz
54/74H×××	高速系列，54/74 系列的改进型，静态功耗大
54/74L×××	低功耗系列

TTL 门电路的系列名称	TTL 系列门电路的型号含义
54/74S×××	超高速肖特基系列（抗饱和型），速度较快，但品种较少
54/74LS×××	低功耗肖特基系列，工作频率达 50MHz，速度快（4ns 左右），功耗低（1mW 左右）
54/74AS×××	先进的超高速肖特基系列，速度更快（1.5ns 左右）
54/74ALS×××	先进的低功耗肖特基系列
54/74HC×××	高速系列，其速度与 TTL 或 LSTTL 门电路相当，功耗低，工作电压范围大
54/74HCT×××	与 TTL 兼容的高速系列

2. CMOS 系列数字集成电路的型号含义

CMOS 系列数字集成电路是互补对称场效应管集成电路，是用于电压控制的器件。它具有输入阻抗大（>100MΩ）、功率损耗低（25~100μW）、抗干扰能力强、输出能力强、电源电压范围宽（3~18V）、品种多、成本低等优点。

常用的 CMOS 系列集成电路有 4000 系列、4500 系列。

3. 常用的 TTL 系列和 CMOS 系列数字集成电路的对比

TTL 电路的开关速度快，传输延迟时间短（5~10ns），但是功耗大。COMS 电路的开关速度慢，传输延迟时间长（25~50ns），但功耗小。COMS 电路本身的功耗与输入信号的脉冲频率有关，频率越高，功率越大，工作时芯片会越热，这是正常现象。

目前，TTL 系列和 CMOS 系列数字集成电路使用较多，两种系列的数字集成电路可以根据表 A.6 对照使用。

（1）门电路。常用的门电路如表 A.6 所示。

表 A.6　常用的门电路

系列名称对照		门电路类型
74 系列 TTL 集成电路	CMOS4000 系列集成电路（CC、CD 或 TC 系列）	
74LS00	4011	2 输入端 4 与非门
74LS02	4001	2 输入端 4 或非门
74LS04	4069	6 反相器
74LS08	4081	2 输入端 4 与门
74LS32	4071	2 输入端 4 或门
74LS86	4070	2 输入端 4 异或门

（2）组合集成电路。常用的组合集成电路如表 A.7 所示。

表 A.7　常用的组合集成电路

集成电路的型号	组合集成电路名称（用途）
74LS138	3 线-8 线译码器（多路分配器）
74LS151	8 选 1 数据选择器（多路转换器）
74LS153	双 4 线-1 线数据选择器（多路转换器）
74LS147	10 线-4 线数据选择器（多路转换器）
74LS90	异步二-五-十进制计数器
74LS163	8 位串入/并出移位寄存器
74LS192	同步十进制双时钟可逆计数器
74LS194	4 位双向移位寄存器
74LS161	4 位二进制同步计数器
74LS183	双全加器
74LS47、74LS48	4 线-七段译码器/驱动器

附录 B　常用集成电路芯片引脚排列

1. 74 系列 TTL 集成电路

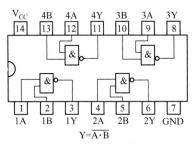

$$Y=\overline{A \cdot B}$$

图 B.1　74LS00-2 输入端 4 与非门

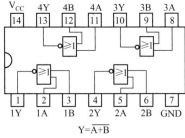

$$Y=\overline{A+B}$$

图 B.2　74LS02-2 输入端 4 或非门

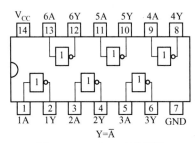

$$Y=\overline{A}$$

图 B.3　74LS04-6 反相器

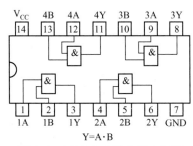

$$Y=A \cdot B$$

图 B.4　74LS08-2 输入端 4 与门

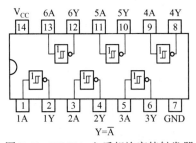

$$Y=\overline{A}$$

图 B.5　74LS14-六反相施密特触发器

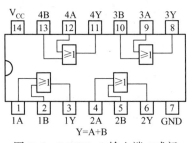

$$Y=A+B$$

图 B.6　74LS32-2 输入端 4 或门

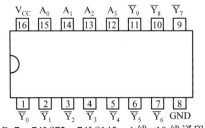

图 B.7　74LS72, 74LS145 -4 线-10 线译码器

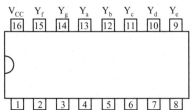

图 B.8　74LS46, 47, 48, 246, 247, 247, 249-BCD7 段译码器/驱动器

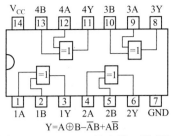

图 B. 9　74LS86-2 输入端 4 异或门

Y=A⊕B=$\overline{A}$B+A$\overline{B}$

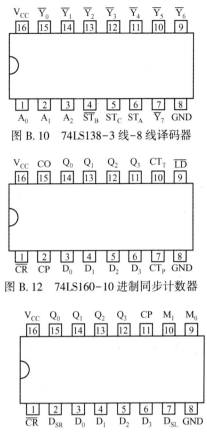

图 B. 10　74LS138-3 线-8 线译码器

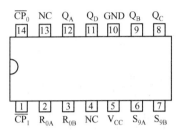

图 B. 11　74LS90-10 进制异步加计数器

图 B. 12　74LS160-10 进制同步计数器

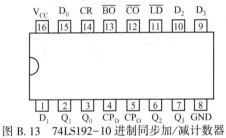

图 B. 13　74LS192-10 进制同步加/减计数器
　　　　　74LS193-4 进制同步加/减计数器

图 B. 14　74LS194-4 位双向移位寄存器

2. CMOS 集成电路

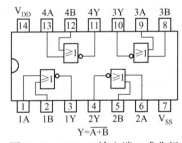

Y=$\overline{A+B}$

图 B. 15　4001-2 输入端 4 或非门

Y=$\overline{A \cdot B}$

图 B. 16　4011-2 输入端 4 与非门

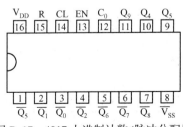

图 B. 17　4017 十进制计数/脉冲分配器

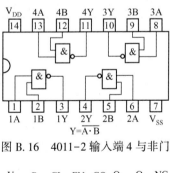

图 B. 18　4022 八进制计数/脉冲分配器

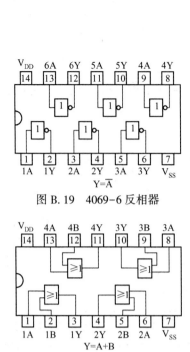

图 B. 19 4069-6 反相器

图 B. 20 4070-2 输入端 4 异或门

$Y=\overline{A}$

$Y=A\oplus B=\overline{A}B+A\overline{B}$

图 B. 21 4071-2 输入端 4 或门

$Y=A+B$

图 B. 22 4081-2 输入端 4 与门

$Y=A\cdot B$

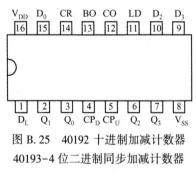

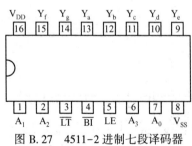

图 B. 23 40106-6 施密特触发器

$Y=\overline{A}$

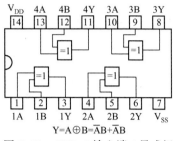

图 B. 24 40110 计数/锁存/七段译码/加减计数器

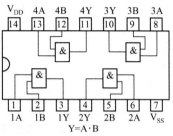

图 B. 25 40192 十进制加减计数器

40193-4 位二进制同步加减计数器

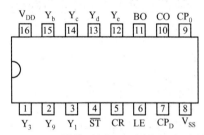

图 B. 26 40194-4 位双向移位寄存器

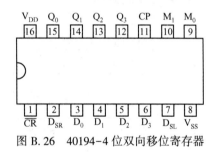

图 B. 27 4511-2 进制七段译码器

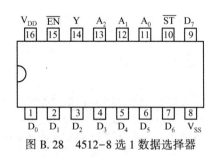

图 B. 28 4512-8 选 1 数据选择器

反侵权盗版声明

电子工业出版社依法对本作品享有专有出版权。任何未经权利人书面许可，复制、销售或通过信息网络传播本作品的行为，歪曲、篡改、剽窃本作品的行为，均违反《中华人民共和国著作权法》，其行为人应承担相应的民事责任和行政责任，构成犯罪的，将被依法追究刑事责任。

为了维护市场秩序，保护权利人的合法权益，我社将依法查处和打击侵权盗版的单位和个人。欢迎社会各界人士积极举报侵权盗版行为，本社将奖励举报有功人员，并保证举报人的信息不被泄露。

举报电话：（010）88254396；（010）88258888

传　　真：（010）88254397

E-mail：　dbqq@phei.com.cn

通信地址：北京市海淀区万寿路 173 信箱

　　　　　电子工业出版社总编办公室

邮　　编：100036